普通高等教育规划教材

土质学与土力学

杨红霞　赵峥嵘　编

机械工业出版社

本书是根据应用型本科人才培养方案，结合行业最新规范编写而成的，精简理论知识阐述，强调技术的工程应用，采用知识点讲解、工程案例分析和习题训练相结合的编写方式，力求达到学生易读、易学，教师易教的效果。本书共 11 章，主要内容包括：绪论、土的工程地质特征、土的物理性质及工程分类、土中水的运动规律、土中应力计算、土的压缩性与地基沉降计算、土的抗剪强度、土压力计算、土坡稳定性分析、地基承载力、土在动荷载作用下的特性。

本书可作为高等院校土木工程、道路桥梁与渡河工程、港口与航道等相关专业的本科生教材，也可供有关专业技术人员参考。

图书在版编目（CIP）数据

土质学与土力学/杨红霞，赵峥嵘编. —北京：机械工业出版社，2015.10

普通高等教育规划教材

ISBN 978-7-111-51234-9

Ⅰ. ①土… Ⅱ. ①杨… ②赵… Ⅲ. ①土质学 – 高等学校 – 教材 ②土力学 – 高等学校 – 教材 Ⅳ. ①P642.1 ②TU43

中国版本图书馆 CIP 数据核字（2015）第 189348 号

机械工业出版社（北京市百万庄大街 22 号 邮政编码 100037）
策划编辑：林 辉 责任编辑：林 辉
版式设计：赵颖喆 责任校对：刘秀芝
封面设计：马精明 责任印制：李 洋
北京华正印刷有限公司印刷
2016 年 1 月第 1 版第 1 次印刷
184mm×260mm·16.5 印张·402 千字
标准书号：ISBN 978-7-111-51234-9
定价：34.00 元

前　言

本书是根据高等院校土木工程专业应用型人才培养方案和"土质学与土力学"课程标准，并参考 GB/T 50941—2014《建筑地基基础术语标准》、GB 50007—2011《建筑地基基础设计规范》、JGJ 79—2012《建筑地基处理技术规范》、JTG E40—2007《公路土工试验规程》、JTG D63—2007《公路桥涵地基与基础设计规范》等规范编写而成的。

"土质学与土力学"课程是土木工程专业、道路桥梁与渡河工程专业的必修专业基础课程，它的理论性与实践性均很强。为了适应我国工程建设的需要，培养能够胜任土木工程基础设施建设的专业人才，本书编写吸收了同类教材的优点，在传承经典土质学与土力学理论的基础上，结合行业发展，反映近代土质学与土力学的新成果、新技术。全书内容精练，重点突出，侧重于基本原理、基本方法及其工程应用。各章例题以土木工程资料为背景，引入典型的道路、桥梁工程计算实例，紧跟当前技术发展水平，力求达到学生易读、易学，教师易教的效果。为方便学生学习，各章附有学习目标、习题及思考题，可供学习时参考。

全书共11章，内容包括：绪论、土的工程地质特征、土的物理性质及工程分类、土中水的运动规律、土中应力计算、土的压缩性与地基沉降计算、土的抗剪强度、土压力计算、土坡稳定性分析、地基承载力、土在动荷载作用下的特性。

本书由山东交通学院杨红霞、赵峥嵘教授编写。第1~5章由杨红霞编写；第0，6~10章由赵峥嵘编写。杨红霞负责全书的统稿、定稿工作。

在本书编写过程中，得到了山东交通学院领导、专家的帮助和机械工业出版社的大力支持，在此表示衷心感谢。

由于编者水平有限，难免有欠妥之处，敬请指正。

编　者

目　　录

第0章 绪　论

【学习目标】　了解土质学与土力学发展史；理解土质学与土力学在土木工程中的作用；掌握土质学与土力学的研究对象和内容。

【导读】　土质学与土力学是将土作为建筑物的地基、材料或介质来研究的一门学科，主要研究土体的地质特征以及土在荷载作用下的应力、变形、强度和稳定性问题，为设计与施工提供土的工程性质指标与评价方法，以及土的工程问题的分析计算原理。

0.1　土质学与土力学的研究对象和内容

土质学与土力学研究的对象是分散土。分散土广泛地分布在地壳表面，其性质会随外界环境（如温度、湿度）的变化而发生显著的变化。在工程建设中，土往往作为不同的研究对象。如，在土层上修建房屋、桥梁、道路、堤坝时，土是用来支承建筑物传来的荷载，土作为地基，如图0-1所示；在路堤、土坝等土工构筑物中，土是用作建筑材料，如图0-2所示；对于隧道、涵洞及地下建筑等，土是作为建筑物周围的介质或环境，如图0-3所示。

a)　　　　　　　　　　　　　　　　b)

图0-1　地基

a) 桥梁地基　b) 房屋地基

土质学与土力学都是研究土的学科，目的是解决工程建筑中有关土的工程技术问题。

土质学属于地质学范畴，是研究岩石和土的工程地质性质及其形成和变化规律的学科。它是从工程地质学角度研究土，即从工程建筑物与自然地质体相互作用、相互制约的角度研究土，它是地质学观点和力学观点的有机结合，其理论性和实践性很强。

土质学研究的内容主要包括以下几个方面：

1）土的工程地质性质的形成和分布规律，土的物质组成、结构构造对土的工程地质性质的影响。

2）土的工程地质性质。包括物理性质、水理性质和力学性质，如干密度、干湿状况、

a)　　　　　　　　　　　　　　　　　　b)

图 0-2　土工构筑物

a）路堤　b）土坝

a)　　　　　　　　　　　　　　　　　　b)

图 0-3　地下建筑

a）隧道　b）地下车库

孔隙特征、与水相互作用时表现出的性质及在外力作用下表现出的变形和强度特征。

3）土的工程地质性质指标的测试方法和测试技术。

4）土的工程地质分类。

5）土的工程地质性质在自然或人为因素作用下的变化趋势和变化规律。预测这种变化对各种建筑物的危害。

6）特殊土的工程地质特征。

土力学属于工程力学范畴，是运用力学原理，同时考虑土的分散性特征求得量的关系，其力学计算模型必须建立在现场勘察和实测土工程地质性质指标的基础上，因此土力学也是一门理论性和实践性很强的学科。

土力学研究的内容主要包括以下几个方面：

1）土的应力与应变的关系。

2）土的强度及土的变形和时间的关系。

3）土在外荷载作用下的稳定性计算。

　　土质学与土力学虽属不同学科范畴，但彼此间关系密切。随着科学的不断发展，这两门学科的相互结合已成为必然的发展趋势。土质学需要吸取土力学中运用的数学、力学等最新理论，研究土的工程地质性质的本质；土力学需要吸取土质学从成因、微观结构等方面认识土性质本质的研究成果，研究与工程建筑有关的土的应力、应变、强度和稳定性等力学问题。

　　本课程将土质学与土力学结合在一起，符合科学发展趋势，体现了完整性和系统性，能更好地解决实际工程中关于土的问题。

0.2 土质学与土力学的工程作用

　　所有的工程建设项目，包括高层建筑、高速公路、机场、铁路、桥梁、隧道等，都与它们赖以存在的土体有着密切的关系，它们的安全在很大程度上取决于土体能否提供足够的承载力，以及工程结构是否遭受超过允许的沉降和差异变形等，这些都要涉及土的应力计算、土的压缩性、土的抗剪强度以及地基极限承载力等土力学基本理论。

　　在路基工程中，土既是修筑路堤的基本材料，又是支承路堤的地基。路堤的临界高度和边坡坡度的取值都与土的抗剪强度指标及土体的稳定性有关，如图 0-4 所示；为了获得具有一定强度和良好水稳定性的路基，需要采用碾压的施工方法压实填土，而碾压的质量控制方法正是基于对土的击实特性的研究成果；挡土墙土压力的取值需借助于土压力理论计算；近年来，我国高速公路大量修建，对路基的沉降与控制提出了很高的要求，而解决沉降问题需要对土的压缩特性进行深入的研究。

a) b)

图 0-4 土体滑动破坏
a) 路堤滑坡 b) 山体滑坡

　　在路面工程中，路基的冻胀与翻浆在我国北方地区是非常突出的问题，如图 0-5 所示，防治冻害的有效措施是以土质学的原理为基础；稳定土是比较经济的基层材料，它就是根据土的物理化学性质提出的一种土质改良措施，目前深层搅拌水泥土桩在公路的软基处理中得到了广泛应用；道路在车辆的重复荷载作用下工作，因此需要研究土在重复荷载作用下的变形特性；抗震设计更需要研究土的动力特性。

　　由此可见，土质学与土力学课程与土木工程专业课程的学习和土木工程技术工作有非常

图 0-5　路基的冻胀与翻浆

密切的关系。其对地基的设计、施工，及对建筑的抗震性能研究都具有重要的作用，对土木工程的发展起着举足轻重的作用。随着人口不断密集，人类活动的范围日益狭小，现代工程建设不得不向高（高层建筑）、深（地下工程）、远（高速公路/铁路）的方向发展。同时，通过对不良场地土体改善进而进行工程建设，可以充分地利用日益紧缺的土地资源。因此土质学与土力学在现代交通、土木工程建设事业中占有着非常重要的地位。

0.3　土质学与土力学发展史

在远古时代，人们就利用土石作为地基和建筑材料修筑房屋。如，西安新石器时代的半坡村遗址，就发现有土台和石础，这就是古代的"堂高三尺、茅茨土阶"的建筑，如图 0-6 所示；我国举世闻名的秦万里长城即采用土石混筑，逾千百年而留存至今，充分体现了我国古代劳动人民的高超水平；隋朝石工李春所修建成的赵州石拱桥造型美观，至今安然无恙，桥台砌置于密实的粗砂层上，一千三百多年来估计沉降量约几厘米，如图 0-7 所示；北宋初著名木工喻皓（公元 989 年）在建造开封开宝寺木塔时，考虑到当地多西北风，便特意使建于饱和土上的塔身稍向西北倾斜，设想在风力的长期断续作用下可以渐趋复正，可见在当时工匠已考虑到建筑物地基的沉降问题，如图 0-8 所示。

图 0-6　半坡村遗址

作为本学科理论基础的土力学始于 18 世纪兴起了工业革命的欧洲。随着资本主义工业化的发展，为了满足向国内外扩张市场的需要，陆上交通进入了所谓"铁路时代"，因此，最初有关土力学的个别理论多与解决铁路路基问题有关。

图0-7 赵州石拱桥

图0-8 开宝寺木塔

法国科学家库仑（Charles Augustin de Coulomb，1736—1806）在1773年发表了论文《极大极小准则在若干静力学问题中的应用》，为土体破坏理论奠定了基础，并且创立了著名的砂土抗剪强度公式，提出了计算挡土墙土压力的滑楔理论。但是，在此后漫长的150年中，研究工作只是个别学者在探索着进行，而且只限于研究土体的破坏问题。

图0-9 法国科学家库仑

图0-10 法国科学家达西

1856年法国科学家达西（Henry Philibert Gaspard Darcy，1803—1858）通过室内试验建立了有孔介质中水的渗透理论；1857年英国科学家朗肯（William John Macquorn Rankine，1820—1872）提出了建立在土体极限平衡条件分析基础上的土压力理论；1885年法国著名的物理学家和数学家布辛尼斯克（Joseph Valentin Boussinesq，1842—1929）和1892年弗拉曼（Flamant）分别提出了均匀的、各向同性的半无限体表面在竖向集中力和线荷载作用下的位移和应力分布理论。这些早期的著名理论奠定了土力学的基础。

20世纪初随着高层建筑的大量涌现，沉降问题开始突出，与土力学紧密相关的学科——弹性力学的发展为沉降问题的研究提供了必要的手段，从而为太沙基（Terzaghi）开创的土体变形研究提供了客观条件。

图 0-11　英国科学家朗肯　　　　　　　　图 0-12　法国物理学家和数学家布辛尼斯克

　　太沙基（Karl Terzaghi，1883—1963），又译泰尔扎吉，美籍奥地利土力学家，现代土力学的创始人。1923 年，太沙基提出了土体一维固结理论，接着又在另一文献《土力学原理》中提出了著名的有效应力原理，从而建立起一门独立的学科——土力学。此后，随着弹性力学的研究成果被大量吸收，变形问题的研究越来越成为重要的内容。但是，土体的破坏问题始终是当时土力学研究的主流。这一时期，在土体破坏理论研究方面的主要成就是：关于滑弧稳定分析方法的建立与完善；关于极限土压力的研究和承载力公式的提出；散粒体静力学的建立；关于土体破坏的运动方程和极限平衡理论的建立。在变形理论方面有：地基沉降计算方法的建立与完善；弹性地基梁板的计算；砂井固结理论；比奥（Biot）固结理论的提出和完善。

　　虽然在 20 世纪 50 年代已有人对塑性理论应用于土力学的可能性进行过探索，但直到1963 年，英国土力学家罗斯科（K. H. Roscoe，1914—1970）发表了著名的剑桥模型，才提出第一个可以全面考虑土的压硬性和剪胀性的数学模型，因而可以看作现代土力学的开端。

图 0-13　美籍奥地利土力学家太沙基　　　　图 0-14　英国土力学家罗斯科

经过几十年的努力，现代土力学渐趋成熟，已在下列几方面取得重要进展：

1）非线性模型和弹塑性模型的深入研究和大量应用。

2）损伤力学模型的引入与结构性模型的初步研究。

3）非饱和土固结理论的研究。

4）砂土液化理论的研究。

5）剪切带理论及渐进破损问题的研究。

6）土的细观力学研究等。

思 考 题

0-1　土质学与土力学的研究内容有哪些？

0-2　举例说明该课程与土木工程专业的关系。

第1章 土的工程地质特征

【学习目标】 掌握土、土体的概念，土的基本特征及主要成因类型，土的结构和构造，软土、黄土的工程地质特性；理解土体的形成和演化过程；了解膨胀土、盐渍土、红黏土及冻土的工程地质特性。

【导读】 地球最外层的坚硬固体物质称为地壳，地壳厚度一般为 30~60km，人类生存与活动范围仅限于地壳表层。在漫长的地质年代中，由于内动力地质作用和外动力地质作用，地壳表层的岩石经历风化、剥蚀、搬运、沉积生成颗粒大小悬殊的松散物质——土。在不同的自然环境中，由于各种营力的地质作用生成了不同类型的土，其工程性质也不同。

本章重点介绍土的形成及其工程地质特征。

1.1 土的形成

土的形成经历了漫长的地质过程，它是地质作用的产物，是一种矿物集合体。土的主要特征是分散性、复杂性和易变性。由于土的形成过程不同，加上自然环境的不同，使土的性质有极大的差异，而人类工程活动又促使土的性质发生变异。因此在进行工程建设时，必须密切结合土的实际性质进行设计和施工，否则，会影响工程的经济合理性和安全使用性。

1.1.1 土和土体的概念

（1）土 GB/T 50941—2014《建筑地基基础术语标准》将土（Soil）定义为岩石经风化作用形成的岩屑与矿物颗粒，在原地或经搬运在异地混入自然界中的其他物质后形成的堆积物。

（2）土体 土体不是一般土层的组合体，而是与工程建筑的稳定、变形有关的土层的组合体。土体是由厚薄不等，性质各异的若干土层，以特定的上、下次序组合在一起的。

1.1.2 土和土体的形成和演变

土是地壳中原来整体坚硬的岩石经过风化、剥蚀等外力作用而瓦解的碎块或矿物颗粒，再经水流、风力或重力作用、冰川作用搬运，在适当的条件下沉积成各种类型的土体。在搬运过程中，由于形成土的母岩成分的差异，颗粒大小、形态、矿物成分又进一步发生变化，并在搬运及沉积过程中由于分选作用形成在成分、结构、构造和性质上有规律的变化。土体沉积后，靠近地表的土体将经过生物化学及物理化学变化，即成壤作用，形成土。未形成的继续受到风化、剥蚀、侵蚀而经历再破碎、再搬运、再沉积等地质作用。

在不同的成土因素作用下，形成不同类型的土。如在热带和亚热带的湿热气候和常绿阔叶林下，土进行脱硅和富铁、铝化过程，形成红土；在寒温带冷湿润气候的针叶林下，土发生灰化过程，黏粒和铁、铝淋失并淀积于下层，上层的硅相对富集，形成灰化土；干旱和半干旱地区，因灌溉不当，排水不畅，地下水位上升，盐分随水上升积聚于地表，造成次生盐渍化过程，形成次生盐土；有机质在土壤表层发生聚积，形成暗色的腐殖质层或泥炭层。

总之，土体的形成和演化过程，就是土的性质的变化过程，由于不同作用处于不同的作用阶段，土体就表现出不同的特点。

1.1.3　土的基本特征及主要成因类型

1. 土的基本特征

从工程地质观点分析，土有以下共同的基本特征：

（1）土是自然历史的产物　土是由许多矿物自然结合而成的。它在一定的地质历史时期内，经过各种复杂的自然因素作用后形成各类土，形成土的时间、地点、环境以及方式不同，各种矿物在质量、数量和空间排列上都有一定的差异，其工程地质性质也不同。

（2）土是相系组合体　土是由三相（固、液、气）所组成的体系。相系组成之间的变化，导致土的性质的改变。土的相系之间的质和量的变化是鉴别其工程地质性质的一个重要依据。它们存在着复杂的物理-化学作用。

（3）土是分散体系　由二相或更多的相所构成的体系，其一相或一些相分散在另一相中，谓之分散体系。根据固相土颗粒的大小程度（分散程度），土可分为①粗分散体系（大于 $2\mu m$），②细分散体系（$0.1 \sim 2\mu m$），③胶体体系（$0.01 \sim 0.1\mu m$），④分子体系（小于 $0.01\mu m$）。分散体系的性质随着分散程度的变化而改变。粗分散体系与细分散体系和胶体体系的差别很大。细分散体系与胶体体系具有许多共性，可将它们合在一起看成是土的细分散部分。土的细分散部分具有特殊的矿物成分，并具有很高的分散性和比表面积，因而具有较大的表面能。任何土类均储备有一定的能量，在砂土和黏土类土中其总能量系由内部储量与表面能量共同构成。

（4）土是多矿物组合体　在一般情况下，土中含有 $5 \sim 10$ 种或更多的矿物，其中除原生矿物外，次生黏土矿物是主要成分。黏土矿物的粒径很小（小于 $0.002mm$），遇水呈现出胶体化学特性。

2. 土体的主要成因类型

按形成土体的地质营力和沉积条件（沉积环境），可将土体划分为若干成因类型，如残积、坡积、洪积、湖积、冲积等。以下介绍几种主要的成因类型的土体的性质、成分及其工程地质特征。

（1）残积土（Residual Soil）　残积土体是由基岩风化而成，未经搬运留于原地的土体。它处于岩石风化壳的上部，是风化壳中剧风化带。残积土一般形成剥蚀平原。影响残积土工程地质特征的因素主要是气候条件和母岩的岩性。

1）气候因素。气候影响着风化作用类型，从而使得不同气候条件不同地区的残积土具有特定的粒度成分、矿物成分、化学成分。

① 干旱地区：以物理风化为主，只能使岩石破碎成粗碎屑物和砂砾，缺乏黏土矿物，具有砾石类土的工程地质特征。

② 半干旱地区：在物理风化的基础上发生化学变化，使原生的硅酸盐矿物变成黏土矿物；但由于雨量稀少，蒸发量大，故土中常含有较多的可溶盐类，如 $CaCO_3$、$CaSO_4$ 等。

③ 潮湿地区：

a. 在潮湿而温暖，排水条件良好的地区，由于有机质迅速腐烂，分解出 CO_2，有利于高岭石的形成。

　　b. 在潮湿温暖而排水条件差的地区，则往往形成蒙脱石。

　　从干旱、半干旱地区至潮湿地区，土的粒度成分由粗变细；土的类型从砾石类土过渡到砂类土、黏土。

　　2）母岩因素。母岩的岩性影响着残积土的粒度成分和矿物成分；酸性火成岩含较多的黏土矿物，其岩性为粉质黏土或黏土；中性或基性火成岩易风化成粉质黏土；沉积岩大多是松软土经成岩作用后形成的，风化后往往恢复原有松软土的特点，如，黏土岩黏土、细砂岩细砂土等。

　　残积土体的厚度在垂直方向和水平方向变化较大；这主要与沉积环境、残积条件有关（山丘顶部因侵蚀而厚度较小；山谷低洼处则厚度较大）。残积物一般透水性强，以致残积土中一般无地下水。

　　（2）坡积土（Colluvial Soil）　坡积土体是残积土经雨水或融化雪水的搬运作用，顺坡移动堆积而成，所以其物质成分与斜坡上的残积物一致。坡积土体与残积土体往往呈过渡状态，其工程地质特征也很相似。

　　1）岩性成分多种多样。

　　2）一般无层理。

　　3）地下水一般属于潜水，有时形成上层滞水。

　　4）坡积土体的厚度变化大，由几厘米至一二十米，在斜坡较陡处薄，在坡脚地段厚。斜坡的坡角越陡，坡脚坡积土的范围越大。

　　（3）洪积土（Diluvial Soil）　洪积土体是暂时性、周期性地面水流——山洪带来的碎屑物质，在山沟的出口处堆积而成。洪积土体多发育在干旱半干旱地区，如我国的华北、西北地区。其特征为：距山口越近颗粒越粗，多为块石、碎石、砾石和粗砂，且分选差，磨圆度低、强度高，压缩性小（但孔隙大，透水性强）；距山口越远颗粒越细，且分选好，磨圆度高，强度低，压缩性高。另外，洪积土体具有比较明显的层理（交替层理、夹层、透镜体等）；洪积土体中地下水一般属于潜水。

　　（4）湖积土（Lacustrine Soil）　湖积土体在内陆分布广泛，一般分为淡水湖积土和咸水湖积土。淡水湖积土分为湖岸土和湖心土两种。湖岸土多为砾石土、砂土或粉质砂土；湖心土主要为静水沉积物，成分复杂，以淤泥、黏性土为主，可见水平层理。咸水湖积土以石膏、岩盐、芒硝及 RCO_3 岩类为主，有时以淤泥为主。

　　湖积土体具有以下工程地质特征：

　　1）分布面积有限，且厚度不大。

　　2）具独特的产状条件。

　　3）黏土类湖积土常含有机质、各种盐类及其他混合物。

　　4）具层理性，各向异性。

　　（5）冲积土（Alluvial Soil）　冲积土体是由于河流的流水作用，将碎屑物质搬运堆积在它侵蚀成的河谷内而形成的。冲积土体主要发育在河谷内以及山区外的冲积平原中，一般可分为三种相，即河床相、河漫滩相、牛轭湖相。

　　1）河床相冲积土主要分布在河床地带，冲积土一般为砂土及砾石类土，有时也夹有黏土透镜体，在垂直剖面上土粒由下到上，由粗到细，成分较复杂，但磨圆度较好。山区河床冲积土厚度不大，一般为 10m 左右；而平原地区河床冲积土则厚度很大，一般超过几十米，其沉积物也较细。河床相冲积土是良好的天然地基。

2）河漫滩相冲积土是由洪水期河水将细粒悬浮物质带到河漫滩上沉积而成。一般为细砂土或黏土，覆盖于河床相冲积土之上。常为上下两层结构，下层为粗颗粒土，上层为泛滥的细颗粒土。

3）牛轭湖相冲积土是在废河道形成的牛轭湖中沉积下来的松软土。由含有大量有机质的粉质黏土、砂质粉土、细砂土组成，没有层理。

河口冲积土由河流携带的悬浮物质，如粉砂、黏粒和胶体物质在河口沉积的淤泥质黏土、粉质黏土或淤泥，形成河口三角洲，往往作为港口建筑物的地基。

另外，还有很多土体类型，如冰川、崩积、风积、海洋沉积、火山等。

1.2　土的结构和构造

1.2.1　土的结构

土的结构是指土颗粒的大小、形状、表面特征，相互排列及其联结关系的综合特征。土的结构是在成土的过程中逐渐形成的，它反映了土的成分、成因和年代对土的工程性质的影响。

1. 单粒结构

单粒结构是碎石土和砂土的结构特征，如图 1-1a 所示。其特点是土粒间没有联结存在，或联结非常微弱，可以忽略不计。疏松状态的单粒结构在荷载作用下，特别在振动荷载作用下会趋向密实，土粒移向更稳定的位置，同时产生较大的变形；密实状态的单粒结构在剪应力作用下会发生剪胀，即体积膨胀，密度变松。单粒结构的紧密程度取决于其矿物成分、颗粒形状、粒度成分及级配的均匀程度。片状矿物颗粒组成的砂土最为疏松；浑圆的颗粒组成的土比带棱角的颗粒组成的土容易趋向密实；土粒的级配越不均匀，结构越紧密。

2. 蜂窝状结构

蜂窝状结构是以粉粒为主的土的结构特征，如图 1-1b 所示。粒径为 0.02 ~ 0.002mm 的土粒在水中沉积时，基本上是单个颗粒下沉，在下沉过程中、碰上已沉积的土粒时，如果土粒间的引力相对自重而言已经足够的大，则此颗粒就停留在最初的接触位置上不再下沉，形成大孔隙的蜂窝状结构。

3. 絮状结构

絮状结构是黏土颗粒特有的结构特征，如图 1-1c 所示。悬浮在水中的黏土颗粒当介质发生变化时，土粒互相聚合，以边-边、面-边的接触方式形成絮状物下沉，沉积为大孔隙的絮状结构。

土的结构形成以后，当外界条件变化时，土的结构会发生变化。例如，土层在上覆土层作用下压密固结时，结构会趋于更紧密的排列；卸载时土体的膨胀（如钻探取土时土样的膨胀或基坑开挖时基底的隆起）会松动土的结构；当土层失水干缩或介质变化时，盐类结晶胶结能增强土粒间的联结；在外力作用下（如施工时对土的扰动或切应力的长期作用）会弱化土的结构，破坏土粒原来的排列方式和土粒间的联结，使絮状结构变为平行的重塑结构，降低土的强度，增大压缩性。因此，在取土试验或施工过程中都必须尽量减少对土的扰动，避免破坏土的原状结构。

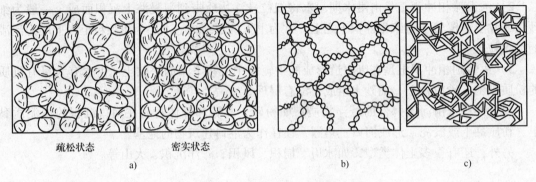

图 1-1　土的结构基本类型
a) 单粒结构　b) 蜂窝状结构　c) 絮状结构

1.2.2　土的构造

土的构造是指同一土层中成分和大小都相近的颗粒或颗粒集合体相互关系的特征。常见的有下列几种：

（1）层状构造　土层由不同颜色，不同粒径的土组成层理，平原地区的层理通常为水平层理。层状构造是细粒土的一个重要特征。

（2）分散构造　土层中土粒分布均匀，性质相近，如砂、卵石层为分散构造。

（3）结核状构造　在细粒土中掺有粗颗粒或各种结核，如含礓石的粉质黏土，含砾石的冰碛土等。其工程性质取决于细粒土部分。

（4）裂隙状构造　土体中有很多不连续的小裂隙，有的硬塑与坚硬状态的黏土为此种构造。裂隙状构造强度低，渗透性高，工程性质差。

1.3　特殊土的工程地质特征

1.3.1　软土（Soft Soil）

1. 软土及其特征

软土一般是指天然含水量大、压缩性高、承载力低且抗剪强度差的呈软塑-流塑状态的黏性土。软土是一类土的总称，并非指某一种特定的土，一般将软土分为软黏性土、淤泥质土、淤泥、泥岩质土及泥岩等，即其性质大体与上述概念相近的土都可以归为软土。

软土主要是在静水或缓慢流水环境中沉积的以细颗粒为主的第四纪沉积物。通常在软土形成过程中有一定的生物化学作用的参与。这是因为在软土沉积环境中，往往生长一些喜湿的植物，这些植物死亡后遗体埋在沉积物中，在缺氧条件下分解，参与了软土的形成。我国各地区软土一般有下列特征：

1）软土的颜色多为灰绿、灰黑色，手摸有滑腻感，能染指，有机质含量高时，有腥臭味。

2）软土的粒度成分主要为黏粒及粉粒，黏粒含量高达 60%～70%。

3）软土的矿物成分，除粉粒中的石英、长石、云母外，黏粒中的黏土矿物主要是伊利石，高岭石次之。此外，软土中常有一定量的有机质，可高达 8%～9%。

4）软土具有典型的海绵状或蜂窝状结构，这是造成软土孔隙比大、含水量高、透水性小、压缩性大、强度低的主要原因之一。

5）软土常具有层理构造，软土和薄层的粉砂、泥炭层等相互交替沉积，或呈透镜体相间形成性质复杂的土体。

2. 软土的成因及分布

我国软土分布广泛，主要位于沿海、平原地带、内陆湖盆、洼地及河流两岸地区。沿海、平原地带软土多位于大河下游入海三角洲或冲积平原处，如长江、珠江三角洲地带，塘沽、温州、闽江口平原等地带；内陆湖盆、洼地则以洞庭湖、洪泽湖、太湖、滇池等地为代表性的软土发育地区；山间盆地及河流中下游两岸漫滩、阶地、废弃河道等处也常有软土分布；沼泽地带则分布着富含有机质的软土和泥炭。

我国软土的成因主要有下列几种：

（1）沿海沉积型　我国东南沿海自连云港至广州湾几乎都有软土分布，其厚度大体自北向南变薄，由 40m 至 5～10m。沿海沉积的软土又可按沉积部位分为四种。

1）滨海相软土。表层为 3～5m 厚的褐黄色粉质黏土，以下便为厚度达数十米的淤泥类土，常夹有由黏土和粉砂交错形成细微带状构造的粉砂薄层或透镜体。如天津、连云港软土。

2）泻湖相软土。颗粒微细、孔隙比大，强度低，地层单一，厚度大，分布范围广，常形成海滨平原。如温州，宁波软土。

3）溺谷相软土。表层为耕土或人工填土，以及较薄的致密黏土或粉质黏土，以下便为 5～15m 的淤泥类土，呈窄带状分布，范围小于泻湖相，结构疏松，孔隙比大，强度很低。如闽江口软土。

4）三角洲相软土。在河流与海潮复杂交替作用下，软土层常与薄层中、细砂交错沉积，如上海地区软土和珠江三角洲软土。

（2）内陆湖盆沉积型　软土多为灰蓝至绿蓝色，颜色较深，厚度一般在 10m 左右，常含粉砂层、黏土层及透镜体状泥炭层。

（3）河滩沉积型　一般呈带状分布于河流中、下游漫滩及阶地上，这些地带常是漫滩宽阔、河岔较多、河曲发育，牛轭湖分布的地段。软土沉积交错复杂，透镜体较多，厚度不大，一般小于 10m。

（4）沼泽沉积型　沼泽软土颜色深，多为黄褐色、褐色至黑色，主要成分为泥炭，并含有一定数量的机械沉积物和化学沉积物。

3. 软土的工程性质

（1）孔隙比和含水量　软土多在静水或缓慢流水中沉积，颗粒分散性高，联结弱，具有较大的孔隙比和高含水量，孔隙比一般大于 1.0，高的可达 5.8（滇池淤泥），含水量大于液限达 50%～70%，最大可达 300%。但随沉积年代的久远和深度的加大，孔隙比和含水量会降低。

（2）透水性和压缩性　软土孔隙比大，但孔隙小，黏粒的吸水、亲水性强，土中有机质多，分解出的气体封闭在孔隙中，使土的透水性变差，一般渗透系数 K 小于 10^{-6} cm/s，在荷载作用下排水不畅，固结慢，压缩性高，压缩系数 $a=0.7～2.0$ MPa^{-1}，压缩模量 E_s 为 1～6MPa，压缩过程长，开始时压缩下沉很慢，完成下沉的时间很长。

（3）强度　软土强度低，无侧限抗压强度为 10～40kPa。不排水直剪试验的内摩擦角 $\varphi=2°～5°$，黏聚力 $c=10～15kPa$；排水条件下 $\varphi=10°～15°$，$c=20kPa$。所以评价软土抗剪强度时，应根据建筑物加荷情况选用不同的试验方法。

（4）触变性　软土受到振动，海绵状结构破坏，土体强度降低，甚至呈现流动状态，称为触变，也称振动液化。触变使地基土大面积失效，对建筑物破坏极大。一般认为，触变是由于吸附在土颗粒周围的水分子的定向排列扰动破坏，土粒与分子相互作用，重新恢复定向排列，结构恢复，土的强度又逐渐提高。软土触变用灵敏度（Sensitivity，S_t）表示为

$$S_t=\frac{\tau_f}{\tau_f'}\tag{1-1}$$

式中　τ_f——天然结构下的抗剪强度；

　　　　τ_f'——结构扰动后的抗剪强度。

一般，S_t 为 3～4，个别达 8～9，灵敏度越大，强度降低越明显，造成的危害也越大。

（5）流变性　软土在长期荷载作用下，变形可以延续很长时间，最终引起破坏，这种性质称为流变性。破坏时软土的强度远低于常规试验测得的标准强度，一些软土的长期强度只有标准强度的 40%～80%。但是，软土的流变发生在一定荷载下，小于该荷载，不产生流变，不同的软土产生流变的荷载值也不同。

4. 软土的变形破坏

简单地说，软土地基的变形破坏主要是承载力低、地基变形大或发生挤出，造成建筑物的破坏。如，修建在软土地基上的公路路堤受强度控制，必须控制在临界高度以下，否则容易发生挤出破坏。

1.3.2　黄土（Loess）

1. 黄土及其特征

黄土是第四纪以来，在干旱、半干旱气候条件下，陆相沉积的一种特殊土。标准的或典型的黄土具有如下六项特征：

1）颜色为淡黄色、褐色或灰黄色。

2）颗粒组成以粉土颗粒（0.075～0.005mm）为主，约占 60%～70%。

3）黄土中含有多种可溶盐，特别富含碳酸盐，主要是碳酸钙，含量可达 10%～30%，局部密集形成钙质结核，又称姜结石。

4）结构疏松，孔隙多，有肉眼可见的大孔隙或虫孔、植物根孔等各种孔洞，孔隙率一般为 33%～64%。

5）质地均一无层理，但具有柱状节理和垂直节理，天然条件下能保持近于垂直的边坡。

6）湿陷性。黄土湿陷性是引起黄土地区工程建筑破坏的重要原因，并非所有黄土都具有湿陷性。具有湿陷性的黄土称为湿陷性黄土。

只具有上述六个特征中部分特征的土称为黄土状土或黄土类土，

2. 黄土的成因、分布及形成年代

（1）黄土的成因　黄土的成因历来受到中外地质学者的重视，20 世纪初一些欧洲的地质学家和俄国地理学家纷纷前来我国考察黄土的成因。他们根据黄土在高原顶部、沟谷中都呈均匀分布，厚度大，无层理，多分布在戈壁外围等特点，认为我国的黄土是风搬运沉积

的。但是也有一些学者发现在山前洪积区、河流阶地上亦有一定范围的黄土分布，提出黄土有坡积、残积、洪积和冲积等多种成因。目前较为普遍的看法是坡积、残积等黄土主要是由风积黄土经过再搬运、再沉积形成的，所以有些研究者把风积黄土称为原生黄土，而其他各种成因的称为次生黄土。近代数十年新沉积的黄土，工程性质很差，在这类黄土分布地区修建工程建筑常常因为对其工程性质认识不清而导致工程建筑的失败。

（2）黄土的分布　黄土在全世界均有分布，主要分布在亚洲、欧洲和北美，总面积达 1300 万 km^2，相当于全球面积的 2.5% 以上。我国是世界上黄土分布面积最大的国家，西北、华北、山东、内蒙古及东北等地区均有分布，面积达 64 万 km^2，占国土面积的 6.7%。黄河中上游的陕、甘、宁及山西、河南一带黄土面积广，厚度大，地理上有黄土高原之称。陕甘宁地区黄土厚 100~200m，某些地区可达 300m，渭北高原厚 50~100m，山西高原厚 30~50m，陇西高原为 30~100m，其他地区一般厚几米到几十米，很少超过 30m。

（3）黄土的形成年代　我国黄土从第四纪初开始沉积，一直延续至现在，贯穿了整个第四纪，表 1-1 列出了按地质年代划分的黄土地层层序及其特征。午城黄土（Q_1）和离石黄土（Q_2）因沉积年代早，大孔隙已退化，土质紧密，不具湿陷性；马兰黄土（Q_3）沉积年代较新，有强烈的湿陷性；而新近堆积的黄土（Q_4）结构疏松，压缩性强，工程性质最差。习惯上把离石黄土、午城黄土称为老黄土，而将马兰黄土等称为新黄土。

表 1-1　按地质年代划分的黄土地层层序及其特征

地质年代		地层	颜　色	土层特征及包含物	古土壤层	开挖情况	边坡稳定性
全新世	Q_4^2	新近堆积黄土	浅褐至深褐色或黄至黄褐色	多大孔，最大直径 0.5~2.0cm，孔壁分布较多虫孔，有植物根孔，有的有白色及矿粒姜石等，有人类活动遗迹，结构松软，似蜂窝状	无	锹挖极为容易，进度很快	结构松散，不能维持陡边坡
	Q_4^1	新黄土	褐色至黄褐色	具有大孔，有虫孔及植物根孔，含少量小姜石及砾石，有时有人类活动遗迹，土质较均匀，稍密至中密	有埋藏土，呈浅灰色，或没有	锹挖极为容易但进度稍慢	
上更新世 Q_3（马兰黄土）			浅黄至灰黄及黄褐色	土质均匀，大孔发育，具垂直节理，有虫孔及植物根孔，易产生天生桥及陷穴，有少量小姜石呈零星分布，稍密至中密	浅部有埋藏土，一般为浅灰色	锹、镐挖不困难	
中更新世 Q_2		老黄土	深黄、棕黄及微红	有少量大孔或无大孔，土质紧密，具柱状节理，抗侵蚀力强，土质较均匀，不见层理，上部姜石少而小，古土壤层下姜石粒径 5~20cm，且成层分布，或成钙质胶结层，下部有砂砾及小石子分布	有数层至十余层古土壤，上部间距 2~4m，下部间距 1~2m，每层厚约 1m	锹、镐开挖困难	结构紧密，能维持陡边坡
下更新世 Q_1（午城黄土）			微红及棕红等	不具大孔，土质紧密至坚硬，颗粒均匀，柱状节理发育，不见层理，姜石含量比 Q_2 少，成层或零星分布于土层内，粒径 1~3cm，有时含砂及砾石等粗颗粒土层	古土壤层不多，呈棕红及褐色	锹、镐开挖很困难	

3. 黄土的工程性质

（1）粒度成分　黄土的粒度成分以粉粒为主，约占 60% ~ 70%，其次是砂粒和黏粒，各占 1% ~ 29% 和 8% ~ 26%。在黄土分布地区，黄土的粒度成分有明显的变化规律，陇西和陕北地区黄土的砂粒含量大于黏粒，而豫西地区黏粒含量大于砂粒，即由西北向东南，砂粒减少、黏粒增多，这种情况与黄土湿陷性西北强、东南弱的递减趋势大体相关。一般认为黏粒含量大于 20% 的黄土，湿陷性较小或无湿陷性。但是也有例外的情况，如兰州西黄河北岸的次生黄土黏粒含量超过 20%，湿陷性仍十分强烈。这与黏粒在土中分布状态有关，均匀分布在土骨架中的黏粒，起胶结作用，湿陷性小；呈团粒状分布的黏粒，在骨架中不起胶结作用，就有湿陷性。

（2）相对密度和密度　黄土的相对密度一般为 2.54 ~ 2.84，与黄土的矿物成分及其含量多少有关，砂粒含量高的黄土相对密度小，约在 2.69 以下；黏粒含量高的相对密度大，一般在 2.72 以上。黄土结构疏松，具有大孔隙，密度较低，为 1.5 ~ 1.8g/cm³，干密度约为 1.3 ~ 1.6g/cm³，干密度反映土的密实程度，一般认为干密度小于 1.5g/cm³ 的黄土具有湿陷性。

（3）含水量　黄土含水量与当地年降雨量及地下水埋深有关，位于干旱、半干旱地区的黄土一般含水量较低，当地下水埋藏较浅时含水量就高一些。含水量与湿陷性有一定关系，含水量低，湿陷性强，含水量增加，湿陷性减弱，一般含水量超过 25% 时就不再具有湿陷性了。

（4）压缩性　土的压缩性用压缩系数 a 表示，它是指在单位压力作用下土的孔隙比的减小程度，单位为 MPa^{-1}。一般认为 $a < 0.1MPa^{-1}$ 为低压缩性土，$a = 0.1 ~ 0.5MPa^{-1}$ 为中等压缩性土，$a \geq 0.5MPa^{-1}$ 是高压缩性土。黄土虽然具有大孔隙、结构疏松，但压缩性中等，只有新近堆积的黄土是高压缩性的。年代越老的黄土压缩性越小。

（5）抗剪强度　一般黄土的内摩擦角 $\varphi = 15° ~ 25°$，黏聚力 $c = 30 ~ 40kPa$，抗剪强度中等。

从上述黄土的一般工程性质看，干燥状态下黄土的工程力学性质并不是很差，但遇水软化甚至发生湿陷后，常引起工程建筑物的破坏，所以湿陷性是湿陷性黄土的最不良性质。

（6）湿陷性和黄土陷穴　天然黄土在一定的压力作用下，浸水后产生突然的下沉现象，称为湿陷（Wet Collapsible）。湿陷性土浸水饱和后开始出现湿陷时的压力称为湿陷起始压力（Initial Collapse Pressure）。当土体受到的压力小于起始压力时，不产生湿陷。在上覆土层自重压力下受水浸湿，产生显著附加变形的湿陷性黄土称为自重湿陷性黄土（Self- weight Collapsible Loess），在上覆土层自重压力下受水浸湿，不产生显著附加变形的湿陷性黄土称为非自重湿陷性黄土（Non- self- weight Collapsible Loess）。自重湿陷性黄土，湿陷起始压力小于自重压力，非自重湿陷黄土的湿陷起始压力大于自重压力。黄土的非自重湿陷性比较普遍，其工程意义较大。

黄土湿陷性的原因目前尚未查清，多数学者认为是由于进入黄土中的水使黄土黏聚力降低甚至消失引起的。

黄土湿陷性评价目前都采用浸水压缩试验方法，将黄土原状土样放入固结仪内，在无侧限膨胀条件下进行压缩试验，测出天然湿度下变形稳定后的试样高度 h_2 及浸水饱和条件下变形稳定后的试样高度 h_2'，然后按式（1-2）计算黄土的相对湿陷系数 δ_{sh}，并判断黄土的湿陷性。

$$\delta_{sh} = \frac{h_2 - h_2'}{h_2} \tag{1-2}$$

当 $\delta_{sh} < 0.015$ 时，为非湿陷性黄土；$\delta_{sh} \geqslant 0.015$ 时，为湿陷性黄土。其中，$0.015 \leqslant \delta_{sh} \leqslant 0.03$，为轻微湿陷性黄土；$0.03 < \delta_{sh} \leqslant 0.07$，为中等湿陷性黄土；$\delta_{sh} > 0.07$，为强烈湿陷性黄土。

尽管黄土产生湿陷的原因还不是很清楚，但是黄土内部疏松的结构、水的侵入和一定的附加压力是引起湿陷的内在、外部条件，应当针对这些条件采取相应的防治措施。首先是防水措施，即防止地表水下渗和地下水位的升高；其次对地基进行处理，降低黄土的孔隙率，加强内部联结和土的整体性，提高土体密度。

除了湿陷性引起工程建筑物的破坏外，黄土地区地下常常有天然或人工的洞穴，这些洞穴的存在和发展容易造成上覆土层和工程建筑物突然陷落，称为黄土陷穴。天然洞穴主要由黄土自重湿陷和地下水潜蚀形成。在黄土地区地表略凹处，雨水积聚下渗，黄土被浸湿发生湿陷变形下沉。地下水在黄土的孔隙、裂隙中流动时，既能溶解黄土中的易溶盐，又能在流速达到一定值时把土中细小颗粒冲蚀带走，从而形成空洞，这就是潜蚀作用。随着地下水潜蚀作用不断进行，土中空洞由少变多，由小变大，最终导致地表坍陷或工程建筑物的破坏。潜蚀作用多发生在黄土中易溶盐含量高、大孔隙多、地下水流速及流量较大的部位。从地表地形、地貌看，地表坡度变化较大的河谷阶地边缘、冲沟两岸、陡坡地带等，有利于地表水下渗或地下水加速，是潜蚀洞穴分布较多的地方。人工洞穴包括古老的采矿、掏砂坑道和墓穴等，这些洞穴分布无规律、不易发现，容易造成隐患。所以在黄土地区必须注意对黄土陷穴的位置、形状及大小进行勘察调研，然后有针对性的采取整治措施。

1.3.3　膨胀土（Expansive Soil）

膨胀土是指土中黏粒成分主要由亲水性矿物组成，同时具有显著的吸水膨胀和失水收缩两种变形特性的黏性土。

膨胀土是一种黏性土，具有明显的膨胀、收缩特性。它的粒度成分以黏粒为主，黏粒的主要矿物是蒙脱石、伊利石，这两类矿物有强烈的亲水性，吸收水分后强烈膨胀，失水后收缩，多次膨胀、收缩，强度很快衰减，导致修建在膨胀土上的工程建筑物开裂、下沉、失稳破坏。过去对这种土的性质认识不清，由于它裂隙多，就称为裂隙黏土，也有以地区命名的，如成都黏土。

1. 膨胀土的特征及其分布

（1）膨胀土的特征

1）膨胀土颜色多为灰白、棕黄、棕红、褐色等。

2）粒度成分以黏粒为主，含量在 35% ~50% 以上，其次是粉粒，砂粒最少。

3）黏粒的黏土矿物以蒙脱石、伊利石为主，高岭石含量很少。

4）具有强烈的膨胀、收缩特性，吸水时膨胀，产生膨胀压力，失水收缩时产生收缩裂隙，干燥时强度较高，多次反复胀缩强度降低。

5）膨胀土中各种成因的裂隙十分发育。

6）早期（第四纪以前或第四纪早期）生成的膨胀土具有超固结性。

（2）膨胀土的分布　膨胀土分布范围广泛，世界各国均有分布，我国是世界上膨胀土分布最广、面积最大的国家之一。20多个省、市、自治区发现有膨胀土的危害。主要分布在云贵高原到华北平原之间各流域形成的平原、盆地、河谷阶地以及河间地块和丘陵等地区。包括北京、河北、山西、山东、陕西、河南、安徽、江苏、四川、湖北、湖南、云南、贵州、福建、广西等省市自治区的大部分或一部分。

2. 膨胀土的成因和时代

我国各地的膨胀土成因不同，大致有洪积、冲积、湖积、残积、坡积等多种因素，形成时代自晚第三纪末期的上新世 N_2 开始到更新世晚期的 Q_3，各地不一。

3. 膨胀土的工程性质

1）膨胀土的粒度成分。膨胀土的粒度成分以黏粒为主，高达50%以上，黏粒粒径小于0.005mm，接近胶体颗粒，比表面积大，颗粒表面由具有游离价的原子或离子组成，即具有表面能，在水溶液中吸引极性水分子和水中离子，呈现出强亲水性。

2）天然状态下，膨胀土结构紧密、孔隙比小，干密度达 $1.6 \sim 1.8 \text{g/cm}^3$，塑性指数为 $18 \sim 23$，膨胀土的天然含水量与塑限比较接近，一般为 18%~26%，土体处于坚硬或硬塑状态，常被误认为是良好的天然地基。

3）膨胀土中裂隙十分发育，这是区别于其他土的明显标志。膨胀土的裂隙根据其成因有原生和次生之别。原生裂隙多闭合，裂面光滑，常有蜡状光泽，暴露在地表后受风化影响裂面张开；次生裂隙多以风化裂隙为主，在水的淋滤作用下，裂面附近蒙脱石含量显著增高，呈白色，构成膨胀土的软弱面，这种灰白土是引起膨胀土边坡失稳滑动的主要原因。

4）天然状态下，膨胀土的剪切强度、弹性模量都比较高，但遇水后强度降低，黏聚力小于100kPa，内摩擦角小于10°，有的甚至接近饱和淤泥的强度。

5）膨胀土具有超固结性。所谓超固结性是指在膨胀土受到的应力史中，曾受到比现在土的上覆自重压力更大的压力，因而孔隙比小，压缩性低。但是一旦开挖，遇水膨胀，强度降低，造成破坏。膨胀土的固结程度用超固结比 R 表示，即 $R = p_c/p_0$（详见第5章），超固结土 $R > 1$。

4. 膨胀土的胀缩性指标

一般黏性土都有一定的膨胀性，只是膨胀量小，没有达到危害程度。为了正确评价膨胀土与非膨胀土，必须测定其膨胀收缩指标，表示膨胀土的胀缩性指标有下列几种。

（1）自由膨胀率 F_s　是指人工制备的烘干土，在水中吸水后的体积增量（$V_w - V_0$）与原体积 V_0 之比，即

$$F_s = \frac{V_w - V_0}{V_0} \times 100\% \tag{1-3}$$

$F_0 > 40\%$ 为膨胀土。

（2）膨胀率 C_{sw}　是指人工制备的烘干土，在一定的压力下，侧向受限遇水膨胀稳定后，试样增加的高度（$h_w - h_0$）与原高度 h_0 之比，即

$$C_{sw} = \frac{h_w - h_0}{h_0} \times 100\% \tag{1-4}$$

$C_{sw} \geq 40\%$ 为膨胀土。

（3）线缩率 e_{sl}　是指土样收缩后高度减小量（$l_0 - l$）与原高度 l_0 之比，即

$$e_{sl} = \frac{l_0 - l}{l_0} \times 100\% \tag{1-5}$$

$e_{sl} \leqslant 5\%$ 为膨胀土。

1.3.4　盐渍土（Salty Soil）

盐渍土是指易溶盐含量大于 0.3%，并具有溶陷、盐胀及腐蚀等工程特性的土。

岩石在风化过程中分离出少量的易溶盐类（常见的有氯盐、硫酸盐和碳酸盐），易溶盐被水流带至江河、湖泊、洼地或随水渗入地下水中，当地下水沿土层的毛细管升高于地表或接近地表时，经蒸发作用水中盐分分离出来聚集于地表，或地表下不深的土层中。

盐渍土易于识别，其土层表面残留着薄薄的白色盐层，地面常常没有植物覆盖，或仅生长着特殊的盐区植物，在探井壁上可见到盐的白色结晶，从探井剖面看，土层表面含易溶盐最多，其下为盐化潜水。地面以下深 1 ~ 2m 的潜水，盐渍作用最强，通常盐渍土中的潜水成分与盐土中所含盐类的成分虽然不一样，但两者之间保持着一定的关系。

1. 盐渍土的形成和类型

（1）盐渍土的形成　盐渍土的形成条件如下：

1）地下水的矿化度较高，有充分盐分的来源。

2）地下水位较高，毛细作用能达到地表或接近地表，有被蒸发作用影响的可能。

3）气候比较干燥，一般年降雨量小于蒸发量的地区，易形成盐渍土。

盐渍土的形成由于受上述条件的限制，因此一般分布在地势比较低且地下水位较高的地段，如内陆洼地、盐湖，河流两岸的漫滩、低阶地，牛轭湖及三角洲洼地、山间洼地等地段。

盐渍土的厚度一般不大，平原及滨海地区通常分布在地表以下 2 ~ 4m，其厚度与地下水埋深、土的毛细作用上升高度及蒸发作用影响深度（蒸发强度）有关。内陆盆地的盐渍土厚度有的可达几十米，如柴达木盆地中盐湖区的盐渍土厚度达 30m 以上。

（2）盐渍土的分类

1）按形成条件分类。按形成条件，盐渍土可分为盐土、碱土和胶碱土等类型。

① 盐土：以含有氯盐及硫酸盐为主的盐渍土称为盐土。盐土通常在矿化了的地下水位很高的低地内形成，盐分由于毛细管作用，经过蒸发而聚集在土的表层。在海滨，由于海水浸渍也可以形成盐土。盐土也在草原和荒漠中的洼地内形成，由于带有盐分的地表水流入洼地，经过蒸发而形成盐土。干旱季节时，盐土表面常有盐霜或盐壳出现。

② 碱土：碱土的特点是在表土层中含有较多的碳酸钠和碳酸氢钠，不含或仅含微量的其他易溶盐类，黏土胶体部分为吸附性钠离子所饱和。碱土通常具有明显的层次，表层为层次结构的淋溶层，下层为柱状结构的淀积层。在深度 40 ~ 60cm 的土层内含易溶盐最多，同时也聚积有碳酸钙和石膏。碱土可由盐土因地下水位降低而形成，或由于地表水的渗入多于土中水的蒸发而形成。碱土在水中的溶液具有碱性反应，碱土与盐土常常共生和相互交替。盐碱土多分布在草原和河流或湖泊的阶地上以及平原的小盆地中。我国的黄河中下游阶地，以盐碱土分布广而闻名。盐碱土表层的植物生长很稀疏，常生长着黑艾蒿等特种草类，与周围的草完全不同，这是识别盐碱土的一种标志。

③ 胶碱土：胶碱土又称龟裂黏土，生成于荒漠或半荒漠的地形低洼处，大部分是黏性

土或粉性土，表面平坦，不长植物。干燥时非常坚硬，干裂成多角形。潮湿时立即膨胀，裂缝挤紧，成为不透水层，非常泥泞。胶碱土的整个剖面内，易溶盐的含量均较少，盐类被淋溶至 0.5m 以下的地层内，而表层往往含有吸附性的钠离子。

2）按分布区域分类。按地理分布区域，我国盐渍土可分为滨海盐渍土、内陆盐渍土和冲积平原盐渍土三类。

盐渍土在我国分布面积较广，新疆、青海、甘肃、内蒙古、宁夏等省（自治区）分布较多，陕西、辽宁、吉林、黑龙江、河北、河南、山东、江苏等省也有分布。

3）按含盐成分分类。盐渍土按含盐成分的分类见表 1-2。

表 1-2 盐渍土按含盐成分的分类

编号	盐渍土名称	$\dfrac{Cl^-}{SO_4^{2-}}$	$\dfrac{CO_4^{2-}+HCO_3^-}{Cl^-+SO_4^{2-}}$	编号	盐渍土名称	$\dfrac{Cl^-}{SO_4^{2-}}$	$\dfrac{CO_4^{2-}+HCO_3^-}{Cl^-+SO_4^{2-}}$
1	氯盐渍土	—	>2	4	硫酸盐渍土	—	<0.3
2	亚氯盐渍土	—	2~1	5	碳酸盐渍土	>0.3	—
3	亚硫酸盐渍土	—	1~0.3				

注：离子的含量以 100g 干土内的毫克当量计。

4）按土层中以质量计的平均含盐量分类。盐渍土按土层中以质量计的平均含盐量的分类见表 1-3。

表 1-3 盐渍土按土层中以质量计的平均含盐量的分类

编号	盐渍土名称	土层的平均含盐量		编号	盐渍土名称	土层的平均含盐量	
		氯盐渍土及亚氯盐渍土	硫酸盐渍土及亚硫酸盐渍土			氯盐渍土及亚氯盐渍土	硫酸盐渍土及亚硫酸盐渍土
1	弱盐渍土	0.3~1	0.3~0.5	3	强盐渍土	5~8	2~5
2	中盐渍土	1~5	0.5~2	4	过盐渍土	>8	>5

2. 盐渍土的工程性质

（1）盐渍土的盐胀性 硫酸盐沉淀结晶时，体积增大，脱水时体积缩小。干旱地区日温差较大。由于温度的变化，硫酸盐的体积时缩时胀，致使土体结构疏松。在冬季温度下降幅度较大，便产生大量的结晶，使土体剧烈膨胀。一般认为含量在 2% 以内时，膨胀带来的危害性较小，高于这个含量则膨胀量迅速增加。

碳酸盐含大量的吸附性阳离子，遇水便与胶体颗粒相互作用，在胶体颗粒和黏土颗粒周围形成结合水薄膜，不仅使土颗粒间的黏聚力减小，而且引起土体膨胀，如 Na_2CO_3 的含量超过 0.5% 时，其膨胀量即显著增大。

（2）盐渍土的力学性质 在一定含水量的条件下，因土粒中含有盐分，使土粒间的距离增大，而黏聚力及内摩擦角则随之减小，土体的强度降低，因此，土在潮湿状态时，土中的含盐量越大，则其强度越低。当含盐量增加到某一程度后，盐分能起胶结作用时，或土中含水量减小，盐分开始结晶，晶体充填于土孔隙中起骨架作用时，土的黏聚力及内摩擦角增大，其强度反而比不含盐的同类土的强度高。因此盐渍土的强度与土的含水量关系密切，含水量较低且含盐量较高时，土的强度较高，反之较低。

（3）盐渍土的湿陷性和水稳性　盐渍土不仅遇水发生膨胀，易溶盐遇水还会发生溶解，地基也会因溶蚀作用而下陷。有些地区盐渍土的结构与黄土类似，其粉粒含量 >45%，孔隙度 >45%，有一定的湿陷性。为防止盐渍土产生湿陷，要求其含盐量不超过一定数值（如，100g 土中 SO_4^{2-} <30ml）或加大土体密度（干容重 >15kN/m^3）。

水对盐渍土的稳定性影响很大，在潮湿的情况下，一般均表现为吸湿软化，使稳定性降低。

（4）盐渍土的压实性　当土中的含盐量增大时，其最佳密度逐渐减小，当含盐量超过一定限度时，就不易达到规定的标准密度。如果需要以含盐量较高的土作为填料，就需要加大夯实能量。硫酸盐渍土的含盐量增加到接近 2% 时，碳酸盐渍土的含盐量超过 0.5% 时，土的密度显著降低。氯盐渍土中的盐类晶体填充在土的孔隙中，能使土的密度增大，但当土湿化后，盐类溶解，土的密度降低。

（5）盐渍土中的有害毛细水作用　盐渍土中的有害毛细水上升能直接引起地基土的浸湿软化和次生盐渍化，进而使土的强度降低，产生盐胀、冻胀等病害。影响毛细水上升高度和上升速度的因素，主要是土的粒度成分、土的矿物成分、土颗粒的排列和孔隙的大小，以及水溶液的成分、浓度、温度等。土的粒度成分对毛细水上升高度的影响最为显著，一般来说，颗粒越细上升高度越高。盐分含量对毛细水上升高度也有影响，主要因素是盐的含量和盐的类型，盐分对毛细水上升高度有着正反两个方面的影响，一方面，水中含盐量可以提高其表面张力，毛细水上升高度随着表面张力增大而增大；另一方面，水中盐分又使其溶液的相对密度增大，并使颗粒表面的分子水膜厚度增大，从而增加了毛细水上升的阻力，使毛细水的上升值减小。当矿化度较低时，前种影响占优势，反之，则后一种影响占优势。

1.3.5　红黏土（Laterite）

红黏土是岩石在热带、亚热带特定的湿热气候条件下，经历了不同程度的风化和氧化等红黏土化作用而形成的一种含较多黏粒，富含铁铝氧化物胶结的高塑性红色黏性土、粉土。红黏土具有较特殊的工程特性，虽然孔隙比较大，含水较多，但却常有偏低的压缩性和较高的强度，是一种区域性特殊土。

1. 红黏土的形成与分类

（1）红黏土的形成　红黏土化作用分为三个阶段：

1）第一阶段，碎屑化和黏土化阶段。红黏土化之前，岩石破碎，矿物大量分解，盐基成分淋失，硅、铝显著分离，出现大量硅铝酸体氧化物，形成一些黏土矿物，铁、铝有所积累，含一定量易溶解的二价铁，风化产物为残积黏性土，呈灰、黄、白色而不是红色，这阶段是红黏土化作用的准备阶段。

2）第二阶段，红黏土化阶段。此阶段除石英外，几乎所有矿物都被彻底分解。盐基成分基本淋失。形成大量以高岭石为主的黏土矿物，铁、铝大量富集，形成大量红色三价氧化铁和部分三水铝石，风化产物以红色黏性土为主，部分为红、白、黄相间成网纹状。

3）第三阶段，铝土矿物阶段。红黏土化后期，黏土矿物继续分解，部分含水氧化物脱水，形成含铝质矿物、铁质矿物和少量高岭石黏土的铝土矿。

（2）红黏土分布地域　红黏土分布在北纬 35° 到南纬 35° 之间。我国主要分布在北纬 32° 以南，即长江流域以南地区。红黏土一般发育在高原夷平面、台地、丘陵、低山斜坡及洼地，厚度多在 5~15m，有的达 20~30m，其发育与下述因素有关：

1）热带、亚热带季风气候区的高温、多雨、潮湿、干湿季节是红黏土形成的必备条件，水温高，循环明显，矿化度低，为地下水对岩体的淋滤、水合、水解等化学作用提供了良好的条件。

2）母岩类型不同，红黏土的发育程度和速度也不同，其快慢顺序为碳酸盐类岩、基性岩、中酸性岩、碎屑沉积岩和第四纪沉积岩。

3）地形、地貌和新构造运动影响着红黏土的发育厚度，在地形平缓的台地、低丘陵区等比较稳定的地区，红黏土难于保存；在地壳下降地区，红黏土发育不完整。

(3) 红黏土层次　我国红黏土完整的剖面，自上而下包括三个层次：

1）第一层次，均质红黏土和网纹红黏土。黏土矿物以高岭石为主，含针铁矿、赤铁矿和三水铝石，表面红黏土化程度最高，红色为主，称为均质红黏土；下段为红、白、黄相间的网纹红黏土。此层即一般典型红黏土，俗称"红层"。

2）第二层次，杂色黏性土。黏土矿物以高岭石和伊利石为主，两者含量接近，含部分针铁矿，一般不含三水铝石，颜色浅，以黄色为主夹部分红色土，红黏土化程度很低，俗称"黄层"。

3）第三层次，一般残积土。黏土矿物以伊利石、蒙脱石为主，为黏粒含量较少的黏性土或砂砾质土。

(4) 红黏土的分类　按物质来源不同，红黏土分为两类：一类是各种岩石的残积物（局部坡积物），经红黏土化作用而形成的残积红黏土；另一类是非残积成因的堆积物（冲积、洪积、冰积），经红黏土化作用而形成的网纹红黏土。残积红黏土的特性与母岩关系密切，是各类岩石长期风化残积的产物，其中一种粒度较细，石英含量较少，塑性较强，有一定的胀缩性，如碳酸盐岩类、玄武岩类、泥质岩类形成的红黏土，以及经再搬运形成的次生红黏土；另一种粒度较粗，石英含量多，塑性较弱，有弱胀缩性，如碎屑沉积岩、花岗岩类形成的含砂砾红黏土。网纹红黏土因具有明显的网纹状结构而得名，由于形成年代不同，其工程特性差别较大，中更新世及其以前形成的网纹红黏土，胶结好，强度高，是最常见的典型网纹红黏土；晚更新世及其以后形成的网纹红黏土，胶结弱，红黏土化程度微弱，其特性与一般土接近，不应属于特殊土。

综合成因、年代、母岩特征等因素，将红黏土分为以下五种：

1）碳酸盐岩形成的典型红黏土。这类红黏土是指覆盖于碳酸盐岩类基岩上的棕红、褐黄等色的高塑性黏土。其液限一般大于 50%。经流水再搬运后仍保留红黏土的基本特征。液限大于 45% 的土称为次生红黏土，在相同物理指标的情况下，其力学性能低于红黏土。红黏土及次生红黏土广泛地分布于我国的云贵高原、四川东部、广西、粤北及鄂西、湘西等地区的低山、丘陵地带顶部和山间盆地、洼地、缓坡及坡脚地段，其分布范围达 108 万 km²。云贵高原的 2/3 以上地区分布着红黏土。红黏土的厚度变化与原始地形和下伏基岩面的起伏密度相关，分布在台地和山坡的厚度较薄，分布在山麓的则厚度较厚；当下伏基岩的溶沟、石芽等较发育时，上覆红黏土的厚度变化相差较大，咫尺之间相差可达数米甚至十几米。红黏土的厚度一般在 5~15m，最厚达 30m。

2）玄武岩形成的红黏土。玄武岩出露区的红黏土分布在广东雷州半岛和海南岛北部（简称琼雷地区），系第四纪中—晚更新世期间形成，多为大面积喷发的橄榄玄武岩。在热带湿热气候条件下，经强烈的风化作用而形成厚薄不等的风化壳，其表层是经红黏土化作用的红色黏性土，就是一般所说的玄武岩风化残积红黏土，其分布面积近 5000km²。云南东部、中部分布着二叠纪玄武岩，南方其他地方也零星分布着玄武岩，其表层也形成风化残积红黏土。风化残积红黏土经再搬运后，仍保留着红黏土基本特征的红色黏土，称为次生红黏土。琼雷地区的红黏土分布厚度为 2～20m。云南玄武岩分布区的风化壳可达 20 余米，但红黏土层下为红黏土化程度较低的棕黄色黏性土。湖南益阳的玄武岩风化壳可达 50m，棕红、紫红色残积红黏土厚 10～30m。

3）花岗岩形成的红黏土。花岗岩广泛分布于我国南方各地，约占赣、湘、桂、浙、闽、粤、琼诸省面积的 1/6，滇、皖也有少量分布。南方花岗岩以燕山期中-粗粒黑云母花岗岩为主。也有部分中-细二长花岗岩和花岗闪长岩，在热带、亚热带的湿热气候条件下，遭受了长期而强烈的风化作用，形成巨厚的红色风化壳表层，称为花岗岩残积红黏土。它主要形成于上更新世至晚更新世期间，以中更新世的作用最为强烈，全新世以来直至目前仍继续进行着红黏土化作用。花岗岩残积红黏土主要分布于丘陵和台地，一般厚 2～20m，以广东沿海的厚度最大。

4）红层出露区红黏土。在我国南方浙、赣、闽、粤、桂等地，零星分布着白垩纪至下第三纪的中生代红层，受构造体系控制，形成一系列沿北东方向为主的串珠状断陷盆地，沉积物是以湖相、河流相、滨海相为主的陆相红色碎屑岩建造，产状平缓，倾角 10°～25°，岩相受局部沉积环境的影响，变化很大，岩性有砾岩和砂砾岩、砂岩、粉砂岩、黏土岩等，胶结物包括硅质、钙质、泥质等，混杂着游离的红色氧化铁。红层形成以后，尤其是第四纪更新世期间，遭受了强烈的化学风化作用（包括红黏土化作用），形成厚度变化大，粒度各异，性质多样的残积红黏土。江西红黏土厚 1～10m，广州红黏土一般厚 1～15m，个别可达 20m。

5）中更新世网纹红黏土。网纹红黏土是第四纪沉积物在高温、湿润气候条件下，受特殊的地球化学改造作用（红黏土化作用）而形成的红色黏性土，具有红、白、黄色相间的网纹状结构。网纹红黏土主要分布于湘、赣、鄂南、皖南等长江流域中下游地区，浙、闽、粤等地局部沿河流也有零星分布，主要形成于中更新世。河流冲积相网纹红黏土与其下伏的砂砾石层组成双层构造，一般沿河流高阶地分布，厚度为 6～15m，常形成红黏土缓丘或相对高差为数米的小波状平原，在洞庭湖区的局部因新构造运动下降而处于埋藏状态。某些坡积、洪积相网纹红黏土混杂有砾石，分布于山麓地带。某些洼地可能有局部再搬运的次生红黏土分布。

2. 红黏土的工程性质

1）液限较高，含水较多，饱和度常大于 80%，常处于硬塑至可塑状态。

2）孔隙率变化范围大，一般孔隙比较大，尤其是残积红黏土，孔隙比常超过 0.9，甚至达 2.0。先期固结压力和超固结比很大，除少数软塑状态红黏土外，均为超固结土，这与游离氧化物胶结有关。一般常具有中等偏低的压缩性。

3）强度变化范围大，一般较高，黏聚力一般为 10～60kPa，内摩擦角为 10°～30° 或更大。

4）膨胀性极弱，但某些土具有一定的收缩性，这与红黏土的粒度、矿物、胶结物等情况有关，某些红黏土化程度较低的 "黄层" 收缩性较强，应划入膨胀土范畴。

5）浸水后强度一般降低，部分含粗粒较多的红黏土，湿化崩解明显。

综上所述，红黏土是一种处于饱和状态，孔隙比较大，以硬塑和可塑状态为主，具中等压缩性，强度较高，具有一定的收缩性的土。

1.3.6　冻土（Frozen Soil）

冻土是指温度低于或等于0℃，并含有冰的土。在高纬度和海拔高度较高的高原、高山地区，一年中有相当长一段时间气温低于0℃，这时土中的水分冻结成固态的冰，冰与土冻结成整体，形成一种特殊的土——冻土。

土冻结时发生冻胀，强度增高，融化时发生沉陷，强度降低，甚至出现软塑或流塑状态。修建在冻土地区的工程建筑物，常常由于反复冻融，土体冻胀、融沉，导致工程建筑物的破坏。

冻土从冻结时间看，有季节冻土和多年冻土两种。季节冻土是指冬季冻结、夏季融化的土。在年平均气温低于0℃的地区，冬季长，夏季很短，冬季冻结的土层在夏季结束前还未全部融化，又随气温降低开始冻结了，这样地面以下一定深度的土层常年处于冻结状态，就是多年冻土。通常将持续三年以上处于冻结状态不融化的土称为多年冻土。

1. 季节冻土及其冻融现象

季节冻土主要分布在我国华北、西北及东北地区。自长江流域以北向东北、西北方向，随着纬度及海拔高度的增加，冬季气温越来越低，冬季时间延续越来越长，因此季节冻土的厚度自南向北越来越大。石家庄以南季节冻土厚度小于0.5m，北京地区为1m左右，而辽源、海拉尔一带则达到2~3m。

季节冻土对工程建筑物的危害主要是由土的冻胀、融沉造成的。冻结时，土中水分向冻结部位转移、集中，体积膨胀；融化时，局部土中含水量增大，土呈软塑或流塑状态，出现融沉。季节冻土的冻胀与融沉与土的粒度成分和含水量有关，土颗粒粗，冻胀性小或没有冻胀性，如砾石、卵石、碎石层。砂土稍具冻胀性。土中粉土颗粒含量多，冻胀性强。就含水量而言，含水量大，冻胀严重。土中水结冰时，体积增大1/11左右，以1m厚冻土层为例，当含水量为30%时，冻胀量为100cm×30%×1/11=2.7cm。一般，季节冻土冬季冻胀可使公路路基隆起3~4cm；春季融化时，路基沉陷发生翻浆冒泥。如果季节冻土层与地下水发生水力联系，这种冻胀融沉的危害更为严重。在地下水埋藏较浅时，季节冻结区不断得到水的补充，地面明显冻胀隆起，形成冻胀土丘，又称冰丘。

2. 多年冻土及其工程性质

（1）多年冻土的分布及其特征　我国多年冻土按地区分布不同可分为高原冻土和高纬度冻土。高原冻土主要分布在青藏高原和西部高山（如天山、阿尔泰山及祁连山等）地区；高纬度冻土主要分布在大、小兴安岭，自满洲里—牙克石—黑河一线以北地区。多年冻土存在于地表以下一定深度内，地表面至多年冻土层间常有季节冻土层存在。受纬度控制，多年冻土厚度由北向南逐渐变薄，从连续多年冻土区到岛状多年冻土区，最后尖灭到非多年冻土（季节冻土）区。

1）组成特征。冻土由矿物颗粒（土粒）、冰、未冻水和气体四相组成。矿物颗粒是四相中的主体，其颗粒大小、形状、成分、比表面积、表面活动等对冻土性质和冻土中发生的各种作用都有重要影响。冻土中的冰是地下冰，是冻土存在的基本条件，也是冻土各种特殊工程性质的基础。未冻水是负温条件下冻土中仍未冻结成冰的液态水，主要是结合水及毛细水。强结合水在-78℃时才开始冻结，弱结合水在-20~-30℃时冻结，毛细水的冰点稍低于 0℃。未饱和的冻土孔隙、裂隙中有空气。

2）结构特征。冻土结构与一般土结构的不同是由于土冻结过程中水分的转移和状态改变造成的。根据冻土中冰的分布位置、形状结构，可分为三种结构，即整体结构、网状结构及层状结构。

整体结构是温度降低很快，土冻结过程中水分来不及迁移和积聚，土中冰晶均匀分布于原有孔隙中，冰与土成整体的状态。这种结构有较高的冻结强度，融化后土的原有结构未遭破坏，一般不发生融沉。故整体结构冻土工程性质较好。

网状结构的冻土在冻结过程中水分产生转移和积聚，在土中形成交错状冰晶。这种结构破坏了土的原有结构，融化后呈软塑或流塑状态，变化较大，工程性质不良。

层状结构是在冻结速度较慢的单向冻结条件下，伴随着水分的转移和外界水源的充分补充，形成土粒与冰透镜体和薄冰层相互间隔成层状的结构，原有土的结构被冰层分割完全破坏，融化时强烈融沉。

3）构造特征。多年冻土的构造是指多年冻土与其上的季节冻土层间的接触关系。有衔接型构造和非衔接型构造。

衔接型构造是指季节冻土最大冻结深度可达到或超过多年冻土上限，季节冻土与多年冻土相接触的构造。稳定的或发展的多年冻土区具有这种构造。

非衔接型构造是季节冻土最大冻结深度与多年冻土上限间被一层不冻土或称为融冻层隔开而不直接接触。这种构造属退化的多年冻土区。

我国多年冻土层厚度变化较大，薄的冻土层厚度仅有数米，厚可达 200m。

（2）多年冻土的工程性质　多年冻土的工程性质包括：

1）物理及水理性质。由多年冻土组成可知，土中水分既包括冰，也包括未冻水。因此，在评价土的工程性质时，必须测定天然冻土结构下的重度、相对密度、总含水量（冰及未冻水）和相对含冰量（土中冰重与总含水量之比）四项指标。其中未冻结水含量的获取是关键。多采用下式计算，即

$$\omega_c = K\omega_p \qquad\qquad (1-6)$$

式中　ω_c——未冻水含量；

　　　ω_p——土的塑限含水量；

　　　K——温度修正系数，按表 1-4 选用。

表 1-4　温度修正系数 K 值

土 的 名 称	塑性指数 I_p	地温/℃							
		-0.3	-0.5	-1.0	-2.0	-4.0	-6.0	-8.0	-10.0
砂类土、粉土	$I_p \leqslant 2$	0	0	0	0	0	0	0	0
粉　土	$2 < I_p \leqslant 7$	0.60	0.50	0.40	0.35	0.30	0.28	0.26	0.25
粉质黏土	$7 < I_p \leqslant 13$	0.70	0.65	0.60	0.50	0.45	0.43	0.41	0.40
粉质黏土	$13 < I_p \leqslant 17$	*	0.75	0.65	0.55	0.50	0.48	0.46	0.45
黏　土	$I_p > 17$	*	0.95	0.90	0.65	0.60	0.58	0.56	0.55

* 表示在该温度下孔隙中的水均为未冻水。

总含水量 ω_n 和相对含冰量 ω_i 按下式计算，即

$$\begin{cases} \omega_n = \omega_b + \omega_c \\ \omega_i = \dfrac{\omega_b}{\omega_n} \end{cases} \tag{1-7}$$

式中　ω_b——在一定温度下，冻土中的含冰量（%）；

　　　ω_c——在一定温度下，冻土中的未冻水量（%）。

2）力学性质。冻土的强度和变形仍可用抗压强度、抗剪强度和压缩系数表示。但是由于冻土中冰的存在，使冻土力学性质随温度和加载时间而变化的敏感性大大增加。在长期荷载作用下，冻土强度明显衰减，变形明显增大。温度降低时，土中未冻土减少，含冰量增大，冻土类似岩石，短期荷载下强度大增，变形可忽略不计。

3. 冻土分类

冻土冻胀融沉是其重要的工程性质，现按冻土的冻胀率和融沉情况对其进行分类。

冻胀率 n_d 为土在冻结过程中土体积的相对膨胀量，以百分率表示。冻土根据冻胀率的分类见表1-5。

表1-5　冻土根据冻胀率的分类

冻土分类	冻胀率 n_d
强冻胀土	$n_d > 6\%$
冻胀土	$6\% \geqslant n_d > 3.5\%$
弱冻胀土	$3.5\% \geqslant n_d > 2\%$
不冻胀土	$n_d \leqslant 2\%$

冻土融化下沉由两部分组成，一是外力作用下的压缩变形，二是温度升高引起的自身融化下沉。多年冻土按融沉情况分级见表1-6。

表1-6　多年冻土按融沉情况分级

冻土名称	土 的 类 别	总含水量 ω_n（%）	融化后的潮湿程度	融沉性分级
少冰冻土	粉黏粒质量≤15%的粗颗粒土（其中包括碎石类土、砾砂、粗砂、中砂。以下同）	$\omega_n \leqslant 10$	潮湿	（Ⅰ级）不融沉
	粉黏粒质量>15%的粗颗粒土，细砂、粉砂	$\omega_n \leqslant 12$	稍湿	
	黏性土、粉土	$\omega_n \leqslant \omega_p$	坚硬（粉土为稍湿）	
多冰冻土	粉黏粒质量≤15%的粗颗粒土	$10 < \omega_n \leqslant 16$	饱和	（Ⅱ级）弱融沉
	粉黏粒质量>15%的粗颗粒土、细砂、粉砂	$12 < \omega_n \leqslant 18$	潮湿	
	黏性土、粉土	$\omega_p < \omega_n \leqslant \omega_p + 7$	硬塑（粉土为潮湿）	
富冰冻土	粉黏粒质量≤15%的粗颗粒土	$16 < \omega_n \leqslant 25$	饱和出水（出水量<10%）	（Ⅲ级）融沉
	粉黏粒质量>15%的粗颗粒土、细砂、粉砂	$18 < \omega_n \leqslant 25$	饱和	
	黏性土、粉土	$\omega_p + 7 < \omega_n \leqslant \omega_p + 15$	软塑（粉土为潮湿）	
饱冰冻土	粉黏粒质量≤15%的粗颗粒土	$25 < \omega_n \leqslant 44$	饱和出水（出水量10%~20%）	（Ⅳ级）强融沉
	粉黏粒质量>15%的粗颗粒土、细砂、粉砂		饱和出水（出水量<10%）	
	黏性土、粉土	$\omega_p + 15 < \omega_n \leqslant \omega_p + 35$	流塑（粉土为饱和）	

习　题

1-1　什么是土? 什么是土体?

1-2　土的基本特征有哪些?

1-3　什么是土的结构和构造? 其基本类型各有哪些?

1-4　什么是软土? 它具有哪些特征?

1-5　什么是黄土? 它具有哪些特征?

思 考 题

1-1　土的主要成因类型有哪些?

1-2　简述土和土体的形成和演变过程。

1-3　简述黄土的湿陷性及其评价方法。

第 2 章 土的物理性质及工程分类

【学习目标】 了解土的三相组成，土的结构与构造，砂土的密实度；掌握土颗粒级配的含义及分析方法，土的三相比例指标以及相互换算，黏性土界限含水量及测定方法，砂土密实度的工程意义及评价方法；熟悉土的分类及定名。

【导读】 土是由各种大小不同的土粒按各种比例组成的集合体。这些土粒间的联结是比较微弱的，在外力作用下，土体并不显示出一般固体的特性，土粒间的联结也并不像胶体那样易于相对地滑移，也不表现出一般液体的特性。因此，在研究土的工程性质时，既不同于固体力学，也不同于流体力学。土是一种分散体，在土粒之间的孔隙中，除了空气外，还存在部分水，或孔隙中完全为水所充满。当土是由土粒、空气和水组成时，土为固相、气相和液相组成的三相体系。当土是由土粒和空气或土粒和水组成时，土为二相体系。由于空气易被压缩，水能从土体流出或流进，土的三相的相对比例会随时间和荷载条件的变化而改变，土的一系列性质也随之改变。

本章主要讨论土的物质组成以及描述其物质组成的方法，包括土的三相组成、土的三相指标、黏性土的界限含水量、砂土的密实度、土的工程分类。这些内容是学习土质学和土力学所必需的基本知识，也是评价土的工程性质，分析与解决土木工程技术问题的基础。

2.1 土的三相组成

土的组成（Composition of Soil）是指土中的固体颗粒、液体（水）和气体三相物质组成及其比例关系。随着三相物质（固相、液相和气相）的质量和体积的比例不同，土的性质也不同，土中三相物质组成复杂。

土的工程地质特性主要取决于组成的土粒大小和矿物类型，即土的颗粒级配与矿物成分，水和气体一般是通过其起作用的。土中液相部分对土的性质影响也较大，尤其是细粒土，土粒与水相互作用可形成一系列特殊的物理性质。

2.1.1 土的固相

土中由固体颗粒相互联结所形成，可传递有效应力的构架称为土骨架（Soil Skeleton）。土的固相物质分无机矿物颗粒和有机质。矿物颗粒由原生矿物和次生矿物组成。

原生矿物是指岩浆在冷凝过程中形成的矿物，如石英、长石、云母等。原生矿物经化学风化作用后发生化学变化而形成新的次生矿物，如三氧化二铁、三氧化二铝、次生二氧化硅、黏土矿物、碳酸盐等。次生矿物按其与水的作用可分为可溶或不可溶次生矿物。可溶的次生矿物按其溶解难易程度又分为易溶的、中溶的和难溶的次生矿物。次生矿物的成分和性质均较复杂，对土的工程性质影响也较大。

在风化过程中，往往有微生物的参与，在土中产生有机质成分，如多种复杂的腐殖质矿物。在土中还会有动植物残骸体等有机残余物，如泥炭等。有机质对土的工程性质影响很大，但目前对土的有机质组成的研究还不深入。

2.1.2　土的液相

土的液相是指土孔隙中存在的水。一般把土中的水看成是中性的、无色、无味、无臭。其密度为 $1g/cm^3$，容重为 $9.81kN/m^3$。在 0℃时冻结，在 100℃时沸腾。但实际上，土中水是成分复杂的电解质水溶液，它与土粒间有着复杂的相互作用。

当土粒与水相互作用时，土粒会吸附一部分水分子，在土粒表面形成一定厚度的水膜，称为表面结合水（Bound Water）。它受土粒表面引力的控制而不服从静水力学规律。结合水的密度、黏滞度均比一般正常水高，冰点低于 0℃。最低可达零下几十摄氏度。结合水的这些特征随其与土粒表面的距离而变化。越靠近土粒表面的水分子，受土粒的吸附力越强，与正常水的性质的差别越大。因此按吸附力的强弱，结合水可分为强结合水（也称为吸着水）和弱结合水（也称为薄膜水）。

在结合水膜以外的水，为正常的液态水溶液，它受重力的控制在土粒间的孔隙中流动，能传递静水压力，称为自由水（Free Water）。

自由水包括毛细水（Capillary Water）及重力水（Gravitational Water）。

毛细水是受毛细作用控制的水，它除了受重力作用外。还受到表面张力引起的毛细作用的支配。可以把土的孔隙看作是连续的变截面的毛细管，毛细管中毛细水上升高度取决于毛细管的直径。毛细管直径越小，上升高度越高，土中的毛细水也会从潜水面上升到一定的高度。毛细水对公路路基的干湿状态及冻害有重要的影响，对砂类土的强度也有一定的影响。

重力水是只受重力控制的自由水，它不受表面张力的影响，在重力或压力差作用下于土中渗流。

土中除结合水、自由水等液态水外，还可能有气态水（呈水蒸汽状态的水）和固态水（呈冰状态的水）存在。不同状态的水，在一定条件下会相互转化，并对土的性质起着重要作用。

2.1.3　土的气相

土的气相主要指土孔隙中充填的空气。土的含气量与含水量有密切关系。土孔隙中占优势的是气体还是水，其性质有很大的不同。

土中气体成分与大气成分相比，主要区别在于 CO_2、O_2 及 N_2 的含量不同。一般土中气体含有更多的 CO_2，较少的 O_2，较多的 N_2。土中气体与大气的交换越困难，两者的差别就越大。

土中的气体可分为与大气连通的和与大气不连通的两类。与大气连通的气体对土的工程性质影响不大，在受到外力作用时，这种气体能很快地从孔隙中被排出。而与大气不连通的密封气体对土的工程性质影响较大，在受到外力作用时，随着压力的增大，这种气泡可被压缩或溶解于水中，压力减小时，气泡恢复原状或重新游离出来。这种含气体的土称为非饱和土，非饱和土的工程性质研究已形成土力学的一个新分支。

2.2　土的颗粒特征

自然界中存在各种各样的土，其颗粒大小由 $1 \times 10^{-6}mm$ 的极细黏土颗粒一直变化到几米大小的岩石碎块。当其颗粒大小不同时，土的物理性质也明显不同。如，当土粒变细时，可由无黏性变为黏性，其强度、压缩性都发生较大变化。

2.2.1 土颗粒的大小及粒组划分

天然土是由大小不同的颗粒组成的，土粒的大小称为粒度。

土粒大小是描述土最直观、最简单的标准，土粒的大小相差悬殊。对于较大的立方体或圆球体的土粒，可直接量测立方体的边长或圆球体的直径来描述土粒的大小。但实际上，土粒的形状往往是不规则的，很难直接量测土粒的大小，通过一些分析方法来定量地描述土粒的大小。常用的分析土粒大小的方法有两种，大于 0.075mm 的土粒采用筛分析的方法，小于 0.075mm 的土粒用沉降分析的方法。

筛分析法是指把试样放在筛网网孔逐级减小的一套标准筛上摇振，停留在某一筛网上的土粒质量即代表土粒大小为大于该筛孔而又小于上一筛孔的土粒质量。

在沉降分析法中，土粒大小即相当于与实际土粒有相同沉降速度的理想圆球体的直径。

粒组（Fraction）是指按土的粒径大小归并划分的粒径组。粒径（Grain size）是指土的固体颗粒的直径，可通过筛分时的筛网孔径和水中下沉的当量球体的直径表示。

粒组间的分界线是人为确定的。划分粒组有两种方式：

1）任意划分的方式。即按一定的比例递减关系划分粒组的界限。

2）考虑土粒性质变化的方式。即使划分的粒组界限与粒组性质（如矿物成分、物理性质、水理性质、力学性质等）的变化相适应。

对粒组的划分，各个国家，甚至同一个国家各个部门都有不同的规定。表 2-1 为我国规范采用的粒组划分标准。其中 GB/T 50145—2007《土的工程分类标准》在砂粒粒组与粉粒粒组的界限上取与 GB 50007—2011《建筑地基基础设计规范》和 GB 50021—2001《岩土工程勘察规范》相同的标准，但将卵石粒组与砾粒粒组的分界粒径改为 60mm；JTG E40—2007《公路土工试验规程》的粒组划分标准与 GB/T 50145—2007《土的工程分类标准》基本相同，前者取 0.002mm 作为黏粒与粉粒的分界粒径，而后者的黏粒与粉粒分界粒径为 0.005mm。

表 2-1 我国规范采用的粒组划分标准

粒组	GB 50021—2001《岩土工程勘察规范》（2009 年版）GB 50007—2011《建筑地基基础设计规范》		GB/T 50145—2007《土的工程分类标准》		JTG E40—2007《公路土工试验规程》	
	颗粒名称	粒径范围/mm	颗粒名称	粒径范围/mm	颗粒名称	粒径范围/mm
巨粒	漂石（块石）	>200	漂石（块石）	>200	漂石（块石）	>200
	卵石（碎石）	20~200	卵石（碎石）	60~200	卵石（小块石）	60~200
粗粒	圆砾（角砾）	2~20	砾粒 粗砾	20~60	砾（角砾） 粗砾	20~60
			中砾	5~20	中砾	5~20
			细砾	2~5	细砾	2~5
	砂粒 粗砂	0.5~2	砂粒 粗砂	0.5~2	砂粒 粗砂	0.5~2
	中砂	0.25~0.5	中砂	0.25~0.5	中砂	0.25~0.5
	细砂	0.075~0.25	细砂	0.075~0.25	细砂	0.075~0.25
细粒		≤0.075	粉粒	0.005~0.075	粉粒	0.002~0.075
			黏粒	≤0.005	黏粒	≤0.002

2.2.2　粒度成分及其表示方法

土的粒度成分是指土中各种不同粒组的相对含量（以干土的质量百分比表示），它可用来描述土的各种不同粒径土粒的分布特性。

常用的粒度成分表示方法有：表格法、累计曲线法和三角形坐标法。

1. 表格法

表格法是以列表形式直接表达各粒组的百分含量。粒度成分以干土的质量百分比表示法见表 2-2；粒度成分的累计百分含量表示法见表 2-3。

表 2-2　粒度成分以干土的质量百分比表示法

粒组/mm	粒度成分（以干土的质量百分比表示）（%）		
	土样 A	土样 B	土样 C
10 ~ 5	—	25.0	—
5 ~ 2	3.1	20.0	—
2 ~ 1	6.0	12.3	—
1 ~ 0.5	14.4	8.0	—
0.5 ~ 0.25	41.5	6.2	—
0.25 ~ 0.10	26.0	4.9	8.0
0.10 ~ 0.075	9.0	4.6	14.4
0.075 ~ 0.01	—	8.1	37.6
0.01 ~ 0.005	—	4.2	11.1
0.005 ~ 0.001	—	5.2	18.9
<0.001	—	1.5	10.0

表 2-3　粒度成分的累计百分含量表示法

粒径 d_i/mm	粒径小于等于 d_i 的累计百分含量 p_i（%）		
	土样 A	土样 B	土样 C
10	—	100.0	—
5	100.0	75.0	—
2	96.9	55.0	—
1	90.9	42.7	—
0.50	76.5	34.7	—
0.25	35.0	28.5	100.0
0.10	9.0	23.6	92.0
0.075	0	19.0	77.6
0.010	—	10.9	40.0
0.005	—	6.7	28.9
0.001	—	1.5	10.0

2. 累计曲线法

累计曲线法是一种比较完善的图示方法，通常用半对数纸绘制。横坐标（按对数比例尺）表示某一粒径 d_i；纵坐标表示小于某一粒径的土粒的累计百分含量 p_i。采用半对数纸，可以把细粒的含量更好地表达清楚。图 2-1 是根据表 2-3 中三种土的粒度成分累计百分含量绘制的曲线。

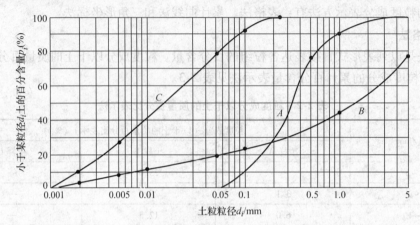

图 2-1　粒度成分累计曲线

由累计曲线可以直观地看出土中各粒组的分布情况。曲线 A 表示该土绝大部分是由比较均匀的砂粒组成的。而曲线 B 表示该土是由较多粒组的土粒组成，土粒极不均匀，曲线 C 表示该土中砂粒极少，主要是由细颗粒组成的黏性土。

根据累计曲线，可确定两个土粒的级配指标：

（1）不均匀系数（Coefficient of Non-uniformity）　不均匀系数是反映土颗粒粒径分布不均匀程度的系数，是控制粒径与有效粒径之比，即

$$C_u = \frac{d_{60}}{d_{10}} \qquad\qquad (2-1)$$

（2）曲率系数（Coefficient of Curvature）　曲率系数是反映土的粒径分布曲线斜率连续性的系数，其计算方法为等于或小于该粒径的颗粒质量占土粒总质量的 30% 的粒径的平方除以控制粒径与有效粒径之积，即

$$C_c = \frac{d_{30}^2}{d_{60} d_{10}} \qquad\qquad (2-2)$$

式中　d_{10}、d_{30}、d_{60}——累计百分含量为 10%、30% 和 60% 的粒径；d_{10} 称为有效粒径，d_{60} 称为限制粒径。

不均匀系数 C_u 反映大小不同粒组的分布情况。C_u 越大，表示土粒大小分布范围大，土的级配良好，但如果 C_u 过大，表示可能缺失中间粒径，属于不连续级配。曲率系数 C_c 是描述累计曲线的分布范围，反映累计曲线的整体形状。

一般认为不均匀系数 $C_u < 5$ 的土称为匀粒土，级配不良。但实际上仅用单独一个指标 C_u 来确定土的级配情况是不够的，还必须同时考察累计曲线的整体形状，故需兼顾曲率系数 C_c 值确定。

当同时满足不均匀系数 $C_u \geq 5$ 和曲率系数 $C_c = 1 \sim 3$ 这两个条件时，土的级配良好；如不能同时满足，土的级配不良。

例如，图 2-1 中曲线 A，$d_{10} = 0.10\text{mm}$；$d_{30} = 0.22\text{mm}$；$d_{60} = 0.39\text{mm}$，则 $C_u = 3.9$，$C_c = 1.24$，因此土样 A 为级配不良的土。

3. 三角坐标法

三角坐标法是用三角坐标来表达三种粒组的含量。三角坐标由等边三角形表示，如图 2-2 所示。它是利用等边三角形内任一点到三角形各边的垂直距离之和等于三角形之高的原理，即 $h_1 + h_2 + h_3 = H$。取三角形的高 $H = 100\%$，h_1 为黏土颗粒的含量，h_2 为砂土颗粒的含量，h_3 为粉土颗粒的含量。图 2-2 中 m 点表示的土中黏粒、粉粒及砂粒的百分含量分别为 28.9%、48.7% 和 22.4%，此土样即为表 2-3 中的土样 C。在道路工程、水利工程中三角坐标法是常用的方法。

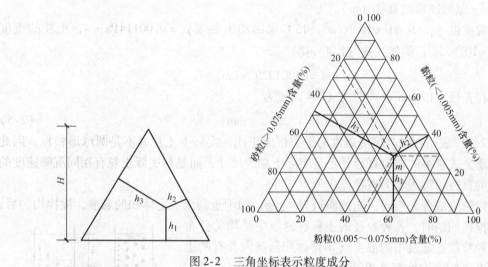

图 2-2　三角坐标表示粒度成分

2.2.3　粒度成分分析方法

粒度成分分析的目的在于确定土中各粒组颗粒的相对含量。对于粒径大于 0.075mm，小于 60mm 的粗粒土，可以采用筛分析方法，对于粒径小于 0.075mm 的细粒土，采用沉降分析方法。当土中粗细粒兼有，则可联合使用筛分析方法和沉降分析方法。

1. 筛分析法

利用一套不同孔径的标准筛，粗筛（圆孔）孔径为 60mm、40mm、20mm、10mm、5mm、2mm；细筛孔径为 2.0mm、1.0mm、0.5mm、0.25mm、0.075mm。测定筛后留存在每一筛子上的土粒质量，计算占干土总质量的百分含量，见表 2-2，并计算小于等于某一筛孔直径土粒累计百分含量，见表 2-3。

2. 沉降分析法

沉降分析法有密度计法和移液管法。

密度计法是依据斯托克斯（Stokes）定律进行测定。当土粒在液体中靠自重下沉时，较大的颗粒下沉较快，而较小的颗粒下沉则较慢。

设有一个圆球形颗粒在无限大的不可压缩的黏滞性液体中，它在重力作用下产生的稳定沉降速度 v 可以用斯托克斯公式计算，即

$$v = \frac{2}{9} r^2 \frac{\gamma_s - \gamma_w}{\mu} \tag{2-3}$$

式中 v——球形颗粒在液体中的稳定沉降速度（m/s）；

       r——球形颗粒的半径（m）；

   γ_s、γ_w——土颗粒、液体的重度（N/m³）；

       μ——液体的动力黏度（Pa·s）。

式（2-3）也可写为

$$d = \sqrt{\frac{18\mu v}{\gamma_s - \gamma_w}} \tag{2-4}$$

式中 d——球形颗粒的直径（m）。

取水的重度 $\gamma_w = 9.81 \times 10^3 \text{N/m}^3$，15℃水的动力黏度 $\mu = 0.00114 \text{Pa·s}$，土粒的重度 $\gamma_s = 26.5 \times 10^3 \text{N/m}^3$，则代入式（2-4）得

$$d = 0.001229 \sqrt{v}(\text{m})$$

若颗粒直径 d 以 mm 计，则式（2-4）成为

$$d = 1.229 \sqrt{v}(\text{mm}) \tag{2-5}$$

式（2-5）表明粒径与沉降速度的平方根成正比，实际上土粒并不是圆球形颗粒，因此用斯托克斯公式求得的颗粒直径并不是实际土粒的尺寸，而是与实际土粒有相同沉降速度的理想球体的直径，称为水力直径。

在进行粒度成分分析时，先把质量为 m_s(g) 的干土制成一定体积的悬液，搅拌均匀后，在刚停止搅拌的瞬时，各种粒径的土粒在悬液中是均匀分布的，即各种粒径在悬液中的浓度（单位体积悬液内含有的土粒质量）在不同深度处都是相等的。静置一段时间 t_i(s) 后，悬液中粒径为 d_i 的颗粒以相应的沉降速度 v_i 在水中沉降。较粗的颗粒在悬液中沉降较快，较细的颗粒则沉降较慢，如图 2-3 所示，在深度 L_i(mm) 处，沉降速度为 $v_i = L_i / t_i$ 的颗粒，其直径相当于 $d_i = 1.229 \sqrt{v_i}$（mm），所有大于 d_i 的颗粒，其沉降速度必然大于 v_i。因此在 L_i 深度范围内，肯定已没有大于 d_i 的颗粒。如在 L_i 深度处考虑一个小区段 mn，则 mn 段内的悬液中只有粒径等于及小于 d_i 的颗粒，而且粒径等于及小于 d_i 颗粒的浓度与开始均匀悬液中粒径等于及小于 d_i 颗粒的浓度相等。

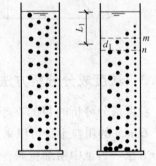

图 2-3   土粒在悬液中的沉降

如果悬液体积为 1000cm³，其中所含小于等于 d_i 的土粒质量为 m_{si}(g)，则在 mn 段内悬液的密度为

$$\rho_i = \frac{1}{1000} \left[m_{si} + \left(1000 - \frac{m_{si}}{\rho_s} \right) \rho_w \right] \tag{2-6}$$

式中 m_{si}——悬液中小于等于 d_i 土粒的质量（g）；

   ρ_s、ρ_w——土颗粒、水的密度（g/cm³）。

$$m_{si} = 1000 \frac{\rho_i - \rho_w}{\rho_s - \rho_w} \cdot \rho_s \tag{2-7}$$

悬液中粒径小于等于 d_i 的土粒质量 m_{si} 占土粒总质量 m_s 的百分比 p_i 为

$$p_i = \frac{m_{si}}{m_s} \times 100\% \tag{2-8}$$

式（2-7）中的悬液密度 ρ_i 可用密度计测读，也可用移液管取出 mn 处的悬液试样测定。

有关密度计法和移液管法的具体试验操作及计算，可参阅现行土工试验规程。密度计法的优点是操作简便，不需多次烘干称重；而移液管法比较麻烦，但对于细砂及黏土，它是可靠的方法。

2.2.4　土粒形状

土粒形状对土的密实度及强度有显著影响。大部分粉砂粒及砂粒是浑圆或棱角状，而云母颗粒是片状，黏土颗粒则是薄片状。土粒的形状取决于矿物成分，它反映土料的来源和地质历史。如，云母是薄片状而石英砂却是颗粒状的；未经长途搬运的残积土的颗粒大多呈棱角状，而在河流下游沉积的颗粒大多已经磨圆。

描述土粒形状一般用肉眼观察鉴别的方法，在勘察报告中都有定性的描述；或借助电子显微镜扫描照片以及计算机图像处理的方法研究土粒的几何参数；还有用体积系数和形状系数描述土粒形状的方法，这些指标只能用于定性的评价。

在描述土粒形状时，常用浑圆度及球度。

浑圆度（Roundness）的计算公式为 $\sum_{i=1}^{N}(r_i/R)/N$。其中，r_i 为颗粒突出角的半径，R 为土粒内接圆的半径，N 为颗粒尖角的数量。浑圆度可反映土粒棱角的尖锐程度。

球度（Sphericity）的计算公式为 D_d/D_c。D_d 为在扁平面上与土粒投影面积相等的圆的半径。D_c 为最小外接圆的半径。球度反映土粒接近圆球的程度。球度为 1，即为圆球体。

在有些文献资料中，还用体积系数和形状系数描述土粒形状。

体积系数（Volumetric Coefficient）V_c 的计算公式为

$$V_c = \frac{6V}{\pi d_m^3} \tag{2-9}$$

式中　V——土粒体积（mm^3）；

　　　d_m——土粒的最大直径（mm）。

V_c 越小，土粒离圆形越远。圆球 $V_c = 1$；立方体 $V_c = 0.37$；棱角状土粒 V_c 更小。

形状系数（Shape Factor）的计算公式为

$$F = \frac{AC}{B^2} \tag{2-10}$$

式中　A、B、C——土粒的最大、中间、最小尺寸。

2.3　土的物理性质指标

物理性质指标（Physical Indexes）是指表示土中固、液、气三相组成特性、比例关系及其相互作用特性的物理量。

土是由固相（土粒）、液相（水溶液）和气相（空气）组成的三相分散体系，如图2-4a

所示。从物理角度，可利用三相在体积上和质量（或重力）上的比例关系来反映土的干湿程度和紧密程度。土的三相比例指标是工程地质勘察报告中不可缺少的部分，是评定土工程性质最基本的物理性质指标。

为了推导土的三相比例指标，可以把土体中实际上是分散的三个相抽象地分别集中在一起，构成理想的三相图，如图 2-4b 所示。

如图 2-4c 所示，右边注明各相的体积，左边注明各相的质量，土样的体积 V 可由式（2-11）表示，即

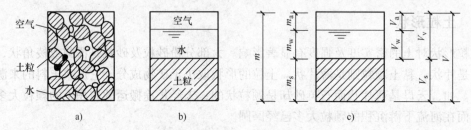

图 2-4　土的三相图

a）土体　b）土的三相图　c）各相的质量与体积

$$V = V_s + V_w + V_a \tag{2-11}$$

式中　V_s、V_w、V_a——土粒、水、空气的体积。

土样的质量 m 可由式（2-12）表示，即

$$m = m_s + m_w + m_a$$

$$m \approx m_s + m_w \tag{2-12}$$

$$m_a \approx 0$$

式中　m_s、m_w、m_a——土粒、水、空气的质量。

土的三相比例指标分为两类，一类是试验指标，另一类是换算指标。

2.3.1　试验指标

通过土工试验测定的指标称为试验指标，有土的密度、土粒相对密度和土的含水量。

1. 质量密度 ρ

质量密度（Density）是指单位体积岩土的质量，单位为 g/cm^3。从三相图知

$$\rho = \frac{m}{V} \tag{2-13}$$

式中　m——土的质量（g）；

　　　V——土的体积（cm^3）。

土的密度通常用环刀法在实验室测定。一般土的密度为 $1.60 \sim 2.20 g/cm^3$。

重力密度（Unit Weight）是指单位体积岩土体所承受的重力，为岩土体的密度与重力加速度的乘积。用 γ 表示，单位为 kN/m^3。

$$\gamma = \rho g \tag{2-14}$$

2. 土粒相对密度 G_s

土粒相对密度（Specific Gravity of Soil Particle）是指土颗粒的质量与同体积蒸馏水在

4℃时的质量之比，即

$$G_s = \frac{m_s}{V_s \rho_{w1}} = \frac{\rho_s}{\rho_{w1}} \tag{2-15}$$

式中 m_s——土颗粒的质量（g）；

V_s——土的颗粒体积（cm³）；

ρ_{w1}——纯水在4℃时的密度（g/cm³）。

一般土粒相对密度变化幅度不大，通常可按表2-4经验数值选用。

表 2-4　土粒相对密度的一般数值

土名	砂土	砂质粉土	黏质粉土	粉质黏土	黏土
土粒相对密度	2.65 ~ 2.69	2.70	2.71	2.72 ~ 2.73	2.74 ~ 2.76

3. 土的含水量 ω

含水量（Water Content）是指土中水的质量与土的固体颗粒质量之比，以百分数表示。

$$\omega = \frac{m_w}{m_s} \times 100\% \tag{2-16}$$

式中 m_w——土中水的质量（g）；

m_s——土的固体颗粒质量（g）。

含水量是表示土湿度的指标。土的天然含水量变化范围很大。从干砂的接近于零，一直到饱和黏土的百分之几百。

2.3.2　换算指标

除了上述三个试验指标之外，还有六个可以计算求得的指标，称为换算指标，包括土的干密度（干重度）、饱和密度（饱和重度）、浮重度、孔隙比、孔隙率和饱和度。

1. 土的干密度 ρ_d

土的干密度（Dry Density）是单位体积岩土中所含固体成分的质量。土的干重度（Dry Unity Weight）是指单位体积岩土中固体成分所受的重力，即

$$\begin{cases} \rho_d = \dfrac{m_s}{V} \\ \gamma_d = \rho_d g \end{cases} \tag{2-17}$$

土的干密度越大，土越密实。所以土的干密度常用作填土压实的控制指标。

2. 土的饱和密度 ρ_{sat}

土的饱和密度（Saturated Density）是指土孔隙中全部被水充满时的密度，即

$$\begin{cases} \rho_{sat} = \dfrac{m_s + V_v \rho_w}{V} \\ \gamma_{sat} = \rho_{sat} g \end{cases} \tag{2-18}$$

式中 V_v——土的孔隙体积（cm³）；

ρ_w——水的密度（g/cm³）。

3. 土的浮重度 γ'

土的浮重度（Buoyant Unit Weight）是指水下土体饱和重度与水的重度之差，即

$$\gamma' = \frac{m_s g - V_s \gamma_w}{V} = \gamma_{sat} - \gamma_w \tag{2-19}$$

式中　γ_w——水的重度（N/cm^3）。

4. 土的孔隙比 e

土的孔隙比（Void Ratio）是指土体的孔隙体积与固体颗粒体积的比值，即

$$e = \frac{V_v}{V_s} \tag{2-20}$$

式中　V_v——土体的孔隙体积（cm^3）；

　　　V_s——固体颗粒体积（cm^3）。

孔隙比是土的一个重要指标，可用来评价土的紧密程度。

5. 土的孔隙率 n

土的孔隙率（Porosity）是指土体的孔隙体积与土体的总体积的比值，以百分数表示，即

$$n = \frac{V_v}{V} \times 100\% \tag{2-21}$$

式中　V_v——土体的孔隙体积（cm^3）；

　　　V——土体的总体积（cm^3）。

孔隙率与孔隙比之间存在着下述换算关系，即

$$n = \frac{e}{1+e} \tag{2-22}$$

6. 土的饱和度 S_r

土的饱和度（Degree of Saturation）是指土体孔隙中水的体积与孔隙总体积之比，以百分数表示，即

$$S_r = \frac{V_w}{V_v} \times 100\% \tag{2-23}$$

饱和度是用来描述土孔隙中水充满孔隙的程度，$S_r = 0$ 为完全干燥的土；$S_r = 1$ 为完全饱和的土。按饱和度可以把砂土划分为三种状态：

$$0 < S_r \leqslant 0.5 \qquad 稍湿$$
$$0.5 < S_r \leqslant 0.8 \qquad 潮湿$$
$$0.8 < S_r \leqslant 1.0 \qquad 饱和$$

以上这些指标中，除试验指标外，其余指标均可以由三个试验指标计算得到。其换算关系见表2-5。

表 2-5　土的三相比例指标换算关系

换算指标	表 达 式	用试验指标计算的公式	用其他指标计算的公式
孔隙比 e	$e = \dfrac{V_v}{V_s}$	$e = \dfrac{G_s(1+\omega)\gamma_w}{\gamma} - 1$	$e = \dfrac{G_s \gamma_w}{\gamma_d} - 1$ $e = \dfrac{\omega G}{S_r}$

（续）

换算指标	表 达 式	用试验指标计算的公式	用其他指标计算的公式
孔隙率 n	$n = \dfrac{V_v}{V} \times 100\%$	$n = 1 - \dfrac{\gamma}{G_s(1+\omega)\gamma_w}$	$n = \dfrac{e}{1+e}$
干密度 ρ_d	$\rho_d = \dfrac{m_s}{V}$	$\rho_d = \dfrac{\rho}{1+\omega}$	$\rho_d = \dfrac{G_s}{1+e}\rho_w$
干重度 γ_d	$\gamma_d = \dfrac{m_s g}{V}$	$\gamma_d = \dfrac{\gamma}{1+\omega}$	$\gamma_d = \dfrac{G_s}{1+e}\gamma_w$
饱和密度 ρ_{sat}	$\rho_{sat} = \dfrac{m_s + V_v\rho_w}{V}$	$\rho_{sat} = \dfrac{\rho(G_s-1)}{G_s(1+\omega)} + \rho_w$	$\rho_{sat} = \dfrac{G_s+e}{1+e}\rho_w$
饱和重度 γ_{sat}	$\gamma_{sat} = \dfrac{m_s g + V_v\gamma_w}{V}$	$\rho_{sat} = \dfrac{\gamma(G_s-1)}{G_s(1+\omega)} + \gamma_w$	$\gamma_{sat} = \dfrac{G_s+e}{1+e}\gamma_w$ $\gamma_{sat} = \gamma' + \gamma_w$
浮重度 γ'	$\gamma' = \dfrac{m_s g - V_s\gamma_w}{V}$	$\gamma' = \dfrac{\gamma(G_s-1)}{G_s(1+\omega)}$	$\gamma' = \gamma_{sat} - \gamma_w$
饱和度 S_r	$S_r = \dfrac{V_w}{V_v} \times 100\%$	$S_r = \dfrac{\gamma G_s\omega}{G_s(1+\omega)\gamma_w - \gamma}$	$S_r = \dfrac{\omega G_s}{e} = \dfrac{\omega\rho_d}{n\rho_w}$

对于表 2-5 中的换算公式，只要掌握每个指标的物理意义，就可以运用三相图推导。其基本思路是先画三相比例图，如图 2-5 所示，假定土的颗粒体积 $V_s = 1$，$\rho_{w1} = \rho_w$，则孔隙体积 $V_v = e$，总体积 $V = 1 + e$，土的颗粒质量 $m_s = V_s G_s\rho_{w1} = G_s\rho_w$，水的质量 $m_w = \omega m_s = \omega G_s\rho_w$，总质量 $m = \omega m_s = G_s(1+\omega)\rho_w$，根据定义，有

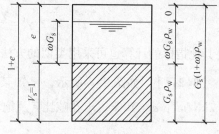

图 2-5　土的三相比例指标计算图（一）

$$\rho = \frac{m}{V} = \frac{G_s(1+\omega)\rho_w}{1+e}$$

$$\rho_d = \frac{m_s}{V} = \frac{G_s\rho_w}{1+e} = \frac{\rho}{1+\omega}$$

$$e = \frac{G_s\rho_w}{\rho_d} - 1 = \frac{G_s(1+\omega)\rho_w}{\rho} - 1$$

$$\rho_{sat} = \frac{m_s + V_v\rho_w}{V} = \frac{G_s+e}{1+e}\rho_w$$

$$\gamma' = \frac{m_s g + V_s\gamma_w}{V} = \frac{m_s g - (V - V_v)\gamma_w}{V} = \frac{m_s g + V_v\gamma_w - V\gamma_w}{V} = \gamma_{sat} - \gamma_w$$

如已知土的重度 γ、土粒的重度 γ_s、含水量 ω，如图 2-6a 所示，可假定土的总体积 $V = 1$，则由此可求得土的重力为 γ，土粒的重力为 $\dfrac{\gamma}{1+\omega}$，水的重力为 $\dfrac{\omega\gamma}{1+\omega}$，土粒体积为 $\dfrac{\gamma}{\gamma_s(1+\omega)}$，孔隙体积为 $1 - \dfrac{\gamma}{\gamma_s(1+\omega)}$，孔隙中水的体积为 $\dfrac{\omega\gamma}{\gamma_w(1+\omega)}$。也可求得各指标的换算公式。

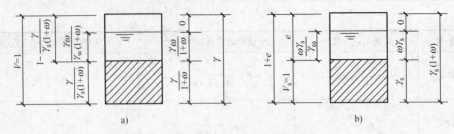

图2-6 土的三相比例指标计算图（二）

如已知土粒的重度 γ_s、含水量 ω 和孔隙比 e，可假定土粒体积 $V_s = 1$，如图2-6b所示，由此得孔隙体积为 e，土粒的重力为 γ_s，水的重力为 $\omega\gamma_s$，水的体积为 $\dfrac{\omega\gamma_s}{\gamma_w}$。可计算各有关指标。即

$$\gamma = \frac{(1 + \omega)\gamma_s}{1 + e}$$

$$\gamma_d = \frac{\gamma_s}{1 + e}$$

$$S_r = \frac{\omega\gamma_s}{e\gamma_w}$$

$$\gamma_{sat} = \frac{\gamma_s + e\gamma_w}{1 + e}$$

$$\gamma' = \frac{\gamma_s - \gamma_w}{1 + e} = \gamma_{sat} - \gamma_w$$

其他指标的计算也可采用类似的方法进行。

【例2-1】 如图2-7所示，已知某土样，土的重度 $\gamma = 17\text{kN/m}^3$，土粒的重度 $\gamma_s = 27.2\text{kN/m}^3$，$\omega = 10\%$，求孔隙比 e 及饱和度 S_r。

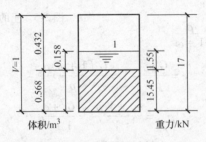

图2-7 例2-1图

解：令土的体积 $V = 1\text{m}^3$，如图2-7所示，则土的重力 $W = \gamma V = 17\text{kN}$。

土粒的重力

$$W_s = \frac{\gamma}{1 + \omega} = \frac{17\text{kN}}{1 + 0.1} = 15.45\text{kN}$$

水的重力

$$W_w = 17\text{kN} - 15.45\text{kN} = 1.55\text{kN}$$

土粒体积

$$V_s = \frac{W_s}{\gamma_s} = \frac{15.45 \text{kN}}{27.2 \text{kN/m}^3} = 0.568 \text{m}^3$$

孔隙体积

$$V_v = 1 \text{m}^3 - 0.568 \text{m}^3 = 0.432 \text{m}^3$$

水的体积

$$V_w = \frac{W_w}{\gamma_w} = \frac{1.55}{9.81} \text{m}^3 = 0.158 \text{m}^3$$

由此可求得

$$e = \frac{V_v}{V_s} = \frac{0.432}{0.568} = 0.761$$

$$S_r = \frac{V_w}{V_v} \times 100\% = \frac{0.158}{0.432} \times 100\% = 37\%$$

【例 2-2】　黏土试样，体积为 29cm^3，湿土重 0.5N，含水量 $\omega = 40\%$，土粒重度 $\gamma_s = 27 \times 10^{-3} \text{N/cm}^3$ 求饱和度 S_r。

解： 绘土的三相比例图，如图 2-8 所示，把已知数据填上，即 $V = 29 \text{cm}^3$，$W = 0.5 \text{N}$，可求得

土粒的重力

$$W_s = \frac{W}{1 + \omega} = \frac{0.5 \text{N}}{1 + 0.4} = 0.357 \text{N}$$

水的重力

$$W_w = 0.5 \text{N} - 0.357 \text{N} = 0.143 \text{N}$$

水的体积

$$V_w = \frac{W_w}{\gamma_w} = \frac{0.143}{9.81 \times 10^{-3}} \text{cm}^3 = 14.6 \text{cm}^3$$

土粒体积

$$V_s = \frac{W_s}{\gamma_s} = \frac{0.357}{27 \times 10^{-3}} \text{cm}^3 = 13.2 \text{cm}^3$$

孔隙体积

$$V_v = V - V_s = 29 \text{cm}^3 - 13.2 \text{cm}^3 = 15.8 \text{cm}^3$$

则饱和度

$$S_r = \frac{V_w}{V_v} = \frac{14.6}{15.8} = 0.92$$

【例 2-3】　某饱和土体积为 97cm^3，土的重力为 1.98N，土烘干后重力为 1.64N，求含水量 ω、土粒重度 γ_s、孔隙比 e 及土的干重度 γ_d。

解： 绘土的三相比例图，如图 2-9 所示，已知干土的重力即土粒重力 $W_s = 1.64\text{N}$，则水的重力 $W_w = 1.98\text{N} - 1.64\text{N} = 0.34\text{N}$。

水的体积

$$V_w = \frac{0.34}{9.81 \times 10^{-3}}\text{cm}^3 = 34.7\text{cm}^3$$

土粒体积

$$V_s = 97\text{cm}^3 - 34.7\text{cm}^3 = 62.3\text{cm}^3$$

由此可求得

$$\omega = \frac{W_w}{W_s} \times 100\% = \frac{0.34}{1.64} \times 100\% = 20.7\%$$

$$\gamma_s = \frac{W_s}{V_s} = \frac{1.64\text{N}}{62.3\text{cm}^3} = 26.3 \times 10^{-3}\text{N/cm}^3 = 26.3\text{kN/m}^3$$

$$e = \frac{V_v}{V_s} = \frac{34.7}{62.3} = 0.557$$

$$\gamma_d = \frac{W_s}{V} = \frac{1.64\text{N}}{97\text{cm}^3} = 16.9 \times 10^{-3}\text{N/cm}^3 = 16.9\text{kN/m}^3$$

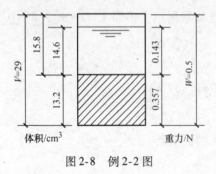

图 2-8　例 2-2 图

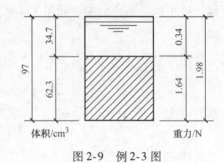

图 2-9　例 2-3 图

2.4　黏性土的界限含水量

当黏性土（Cohesive Soil）含水量变化时，其状态也发生相应的变化。在生活中经常可以看到这样的现象，雨天土路泥泞不堪，车辆驶过形成很深的车辙，而在久晴以后土路却变得坚硬。这种现象说明土的工程性质与含水量有密切的关系。

2.4.1　黏性土的状态与界限含水量

含水量对黏性土的工程性质（如强度、压缩性等）有很大影响。当土从很湿逐渐变干时，土表现出不同的物理状态和工程性质。黏性土从一种状态转为另一种状态的分界含水量称为界限含水量。

当黏性土含水量很高时，土成为泥浆，呈黏滞流动的状态。当施加剪力时，泥浆将连续地变形，土的抗剪强度极低。当含水量逐渐降低到某一值，土会显示出一定的抗剪强度，并且在外力作用下，可以塑成任何形状，并不产生裂缝，解除外力后，土仍保持已有的变形而不恢复原状。这些特征与液体完全不同，它表现为塑性体的特征。土的黏滞流动状态与可塑状态的界限含水量称为液限（Liquid Limit），用符号 ω_L 表示。当含水量继续降低时，土能承受较大的剪切应力，在外力作用下不再具有塑性体特征，而呈现具有脆性的固体特征。土由可塑状态转变到半固态的界限含水量称为塑限（Plastic Limit），用符号 ω_P 表示。

液限和塑限，在国际上称为阿太堡界限（Atterberg Limit），它们是黏性土的重要物理性质指标。

2.4.2　塑性指数

可塑性是黏性土区别砂土的重要特征。黏性土的塑性大小，可用土处于塑性状态的含水量变化范围，即黏性土的液限与塑限之差，表示土在可塑状态的含水量变化幅度，这个范围称为塑性指数 I_P。

$$I_P = \omega_L - \omega_P \tag{2-24}$$

塑性指数（Plasticity Index）习惯上用百分数的分子表示。塑性指数越大，表示土具有越高塑性。

界限含水量是细粒土颗粒与土中水相互物理化学作用的结果。土中黏粒含量越多，土的可塑性就越大，液限、塑限和塑性指数都相应增大，这是由于黏粒部分含有较多的黏土矿物颗粒和有机质的缘故。

塑性指数是黏性土的最基本、最重要的物理指标之一，它综合地反映了土的物质组成，广泛应用于土的分类和评价。

2.4.3　液性指数

土的天然含水量在一定程度上反映土中水量的多少，但天然含水量不能说明土处于什么物理状态，因此还需要一个能够表示天然含水量与界限含水量关系的指标，即液性指数 I_L。液性指数（Liquidity Index）是指黏性土的天然含水量与塑限之差除以液限与塑限之差

$$I_L = \frac{\omega - \omega_P}{\omega_L - \omega_P} \tag{2-25}$$

式中　ω——天然含水量；

　　　ω_L——液限；

　　　ω_P——塑限。

当 $I_L = 1.0$，即 $\omega = \omega_L$ 时，土处于液限；$I_L = 0$，即 $\omega = \omega_P$ 时，土处于塑限。

故可按 I_L 区分黏性土的各种状态。GB 50021—2001《岩土工程勘察规范》与 JTG D63—2007《公路桥涵地基与基础设计规范》中规定：黏性土应根据液性指数 I_L 划分状态，其划分标准和状态定名见表 2-6。

表 2-6　黏性土状态划分

液性指数 I_L 值	状　态	液性指数 I_L 值	状　态
$I_L \leqslant 0$	坚硬	$0.75 < I_L \leqslant 1$	软塑
$0 < I_L \leqslant 0.25$	硬塑	$I_L > 1$	流塑
$0.25 < I_L \leqslant 0.75$	可塑		

当土达到塑限后继续变干时，土的体积随含水量的减少而收缩，达到某一含水量后，土的体积不再收缩，此时界限含水量称为缩限（Shrinkage Limit），用符号 ω_s 表示，当土的含水量低于缩限时，土是不饱和的。

【例 2-4】 已知黏性土的液限为 41%，塑限为 22%，土粒相对密度为 2.75，饱和度为 98%，孔隙比为 1.55，试计算塑性指数、液性指数，并确定黏性土的状态。

解：
$$I_P = \omega_L - \omega_P = 41 - 22 = 19$$

黏性土的含水量

$$\omega = \frac{eS_r}{G_s} = \frac{1.55 \times 0.98}{2.75} = 55.2\%$$

$$I_L = \frac{\omega - \omega_P}{\omega_L - \omega_P} = \frac{0.552 - 0.22}{0.41 - 0.22} = 1.75 > 1$$

故黏性土的状态为流塑状态。

2.4.4　液限、塑限的测定

欧美等国家大都采用碟式液限仪测定液限，如图 2-10 所示。在一圆碟内盛土膏，表面刮平，用刻槽刮刀在土膏中刮一底宽为 2mm 的 V 形槽，以 2 次/s 的速度转动摇柄，使仪器圆碟上抬 10mm，然后自由下落在硬橡胶垫板上，记录土槽合拢 13mm 的下落次数后测定该土膏的含水量。液限相当于下落 25 次土槽恰好合拢 13mm 长时土膏的含水量。

JTG E40—2007《公路土工试验规程》采用液限和塑限联合测定法。液限用平衡锥式液限仪，平衡锥式液限仪如图 2-11 所示。平衡锥尖角为 30°，高 25mm，质量为 76g 或 100g。使平衡锥在重力作用下沉入土膏中，当达到规定深度时的含水量即为液限。若所用平衡锥质量为 76g，采用沉入深度为 17mm，若所用平衡锥质量为 100g，采用沉入深度为 20mm。GB 50007—2011《建筑地基基础设计规范》和 GB 50021—2001《岩土工程勘察规范》采用 76g 平衡锥，沉入深度为 10mm。按两种不同标准测定的液限值也不同。

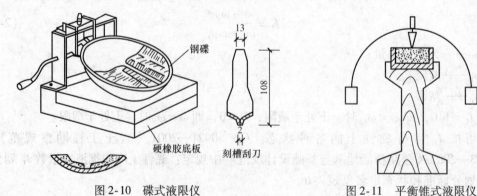

图 2-10　碟式液限仪　　　　　　　　　图 2-11　平衡锥式液限仪

根据求得的液限，通过 76g 平衡锥沉入土中的深度与含水量的关系曲线，查得沉入土深度为 2mm 所对应的含水量即为土样的塑限。

用 100g 平衡锥求出液限，通过液限 ω_L 与塑限时入土深度 h_P 的关系曲线，查得 h_P，再由 ω-h 曲线求出入土深度 h_P 时所对应的含水量，即为该土样的塑限。

塑限也可以采用滚搓法测定。把塑性状态土重塑均匀后，用手掌在毛玻璃板上把土团搓成圆土条，在搓的过程中，土条水分渐渐蒸发变干，当搓到土条直径为 3mm 左右时，土条自动断裂为若干段，此时土条的含水量即为塑限。

由于液限与塑限都是用重塑土测定的，因此它只反映了天然结构已破坏的重塑土的状态界限含水量，反映土粒与水相互作用后表现的物理特性，并不反映保持天然结构土样与水相互作用后表现的物理特性。当原状土的天然含水量等于液限时，原状土并不处于流塑状态，但当天然结构受扰动而破坏时，土即呈现出流动状态，这种现象可称为潜流状态。

2.5　砂土的密实度

砂土的密实度对于其工程性质有重要的影响。密实的砂土具有较高的强度和较低的压缩性，是良好的建筑物地基。松散的砂土，尤其是饱和的松散砂土，不仅强度低，且水稳定性极差，容易产生流砂、液化等工程事故。对砂土评价的主要问题是正确地划分其密实度。相对密度、孔隙比和标准贯入击数都可以描述砂土的密实程度。

2.5.1　相对密度

砂土土粒间的联结是极微弱的，土粒排列的紧密程度对砂土的工程性质有重要影响。当砂土样在最疏松状态时，其孔隙比达最大值 e_{max}，当砂土样受振或捣实时，砂粒相互靠拢压紧，孔隙比达最小值 e_{min}，在天然状态砂土的孔隙比为 e，则砂土在天然状态的紧密程度，用相对密度 D_r 表示，即

$$D_r = \frac{e_{max} - e}{e_{max} - e_{min}} \tag{2-26}$$

D_r 一般用小数或百分比表示。当 $D_r = 0$，即 $e = e_{max}$ 时，表示砂土处于最疏松状态；当 $D_r = 1.0$，即 $e = e_{min}$ 时，表示砂土处于最紧密状态。根据砂土的相对密度可以按表 2-7 将砂土划分为密实、中密和松散三种状态。

表 2-7　按相对密度划分砂土密实度

密　实　度	密　　实	中　　密	松　　散	
			稍　松	极　松
相对密度	$D_r \geq 0.67$	$0.67 > D_r \geq 0.33$	$0.33 > D_r \geq 0.20$	$D_r < 0.20$

从理论上讲，用 D_r 划分砂土的紧密程度是合理的。但是测定 e_{max}、e_{min} 的试验方法目前尚缺乏统一的标准，结果往往离散性较大，同时采集砂土原状土样也有很大困难，特别是在地下水位以下，要采集砂土的原状土样几乎是不可能成功的，因此砂土的天然孔隙比也是难以测定的。由于这些原因，砂土相对密度 D_r 的测定误差较大。

2.5.2　标准贯入击数

在实际工程中，由于难以采集砂土原状土样，e_{max}、e_{min} 的测定方法尚无统一标准，因此常用标准贯入试验或静力触探试验等原位测试评定砂土的密实度。

标准贯入试验（Standard Penetration Test）是用标准锤（质量为 63.5kg），以一定的落

距（76cm）自由下落所提供的锤击能，把标准贯入器打入土中，记录贯入器贯入土中 30cm 的锤击数 N（即 $N_{63.5}$）。贯入击数 N 反映了天然土层的密实程度。

在 JTG D63—2007《公路桥涵地基与基础设计规范》和 GB 50021—2001《岩土工程勘察规范》中，砂土密实度可根据标准贯入击数 $N_{63.5}$，按表 2-8 划分为松散、稍密、中密、密实四级。

表 2-8　按标准贯入击数划分砂土的密实度

标准贯入击数 $N_{63.5}$	密　实　度	标准贯入击数 $N_{63.5}$	密　实　度
$N_{63.5} \leqslant 10$	松散	$15 < N_{63.5} \leqslant 30$	中密
$10 < N_{63.5} \leqslant 15$	稍密	$N_{63.5} > 30$	密实

2.5.3　孔隙比

在 JTG D63—2007《公路桥涵地基与基础设计规范》和 GB 50021—2001《岩土工程勘察规范》（2009 年版）中，根据孔隙比 e，按表 2-9，将粉土密实度划分为密实、中密、稍密。

表 2-9　按孔隙比 e 划分粉土的密实度

孔隙比 e	密　实　度
$e < 0.75$	密实
$0.75 \leqslant e \leqslant 0.90$	中密
$e > 0.90$	稍密

2.6　土的工程分类

土是自然地质历史的产物，它的成分、结构和性质差别很大。为了便于对土的性状做定性评价，有必要对土进行科学分类。目前我国各行业关于土的分类有不同的分类系统，如地质分类、土壤分类、粒径分类、结构分类等。每一种分类系统，反映了土某些方面的特征，在工程实践中需要适合于工程用途的分类系统，即按土的主要工程特性进行分类。

根据工程用途不同，有许多土的工程分类体系。例如，为了解决渗流问题，按土的透水性进行分类，在考虑粒度成分界限值时，就应注意到使粒组的划分能反映透水性的变化；在道路工程中为了解决路基土压实和水稳性问题，按不同粒组级配进行土的分类。

本节以 JTG E40—2007《公路土工试验规程》中土的工程分类方法为例，介绍公路工程用土的分类和定名、描述和鉴别。

2.6.1　一般规定

1）土的分类依据。土的分类主要依据土颗粒组成特征、土的液限 ω_L 和塑性指数 I_P、土中有机质含量情况。

2）土粒组范围划分。土的颗粒应根据如图 2-12 所示粒组范围划分粒组。将土分为巨粒土（Giant-Grained Soil）、粗粒土（Coarse-Grained Soil）、细粒土（Fine-Grained Soil）和特殊土（Special Soil），分类总体系如图 2-13 所示。土颗粒组成特征，应以土级配指标的不均匀系数 C_u 和曲率系数 C_c 表示。

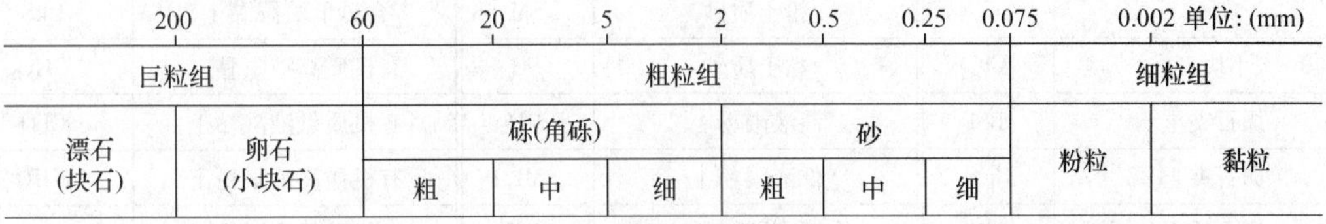

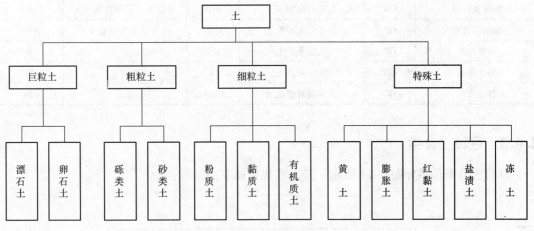

图 2-12　粒组划分图

图 2-13　土分类总体系

3）细粒土应根据塑性图分类。土的塑性图是以液限 ω_L 为横坐标、塑性指数 I_P 为纵坐标构成的。

4）土的成分、级配、液限和特殊土等基本代号应按表 2-10 规定构成。

表 2-10　土的成分、级配、液限和特殊土等基本代号

土的成分代号											土的级配代号		土液限高低代号		特殊土代号				
漂石	块石	卵石	小块石	砾	角砾	砂	粉土	黏土	细粒土（C 和 M 合称）	混合土（粗、细粒合称）	有机质土	级配良好	级配不良	高液限	低液限	黄土	膨胀土	红黏土	盐渍土	冻土
B	B_a	C_b	Cb_a	G	G_a	S	M	C	F	Sl	O	W	P	H	L	Y	E	R	S_t	F_t

5）土类名称可用一个基本代号表示，当由两个基本代号构成时，第一个代号表示土的主成分，第二个代号表示副成分（土的液限或土的级配）。当由三个基本代号构成时，第一个代号表示土的主成分，第二个代号表示液限的高低（或级配的好坏），第三个代号表示土中所含次要成分。

土类的名称和代号见表 2-11。

表 2-11　土类的名称和代号

名　称	代　号	名　称	代　号	名　称	代　号
漂石	B	级配良好砂	SW	含砾低液限黏土	CLG
块石	B_a	级配不良砂	SP	含砂高液限黏土	CHS
卵石	C_b	粉土质砂	SM	含砂低液限黏土	CLS
小块石	Cb_a	黏土质砂	SC	有机质高液限黏土	CHO
漂石夹土	BSl	高液限粉土	MH	有机质低液限黏土	CLO
卵石夹土	C_bSl	低液限粉土	ML	有机质高液限粉土	MHO
漂石质土	SlB	含砾高液限粉土	MHG	有机质低液限粉土	MLO
卵石质土	SlC_b	含砾低液限粉土	MLG	黄土（低液限黏土）	CLY
级配良好砾	GW	含砂高液限粉土	MHS	膨胀土（高液限黏土）	CHE
级配不良砾	GP	含砂低液限粉土	MLS	红土（高液限粉土）	MHR
细粒质砾	GF	高液限黏土	CH	红黏土	R
粉土质砾	GM	低液限黏土	CL	盐渍土	St
黏土质砾	GC	含砾高液限黏土	CHG	冻土	Ft

2.6.2　巨粒土分类

巨粒土分类体系如图 2-14 所示。其定名规则如下：

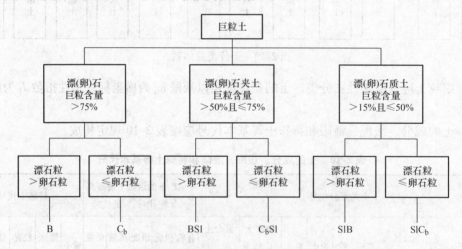

图 2-14　巨粒土分类体系

注：1. 巨粒土分类体系中的漂石换成块石，B 换成 B_a，即构成相应的块石分类体系。

　　2. 巨粒土分类体系中的卵石换成小块石，C_b 换成 Cb_a，即构成相应的小块石分类体系。

1）巨粒组质量多于总质量 75% 的土称为漂（卵）石。

2）巨粒组质量为总质量 50%~75%（含 75%）的土称为漂（卵）石夹土。

3）巨粒组质量为总质量 15%~50%（含 50%）的土称为漂（卵）石质土。

4）巨粒组质量少于或等于总质量 15% 的土，可扣除巨粒，按粗粒土或细粒土的相应规定分类定名。

漂（卵）石按下列规定定名：

1）漂石粒组质量多于卵石粒组质量的土称为漂石，记为 B。

2）漂石粒组质量少于或等于卵石粒组质量的土称为卵石，记为 C_b。

漂（卵）石夹土按下列规定定名：

1）漂石粒组质量多于卵石粒组质量的土称漂石夹土，记为 BSl。

2）漂石粒组质量少于或等于卵石粒组质量的土称卵石夹土，记为 C_bSl。

漂（卵）石质土按下列规定定名：

1）漂石粒组质量多于卵石粒组质量的土称漂石质土，记为 SlB。

2）漂石粒组质量少于或等于卵石粒组质量的土称卵石质土，记为 SlC_b。

3）如有必要，可按漂（卵）石质土中的砾、砂、细粒土含量命名。

2.6.3 粗粒土分类

（1）粗粒土 试样中巨粒组土粒质量少于或等于总土质量的 15%，且巨粒组土粒与粗粒组土粒质量之和多于总土质量 50% 的土称粗粒土。

（2）砾类土 粗粒土中砾粒组质量多于砂粒组质量的土称为砾类土。砾类土应根据其中细粒含量和类别以及粗粒组的级配进行分类，分类体系如图 2-15 所示。

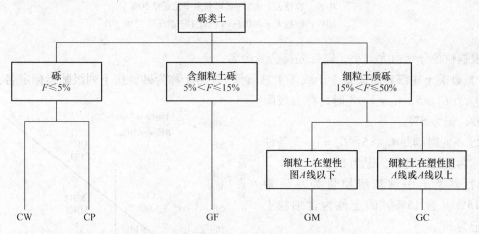

图 2-15 砾类土分类体系

注：砾类土分类体系中的砾石换成角砾，G 换成 G_a，即构成相应的角砾土分类体系。

1）砾类土中细粒组质量少于或等于总质量 5% 的土称为砾，按下列级配指标定名：

① 当 $C_u \geqslant 5$，$C_c = 1 \sim 3$ 时，称为级配良好砾，记为 GW。

② 不同时满足条件 $C_u \geqslant 5$，$C_c = 1 \sim 3$ 时，称为级配不良砾，记为 GP。

2）砾类土中细粒组质量为总质量 5% ~ 15%（含 15%）的土称为含细粒土砾，记为 GF。

3）砾类土中细粒组质量大于总质量的 15%，并小于或等于总质量 50% 的土称为细粒土质砾，按细粒土在塑性图（见图 2-18）中的位置定名：

① 当细粒土位于塑性图 A 线以下时，称为粉土质砾，记为 GM。

② 当细粒土位于塑性图 A 线或 A 线以上时，称为黏土质砾，记为 GC。

（3）砂类土　粗粒土中砾粒组质量少于或等于砂粒组质量的土称砂类土。砂类土应根据其中细粒含量和类别以及粗粒组的级配进行分类，分类体系如图 2-16 所示。

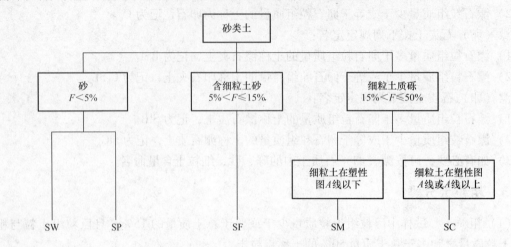

图 2-16　砂类土分类体系

注：需要时，砂可进一步细分为粗砂、中砂和细砂。

粗砂：粒径大于 0.5mm 颗粒多于总质量 50%。

中砂：粒径大于 0.25mm 颗粒多于总质量 50%。

细砂：粒径大于 0.075mm 颗粒多于总质量 75%。

根据粒径分组由大到小，以首先符合者命名。

1）砂类土中细粒组质量少于或等于总质量 5% 的土称为砂，按下列级配指标定名：

① 当 $C_u \geq 5$，$C_c = 1 \sim 3$ 时，称为级配良好砂，记为 SW。

② 不同时满足 $C_u \geq 5$，$C_c = 1 \sim 3$ 条件时，称为级配不良砂，记为 SP。

2）砂类土中细粒组质量为总质量 5%~15%（含 15%）的土称为含细粒土砂，记为 SF。

3）砂类土中细粒组质量大于总质量的 15%，并小于或等于总质量的 50% 的土称为细粒土质砂，按细粒土在塑性图（见图 2-17）中的位置定名：

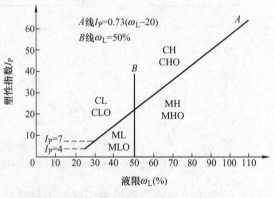

图 2-17　塑性图

① 当细粒土位于塑性图 A 线以下时，称为粉土质砂，记为 SM。

② 当细粒土位于塑性图 A 线或 A 线以上时，称为黏土质砂，记为 SC。

2.6.4　细粒土分类

试样中细粒组土粒质量多于或等于总质量 50% 的土称细粒土，分类体系如图 2-18 所示。

细粒土应按下列规定划分：

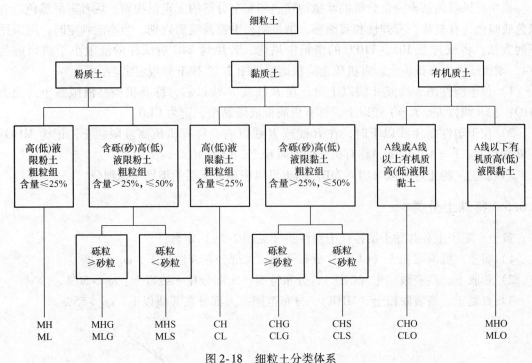

图 2-18　细粒土分类体系

1) 细粒土中粗粒组质量少于或等于总质量 25% 的土称为粉质土或黏质土。

2) 细粒土中粗粒组质量为总质量 25% ~ 50%（含 50%）的土称为含粗粒的粉质土或含粗粒的黏质土。

3) 试样中有机质含量多于或等于总质量的 5%，且少于总质量的 10% 的土称为有机质土。试样中有机质含量多于或等于总质量 10% 的土称为有机土。

细粒土应按塑性图分类，如图 2-17 所示，采用下列液限分区。

1) 低液限，$\omega_L < 50\%$。

2) 高液限，$\omega_L \geqslant 50\%$。

细粒土应按其在图 2-17 中的位置，确定土名称。

1) 当细粒土位于塑性图 A 线或 A 线以上时，按下列规定命名：

① 在 B 线或 B 线以右，称高液限黏土，记为 CH。

② 在 B 线以左，$I_P = 7$ 线以上，称低液限黏土，记为 CL。

2) 当细粒土位于塑性图 A 线以下时，按下列规定命名：

① 在 B 线或 B 线以右，称高液限粉土，记为 MH。

② 在 B 线以左，$I_P = 4$ 线以下，称低液限粉土，记为 ML。

3) 黏土 ~ 粉土过渡区（CL ~ ML）的土可以按相邻土层的类别考虑细分。

含粗粒的细粒土应先按本节的规定确定细粒土部分的名称，再按以下规定最终定名：

1) 当粗粒组中砾粒组质量多于砂粒组质量时，称为含砾细粒土，应在细粒土代号后缀以代号 "G"。

2) 当粗粒组中砂粒组质量多于或等于砾粒组质量时，称为含砂细粒土，应在细粒土代号后缀以代号 "S"。

　　土中有机质包括未完全分解的动植物残骸和完全分解的无定形物质。后者多呈黑色、青黑色或暗色，有臭味，有弹性和海绵感。借目测、手摸及嗅感判别。当不能判定时，可采用下列方法：将试样在 105～110℃ 的烘箱中烘烤，若烘烤 24h 后试样的液限小于烘烤前的 3/4，则该试样为有机质土。有机质土应根据塑性图 2-17 按下列规定定名：

　　1）位于塑性图 A 线或 A 线以上时，在 B 线或 B 线以右，称有机质高液限黏土，记为 CHO；在 B 线以左，$I_P = 7$ 线以上，称有机质低液限黏土，记为 CLO。

　　2）位于塑性图 A 线以下时，在 B 线或 B 线以右，称有机质高液限粉土，记为 MHO；在 B 线以左，$I_P = 4$ 线以下，称有机质低液限粉土，记为 MLO。

　　3）黏土～粉土过渡区（CL～ML）的土可以按相邻土层的类别考虑细分。

2.6.5　特殊土分类

黄土、膨胀土和红黏土按特殊土塑性图（见图 2-19）定名：

1）黄土。低液限黏土（CLY），分布范围：大部分在 A 线以上，$\omega_L < 40\%$。

2）膨胀土。高液限黏土（CHE），分布范围：大部分在 A 线以上，$\omega_L > 50\%$。

3）红黏土。高液限粉土（MHR），分布范围：大部分在 A 线以下，$\omega_L > 55\%$。

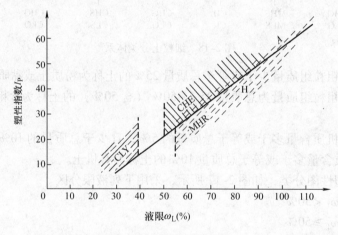

图 2-19　特殊土塑性图

盐渍土按表 2-12 规定分类。

表 2-12　盐渍土工程分类

土层中平均总盐量 [质量百分含量（%）]　名称	Cl⁻/SO₄²⁻ 比值	氯盐渍土	亚氯盐渍土	亚硫酸盐渍土	硫酸盐渍土
		>2.0	1.0～2.0	0.3～1.0	<0.3
弱盐渍土		0.3～1.5	0.3～1.0	0.3～0.8	0.3～0.5
中盐渍土		1.5～5.0	1.0～4.0	0.8～2.0	0.5～1.5
强盐渍土		5.0～8.0	4.0～7.0	2.0～5.0	1.5～4.0
过盐渍土		>8.0	>7.0	>5.0	>4.0

　　根据冻土冻结状态持续时间的长短，我国冻土可分为多年冻土、隔年冻土和季节冻土三

种类型，见表 2-13。

表 2-13　冻土按冻结状态持续时间分类

类　型	持续时间 t/年	地面温度特征/℃	冻融特征
多年冻土	t≥2	年平均地面温度≤0	季节融化
隔年冻土	2>t≥1	最低月平均地面温度≤0	季节冻结
季节冻土	t<1	最低月平均地面温度≤0	季节冻结

2.7　土的现场鉴别

在公路路线勘测过程中，除了在沿线按需要采集一些土样带回实验室测试有关指标数据外，常常还要在现场用眼观、手触、借助简易工具和试剂及时直观地对土的性质和状态做出初步鉴定，其目的是为选线、定位设计和编制工程预算，在土质方面提供第一手资料。土的现场鉴别包括取样土层的宏观描述、记录和基本性质初步判别；土样直观描述和鉴别、定名，供室内试验定名参考。

2.7.1　取土现场记录与简易试验方法

1. 现场记录

取土样时应从宏观上对土层进行描述并做出详细记录，其内容包括：

1）取样日期、地点或里程（或桩号）、方向或左右位置、沉积环境。

2）土层的地质时代、成因类型和地貌特征。

3）取样深度及层位、阶地、阴阳边坡。

4）取样点距地下水位的高度和毛细水带的位置，季节和天气（晴、阴、雨、雪等）。

5）取样土层的结构、构造、密实和潮湿程度或易液化程度等。

6）取样土层内夹杂物含量及分布。

7）取样时土的状态（原状或扰动）。

2. 简易试验方法

现场简易试验方法，一般适用于粒径小于 0.5mm 颗粒的土样。

（1）可塑状态　将土样调到可塑状态，根据能搓成土条的最小直径来确定土类，搓成直径大于 2.5mm 土条而不断的为低液限土；搓成直径为 1~2.5mm 土条而不断的为中液限土；搓成直径小于 1.0mm 土条而不断的为高液限土。

（2）湿土揉捏手感　将湿土用手揉捏，可感到颗粒的粗细。低液限的土有砂粒感，带粉性的土有面粉感，黏附性弱；中液限的土微感砂粒，有塑性和黏附性；高液限的土无砂粒感，塑性和黏附性大。

（3）干强度　对于风干的土块，根据手指捏碎或扳断时用力大小，可区分为：干强度高，很难捏碎，抗剪强度大；干强度中等，稍用力时能捏碎，容易劈裂；干强度低，易于捏碎或搓成粉粒。

当土中含有高强水溶胶结物质或碳酸钙时（如黄土），特性使其具有较高的干强度，因此，需辅以稀盐酸反应来鉴别。方法是用2:1（水:浓盐酸）的稀盐酸滴在土块上，泡沫很多，且持续时间较长，表示含大量碳酸盐，如无泡沫出现，表示不含碳酸盐。

（4）韧性试验　将土调到可塑状态，搓成3mm左右的土条，再揉成团，重复搓条。根据再次搓成条的可能与否，可区分为：韧性高，能再成条，手指捏不碎；中等韧性，可再搓成团，稍捏即碎；低韧性，不能再揉成团，稍捏或不捏即碎。

（5）摇振反应试验　将软塑至流动的小土块，团成小土球状放在手上反复摇晃，并用另一只手击振该手掌，土中自由水析出土球表面，呈现光泽，用手捏土球时，表面水分又消失。根据水分析出和消失的快慢，可区分为：反应快，水析出与消失迅速；反应中等，水析出和消失中等；无反应，土球被击震时无析水现象。

（6）盐渍土的简单定性试验　取土数克，捏碎，放入试管中，加水10余ml，用手堵住管口，摇荡数分钟后过滤，取滤液少许，分别放入另外几个试管中，用下列方法鉴定溶盐的种类。

1）在试管中滴入比例为1:1的水:浓硝酸（HNO_3）和10%硝酸银（$AgNO_3$）溶液各数滴，如有白色沉淀（$AgCl$）出现，则土中有氯化物盐类存在。

2）在试管中滴入比例为1:1的水:浓盐酸（HCl）和10%氯化钡（$BaCl_2$）溶液各数滴，如有白色沉淀（$BaSO_4$）出现时，则土样中有硫酸盐类存在。

3）在试管中滴入酚酞指示剂2~3滴，如呈现橙桃红色，则土样中有碳酸盐类存在。

2.7.2　野外对土的基本描述和鉴别

1. 土的基本描述

在野外用肉眼鉴别土时，要对不同土类所规定的内容进行描述。现将不同土类描述的基本内容，列于表2-14。

表2-14　土的野外描述

分　类	描　述　内　容
碎石类土	名称，颜色，颗粒成分，粒径组成，颗粒风化程度，磨圆度，充填物成分、性质及含量，密实程度，潮湿程度等
砂类土	名称、颜色、结构及构造、颗粒成分、粒径组成、颗粒形状、密实程度、潮湿程度等
黏性土	名称、颜色、结构及构造、夹杂物性质及含量、密实程度、潮湿程度等

2. 土的野外鉴别

1）碎石类土密实程度的鉴别，见表2-15。

表2-15　碎石类土密实程度的鉴别

密实程度	骨架和充填物	天然坡和开挖情况	钻探情况
密实	骨架颗粒交错紧贴，孔隙填满，充填物密实	天然陡坡较稳定，坎下堆积物较少，镐挖掘困难，用撬棍方能松动，坑壁稳定，从坑壁取出大颗粒处，能保持凹面形状	钻进困难，冲击钻探时，钻杆、掉锤跳动剧烈，孔壁较稳定
中密	骨架颗粒疏密不均，部分不连续，孔隙填满，充填物中密	天然坡不易陡立，坎下堆积物较多，镐可挖掘，坑壁有掉块现象，从坑壁取出大颗粒处，砂类土不易保持凹面形状	钻进较难，冲击钻探时，钻杆、掉锤跳动不剧烈，孔壁有坍塌现象

（续）

密实程度	骨架和充填物	天然坡和开挖情况	钻探情况
松散	多数骨架颗粒不接触，而被充填物包裹，充填物松散	不能形成陡坎，天然坡接近粗颗粒的休止角，锹可以挖掘，坑壁易坍塌，从坑壁取出大颗粒后，砂类土即塌落	钻进较容易，冲击钻探时，钻杆稍有跳动，孔壁易坍塌

2）砂类土潮湿程度的野外鉴别，见表 2-16。

表 2-16　砂类土潮湿程度的野外鉴别

潮湿程度	稍　湿	潮　湿	饱　和
试验指标	$S_r \leq 0.5$	$0.5 < S_r \leq 0.8$	$S_r > 0.8$
感性鉴定	呈松散状，手摸时感到潮	可以勉强握成团	孔隙中的水可自由渗出

3）黏性土的野外鉴别，见表 2-17。

表 2-17　黏性土的野外鉴别

土类	用手搓捻时的感觉	用放大镜及肉眼观察搓碎的土	干时土的状况	潮湿时将土搓捻的情况	潮湿时用小刀削切的情况	潮湿土的情况	其他特征
黏土	极细的均匀土块很难用手搓碎	均质细粉末，看不见砂粒	坚硬、用锤能打碎，碎块不会散落	很容易搓成细于 0.5mm 的长条，易滚成小球	光滑表面，土面上看不见砂粒	黏塑的、滑腻的、粘连的	干时有光泽
粉质黏土	没有均质的感觉，感到有砂粒，土块容易压碎	从它的细粉末可以清楚地看到砂粒	用锤击和手压土块容易碎开	能搓成比黏土较粗的短土条，能滚成小球	可以感觉到有砂粒存在	塑性的弱黏结性	干时光泽暗沉，条纹较黏土粗而宽
粉质砂土	土质不均匀，能清楚地感觉到有砂粒的存在，稍用力土块即被压碎	砂粒很少，可以看见很多细粉末	用锤击和手压土块容易碎开	不能搓成很长的土条，容易破裂	土面粗糙	塑性的弱黏结性	干时光泽暗淡，条纹粗而宽
粉土		砂粒少，粉粒多	土块极易散落	很容易搓成细于 0.5mm 的长条，易滚成小球		呈流体状	

4）黏性土潮湿程度的野外鉴别，见表 2-18。

5）新近沉积黏性土的野外鉴别，见表 2-19。

6）碎石类土及砂类土的野外鉴别，见表 2-20。

表 2-18　黏性土潮湿程度的野外鉴别

潮湿程度 名称	$I_L < 0$	$0 \leqslant I_L < 1$	$I_L > 1$
	半干硬状态	可塑状态	流塑状态
黏砂土	扰动后不易握成团，一摇即散	扰动后能握成团，手摇时土表稍出水，手中有湿印，用手捏之即吸回	手摇有水流出，土体塌流成扁圆形
砂黏土	扰动后一般不能捏成饼，易成碎块和粉末	扰动后能捏成饼，手摇数次不见水，但有时可稍见	扰动后手摇表层出水，手上有明显湿印
黏土	扰动后能捏成饼，边上多裂口	扰动后，两手压土成饼，揭掉后掌中有湿痕	扰动后手捏有明显湿痕，并有土黏于手上

表 2-19　新近沉积黏性土的野外鉴别

沉积环境	颜色	结构性	含有物
河漫滩及部分山前洪、冲积扇的表层，古河道及已填塞的湖、塘、沟、谷和河道泛滥区	颜色深而暗，呈褐、栗、暗黄或灰色，含有机质多时带灰黑色	结构性差，用手扰动原状土时易显著变软，塑性较小的还有振动液化现象	在完整的剖面中找不到淋漓或蒸发作用形成的粒状结核体，但可含一定的贝壳等，在城镇附近可含有少量碎砖瓦、陶瓷及铜币、朽木等人类活动的遗物

表 2-20　碎石类土及砂类土的野外鉴别

鉴别方法	大块碎石类土		砂 类 土				
	卵（碎）石土	圆（角）砾石土	砾砂	粗砂	中砂	细砂	粉砂
颗粒粗细	一半以上颗粒接近和超过蚕豆大小	一半以上颗粒接近和超过小高粱粒大小	一半以上颗粒接近和超过细小高粱粒大小	一半以上颗粒接近和超过细小米粒大小	一半以上颗粒接近和超过小鸡冠花籽粒大小	颗粒粗细程度较精盐稍粗，与玉米粉近似	颗粒粗细程度较精盐稍细，与小米粉近似
干燥时状况	颗粒完全分散	颗粒完全分散	颗粒完全分散	颗粒完全分散，有个别胶结	颗粒基本分散，有局部胶结	颗粒大部分散，少量胶结	颗粒少部分分散，大部分胶结
湿润时用手拍击	表面无变化	表面无变化	表面无变化	表面无变化	表面偶有水印	表面有水印	表面有显著水印
黏着感	无黏着感	无黏着感	无黏着感	无黏着感	无黏着感	偶有轻微黏着感	有轻微黏着感

习　题

2-1　对表 2-2 中的土样 A，B，C，(1) 用累计曲线法和三角坐标法表示各种土的粒度成分；(2) 确定土名。

2-2　试证明以下关系式：

(1) $\gamma_d = \dfrac{\gamma_s}{1+e}$。

(2) $S_r = \dfrac{\omega \gamma_s (1+n)}{\gamma_w n}$。

(3) $\gamma = \dfrac{S_r e \gamma_w + \lambda_s}{1+e}$。

2-3 根据表 2-21 中土样的三项指标，求表内未知项"?"的大小。

表 2-21 习题 2-3

土样编号	γ /(kN/m³)	γ_s /(kN/m³)	γ_d /(kN/m³)	ω (%)	e	n	S_r	体积 /cm³	土的重力/N 湿	土的重力/N 干
1	?	26.5	?	34	?	0.48	?			
2	17.3	27.1	?	?	0.73	?	?			
3	19.0	27.1	14.5	?	?	?	?	?	0.19	0.145
4	?	26.5	?	?	?	?	1.00	86.2	1.62	?

2-4 已知一黏性土 $I_L = -0.16$，$\omega_L = 37.5\%$，$I_P = 13.2$。求其天然含水量。

2-5 已知某土样 $\gamma = 17 \text{kN/m}^3$，$\gamma_s = 27.2 \text{kN/m}^3$，$\omega = 10\%$。求 e、S_r 和 γ_d。

2-6 已知饱和黏土的含水量为 36%，求其孔隙比 e。

2-7 已知某黏性土的液限为 41%，塑限为 22%，饱和度为 0.98，孔隙比为 1.55。试计算塑性指数、液性指数并确定黏性土的状态。

2-8 完全饱和的土样含水量为 30%，液限为 29%，塑限为 17%。试按塑性指数分类法定名，并确定其状态。

2-9 用塑性图对表 2-22 中给出的 A、B、C 三种土分类定名。根据其基本特征，说明哪种土作为地基土较为适宜。

表 2-22 习题 2-9

土 样	$\omega_L(\%)$	$\omega_P(\%)$
A	27	12
B	5	3
C	65	42

思 考 题

2-1 试比较土中各种水的特征。

2-2 试比较表示土粒度成分的累计曲线法和三角坐标法。

2-3 试分析土的成因、环境变化（如荷载、温度、湿度等）对土的结构的影响。

2-4 为什么要引入相对密度的概念评价砂土的密实度？为什么要引入液性指数的概念评价黏性土的稠度状态？这两个指标在实际应用中应注意哪些问题？

2-5 为什么粒度成分和塑性指数可作为土分类的依据？试比较这两种分类方法的优缺点及适用条件。

第3章 土中水的运动规律

【学习目标】 了解土中水的运动形式及其对土性质的影响，土的毛细性及其产生原因，土的渗透性及工程危害；掌握土中水的渗透规律，影响土渗透性的因素，动水力及流砂、管涌等现象及基本概念；理解渗流力的概念以及流网的绘制，土在冻结过程中水分的迁移和积累。

【导读】 土层中的水并非处于静止不变的状态，而是在运动，如图3-1所示。土中水的运动原因和形式很多，例如，在重力的作用下，地下水的流动（土的渗透性问题）；在土中附加应力作用下孔隙水的挤出（土的固结问题）；由于表面现象产生的水分移动（土的毛细现象）；在土颗粒的分子引力作用下结合水的移动（如冻结时土中水分的移动）；由于孔隙水溶液中离子浓度的差别产生的渗透现象等。土中水的运动将对土的性质产生影响，在许多工程实践中碰到的问题，如，流砂、冻胀、渗透固结、渗流时的边坡稳定等，都与土中水的运动有关。

本章重点研究土中水的运动规律及其对土性质的影响。

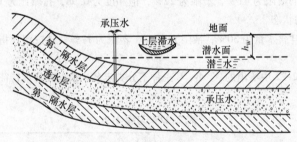

图 3-1　土层中的水

3.1　土的毛细性

土的毛细性是指土能够产生毛细现象的性质。土的毛细现象是指土中水在表面张力作用下，沿着细微孔隙向上及向其他方向移动的现象，这种细微孔隙中的水称为毛细水。土的毛细现象对工程的影响有以下几个方面：

1）毛细水的上升是引起路基冻害的因素之一。

2）对于房屋建筑，毛细水的上升会引起地下室过分潮湿。

3）毛细水上升可能引起土的沼泽化和盐渍化，对建筑工程及农业经济都有很大影响。

为了认识土的毛细现象，下面分别讨论土层中的毛细水带、毛细水上升高度和上升速度，以及毛细压力。

3.1.1　土层中的毛细水带

土层中由于毛细现象所润湿的范围称为毛细水带。毛细水带根据形成条件和分布状况，可分为三种，即正常毛细水带、毛细网状水带和毛细悬挂水带，如图 3-2 所示。

（1）正常毛细水带（又称毛细饱和带）　位于毛细水带的下部，与地下潜水连通。这一部分的毛细水主要是由潜水面直接上升而形成的，毛细水几乎充满了全部孔隙。正常毛细水带会随着地下水位的升降而相应移动。

（2）毛细网状水带　位于毛细水带的中部，当地下水位急剧下降时，毛细水也随之急速下降，这时在较细的毛细孔隙中有一部分毛细水来不及移动，仍残留在孔隙中，而在较粗的孔隙中因毛细水下降，孔隙中留下空气泡，这样使毛细水呈网状分布。毛细网状水带中的水，可以在表面张力和重力作用下移动。

（3）毛细悬挂水带　位于毛细水带的上部，这一带毛细水是由地表水渗入而形成的，水悬挂在土颗粒之间，不与中部或下部的毛细水相连。

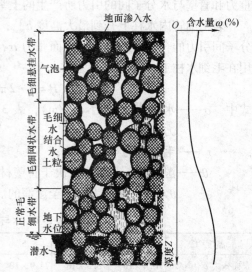

图 3-2　土层中的毛细水带

当地表有大气降水补给时，毛细悬挂水在重力作用下向下移动。

上述三种毛细水带不一定同时存在，这取决于当地的水文地质条件。如地下水位很高时，可能就只有正常毛细水带，而没有毛细悬挂水带和毛细网状水带；反之，当地下水位较低时，则可能同时出现三种毛细水带在毛细水带内，土的含水量随深度而变化，自地下水位向上含水量逐渐减小，但到毛细悬挂水带后，含水量可能有所增加，如图 3-2 所示。

3.1.2　毛细水上升高度及上升速度

为了了解土中毛细水的上升高度，可以借助于水在毛细管内上升的现象来说明。将一根毛细管插入水中，可以看到水会沿毛细管上升。毛细水为什么会上升呢？一方面水与空气的分界面上存在着表面张力，而液体总是力图缩小自己的表面积，以使表面自由能变得最小，这也就是一滴水珠总是成为球状的原因。另一方面，毛细管管壁的分子和水分子之间有引力作用，这个引力使与管壁接触部分的水面呈向上的弯曲状，这种现象一般称为湿润现象。当毛细管的直径较细时，毛细管内水面的弯曲面互相连接，形成内凹的弯液面状，如图 3-3 所示，这种内凹的弯液面表明管壁和液体是互相吸引的（即可湿润的），如果管壁与液体之间

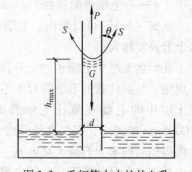

图 3-3　毛细管中水柱的上升

不互相吸引（称为不可湿润的），那么毛细管内液体弯液面的形状是外凸的，如毛细管内的水银柱面就是这样。

在毛细管内的水柱，由于湿润现象使弯液面呈内凹状时，水柱的表面积就增加了，这时由于管壁与水分子之间的引力很大，促使管内的水柱升高，从而改变弯液面形状，缩小表面积，降低表面自由能。但当水柱升高改变了弯液面的形状时，管壁与水之间的湿润现象又会

使水柱面恢复为内凹的弯液面状。这样周而复始，使毛细管内的水柱上升，直到升高的水柱重力和管壁与水分子间的引力所产生的上举力平衡为止。

若毛细管内水柱上升到最大高度 h_{max}，如图 3-3 所示，根据平衡条件，管壁与弯液面水分子间引力的合力 S 等于水的表面张力 σ，若 S 与管壁间的夹角为 θ（称为湿润角），则作用在毛细水柱上的上举力 P 为

$$P = S \cdot 2\pi r \cos\theta = 2\pi r \sigma \cos\theta \tag{3-1}$$

式中　σ——水的表面张力（N/m），表 3-1 中给出了不同温度时，水与空气间的表面张力值；

　　　r——毛细管的半径（m）；

　　　θ——湿润角，其大小取决于管壁材料及液体性质，对于毛细管内的水柱，可以认为 $\theta = 0°$，即认为是完全湿润的。

表 3-1　水与空气间的表面张力 σ

温度/℃	-5	0	5	10	15	20	30	40
表面张力 $\sigma/(\text{N/m})$	76.4×10^{-3}	75.6×10^{-3}	74.9×10^{-3}	74.2×10^{-3}	73.5×10^{-3}	72.8×10^{-3}	71.2×10^{-3}	69.6×10^{-3}

毛细管内上升水柱的重力 G 为

$$G = \gamma_w \pi r^2 h_{max} \tag{3-2}$$

式中　γ_w——水的重度。

当毛细水上升到最大高度时，毛细水柱受到上举力和水柱重力平衡，由此得

$$P = G$$

即

$$2\pi r \sigma \cos\theta = \gamma_w \pi r^2 h_{max}$$

若令 $\theta = 0°$，可求得毛细水上升最大高度的计算公式为

$$h_{max} = \frac{2\sigma}{r\gamma_w} = \frac{4\sigma}{d\gamma_w} \tag{3-3}$$

式中　d——毛细管的直径，$d = 2r$。

从式（3-3）可以看出，毛细水上升高度与毛细管直径成反比，毛细管直径越细，毛细水上升高度越大。

在天然土层中毛细水的上升高度是不能简单地直接用式（3-3）计算，因为土中的孔隙不规则，与圆柱状的毛细管根本不同，特别是土颗粒与水之间积极的物理化学作用，使得天然土层中的毛细现象比毛细管的情况要复杂得多。例如，假定黏土颗粒是直径等于 0.0005mm 的圆球，那么这种假想土粒堆置起来的孔隙直径 $d \approx 0.00001\text{mm}$，代入式（3-3）中将得到毛细水上升最大高度 $h_{max} = 300\text{m}$，这在实际土层中是根本不可能发生的。在天然土层中毛细水上升的实际高度很少超过数米。

在实践中也有一些估算毛细水上升高度的经验公式，如海森（A. Hazen）的经验公式为

$$h_0 = \frac{C}{ed_{10}} \tag{3-4}$$

式中　h_0——毛细水上升高度（m）；

　　　e——土的孔隙比；

　　　d_{10}——土的有效粒径（m）；

C——系数，与土粒形状及表面洁净情况有关，$C = 1 \times 10^{-5} \sim 5 \times 10^{-5} \text{m}^2$。

在黏性土颗粒周围吸附着一层结合水膜，这一层水膜将影响毛细水弯液面的形成。此外，结合水膜将减小土中孔隙的有效直径，使得毛细水在上升时受到很大阻力，上升速度很慢，上升的高度也受到影响。当土粒间的孔隙被结合水完全充满时，毛细水的上升也就停止了。

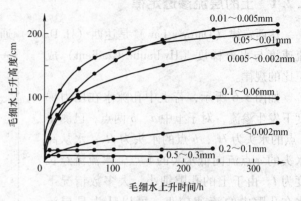

图 3-4　在不同粒径的土中毛细水上升速度与上升高度的关系曲线

采用人工制备的石英砂，在不同粒径的土中毛细水上升速度与上升高度的关系曲线如图 3-4 所示。从图中可以看到，在较粗颗粒土中，毛细水上升开始很快，以后逐渐缓慢，而且较粗颗粒的曲线为细颗粒的曲线所穿过，这说明细颗粒土毛细水上升高度较大，但上升速度较慢。

由图 3-4 可见，砾类与粗砂，毛细水上升高度很小；细砂和粉土，不仅毛细水上升高度大，而且上升速度也快，即毛细现象明显。对于黏性土，由于结合水膜的存在，将减小土中孔隙的有效直径，使毛细水在上升时受到很大阻力，故上升速度很慢。

3.1.3　毛细压力

干燥砂土松散，颗粒间没有黏结力，水下的饱和砂土也是这样。但一定含水量的湿砂，颗粒间却表现出一些黏结力，如湿砂可捏成砂团。在湿砂中有时可挖成直立的坑壁，短期内不会坍塌。这说明湿砂土粒间有一些黏结力，这是由于土粒间接触面上一些水的毛细压力所形成的。毛细压力如图 3-5 所示，图中两个土粒（假想是球体）的接触面间有一些毛细水，由于土粒表面的湿润作用，使毛细水形成弯液面。在水和空气的分界面上产生的表面张力是沿着弯液面切线方向作用的，它促使两个土粒互相靠拢，在土粒的接触面上就产生一个压力，称为毛细压力 P_k。由毛细压力所产生的土粒间的黏结力称为假黏聚力。当砂土完全干燥时，或砂土浸没在水中，孔隙中完全充满水时，颗粒间没有孔隙水或者孔隙水不存在弯液面，这时毛细压力就会消失。

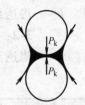

图 3-5　毛细压力示意图

3.2　土的渗透性

土孔隙中自由水在重力作用下发生运动的现象，称为水的渗透。在道路及桥梁工程中常需要了解土的渗透性。例如，桥梁墩台基坑开挖排水时，需要了解土的渗透性，以配置排水设备；在河滩上修筑渗水路堤时，需要考虑路堤填料的渗透性；在计算饱和黏土上建筑物的沉降和时间的关系时，需要掌握土的渗透性。

本节研究土中孔隙水（主要是重力水）的运动规律，内容包括：①土中水渗透的基本规律（层流渗透定律）；②影响土渗透性的因素；③动水力及流砂现象。

3.2.1　土的层流渗透定律

达西定律（Darcy′s Law）是达西（H. Darcy）通过试验发现的在层流条件下土中水的渗流速度与水力梯度（Hydraulic Gradient）成正比的规律。

如图3-6所示，若土中孔隙水在压力梯度下发生渗流，对于土中 a、b 两点，已测得 a 点的水头为 H_1，b 点的水头为 H_2，水从高水头的 a 点流向低水头的 b 点，水流流经长度为 l。由于土的孔隙细小，大多数情况下水在孔隙中的流速较小，可以认为是层流（即水流流线互相平行的流动）。土中水的渗流规律符合层流渗透定律，这个定律是达西根据砂土的试验结果得到的，它是指水在土中的渗透速度与水力梯度成正比，即

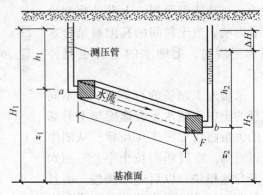

图3-6　水在土中的渗流

$$v = kI \tag{3-5}$$

或

$$q = kIF \tag{3-6}$$

式中　v——渗透速度（m/s）；

　　　I——水力梯度，即沿着水流方向单位长度上的水头差，如图3-6所示中 a、b 两点的水力梯度为 $I = \Delta H / \Delta l = (H_1 - H_2)/l$；

　　　k——渗透系数（Coefficient of Permeability）（m/s），各种土的渗透系数参考数值见表3-2；

　　　q——渗透流量（m³/s），即单位时间内流过土截面积 F 的流量。

表3-2　土的渗透系数

土 的 类 别	渗透系数/（m/s）	土 的 类 别	渗透系数/（m/s）
黏土	$<5 \times 10^{-8}$	细砂	$1 \times 10^{-5} \sim 5 \times 10^{-5}$
粉质黏土	$5 \times 10^{-8} \sim 1 \times 10^{-6}$	中砂	$5 \times 10^{-5} \sim 2 \times 10^{-4}$
粉土	$1 \times 10^{-6} \sim 5 \times 10^{-6}$	粗砂	$2 \times 10^{-4} \sim 5 \times 10^{-4}$
黄土	$2.5 \times 10^{-6} \sim 5 \times 10^{-6}$	圆砾	$5 \times 10^{-4} \sim 1 \times 10^{-3}$
粉砂	$5 \times 10^{-6} \sim 1 \times 10^{-5}$	卵石	$1 \times 10^{-3} \sim 5 \times 10^{-3}$

由于孔隙水的渗流不是通过土的整个截面，而仅是通过该截面内土粒间的孔隙。因此，土中孔隙水的实际流速 v_0 比式（3-5）计算的平均流速 v 大，它们间的关系为

$$v_0 = \frac{v}{n} \tag{3-7}$$

式中　n——土的孔隙率。

在工程实际计算中，按式（3-5）计算渗流速度比较方便。由于达西定律只适用于层流情况，故一般只适用于中砂、细砂、粉砂等。对粗砂、砾石、卵石等粗颗粒土不适用，因为

这时水的渗流速度较大，已不是层流而是紊流。黏土中的渗流规律应对达西定律修正。因为在黏土中，土颗粒周围存在着结合水，结合水因受到分子引力作用而呈现黏滞性。因此，黏土中自由水渗流受到结合水黏滞作用产生的很大阻力，只有克服结合水的抗剪强度后才能开始渗流。把克服此抗剪强度所需要的水力梯度，称为黏土的起始水力梯度（Threshold Hydraulic Gradient），用 I_0 表示。在黏土中，应按修正后的达西定律计算渗流速度。

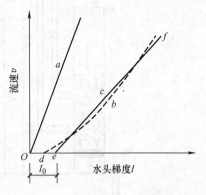

图 3-7　砂土与黏土的渗透规律

如图 3-7 所示，绘出了砂土与黏土的渗透规律。直线 a 表示砂土的 v-I 关系，它是通过原点的一条直线。黏土的 v-I 关系是曲线 b（图中虚线所示），d 点是黏土的起始水力梯度 I_0，当土中水力梯度超过起始水力梯度后水才开始渗流。一般常用折线 c（图中 Oef 线）代替曲线 b，即认为 e 点是黏土的起始水力梯度 I_0，其渗流规律用式（3-8）表示。

$$v = k(I - I_0) \tag{3-8}$$

3.2.2　土的渗透系数

表 3-2 中给出了部分土的渗透系数参考数值，渗透系数也可以在实验室或通过现场试验测定。

1. 室内常水头渗透试验

常水头渗透试验装置如图 3-8 所示。在圆柱形试验筒内装置土样，土样的截面积为 F（即试验筒截面积），在整个试验过程中土样上的压力水头维持不变。在土样中选择两点 a、b，两点的距离为 l，分别在两点设置测压管。试验开始时，水自上而下流经土样，待渗流稳定后，测得在时间 t 内流过土样的流量为 Q，同时读得 a、b 两点测压管的水头差为 ΔH，则

$$Q = qt = kIFt = k \frac{\Delta H}{l} Ft$$

由此求得土样的渗透系数 k 为

$$k = \frac{Ql}{\Delta H F t} \tag{3-9}$$

2. 变水头渗透试验

变水头渗透试验装置如图 3-9 所示。在试验筒内装置土样，土样的截面积为 F，高度为 l。试验筒上设置储水管，储水管截面积为 a，在试验过程中储水管的水头不断减小。若试验开始时，储水管水头为 h_1，经过时间 t 后水头降为 h_2。令在时间 dt 内水头降低了 $-dh$，则在 dt 时间内通过土样的流量为

$$dQ = -a dh$$

由式（3-6）知

$$dQ = q dt = kIF dt = k \frac{h}{l} F dt$$

故

$$-a dh = k \frac{h}{l} F dt$$

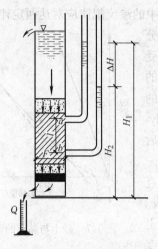

图 3-8　常水头渗透试验装置

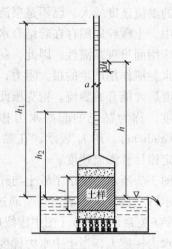

图 3-9　变水头渗透试验装置

积分后得

$$-\int_{h_1}^{h_2}\frac{\mathrm{d}h}{h}=\frac{kF}{al}\int_0^t\mathrm{d}t$$

$$\ln\frac{h_1}{h_2}=\frac{kF}{al}t$$

由此求得渗透系数为

$$k=\frac{al}{Ft}\ln\frac{h_1}{h_2} \tag{3-10}$$

3. 现场抽水试验

　　渗透系数也可以在现场进行抽水试验测定。对于粗颗粒土或成层土，室内试验时不易取得原状土样，或者土样不能反映天然土层的层次或土颗粒排列情况。这时，从现场试验得到的渗透系数比从室内试验得到的渗透系数准确。

　　在试验现场沉入一根抽水井管，如图 3-10 所示，井管下端进入不透水土层，在时间 t 内从抽水井内抽出的水量为 Q，同时在距抽水井中心半径为 r_1 及 r_2 处布置观测孔，测得其水头分别为 h_1 及 h_2。假定土中任一半径处的水力梯度为常数，即 $I=\mathrm{d}h/\mathrm{d}r$，则由式（3-6）得

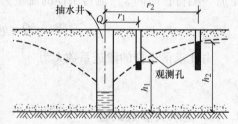

图 3-10　现场抽水试验

$$q=\frac{Q}{t}=kIF=k\frac{\mathrm{d}h}{\mathrm{d}r}(2\pi rh)$$

$$\frac{\mathrm{d}r}{r}=\frac{2\pi k}{q}h\mathrm{d}h$$

积分后得

$$\ln\frac{r_2}{r_1}=\frac{\pi k}{q}(h_2^2-h_1^2)$$

求得渗透系数为 $\qquad k = \dfrac{q}{\pi} \cdot \dfrac{\ln(r_2/r_1)}{(h_2^2 - h_1^2)}$ $\qquad\qquad$ (3-11)

【例3-1】　如图 3-11 所示，在现场进行抽水试验测定砂土层的渗透系数。抽水井管穿过 10m 厚的砂土层进入不透水黏土层，在距井管中心 15m 及 60m 处设置观测孔。已知抽水前土中静止地下水位在地面下 2.35m 处，抽水后待渗流稳定时，从抽水井测得流量 $q = 5.47 \times 10^{-3}\,\text{m}^3/\text{s}$，同时从两个观测孔测得水位分别下降了 1.93m 及 0.52m，求砂土层的渗透系数。

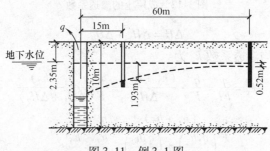

图 3-11　例 3-1 图

解： 两个观测孔的水头分别为：

$r_1 = 15\text{m}$ 处，$h_1 = 10\text{m} - 2.35\text{m} - 1.93\text{m} = 5.72\text{m}$。

$r_2 = 60\text{m}$ 处，$h_2 = 10\text{m} - 2.35\text{m} - 0.52\text{m} = 7.13\text{m}$。

由式（3-11）求得渗透系数为

$$k = \frac{q}{\pi} \cdot \frac{\ln(r_2/r_1)}{(h_2^2 - h_1^2)} = \frac{5.47 \times 10^{-3}\,\text{m}^3/\text{s}}{\pi} \times \frac{\ln\left(\dfrac{60}{15}\right)}{(7.13^2 - 5.72^2)\,\text{m}^2} = 1.33 \times 10^{-4}\,\text{m/s}$$

4. 成层土的渗透系数

黏性土沉积有水平分层时，对于土层的渗透系数有很大影响。如图 3-12 所示土层由两层组成，各层土的渗透系数分别为 k_1、k_2，厚度分别为 h_1、h_2。

考虑水平向渗流时（水流方向与土层平行），如图 3-12a 所示，因为各土层的水力梯度相同，总的流量等于各土层流量之和，总的截面积等于各土层截面积之和，即

$$I = I_1 = I_2$$
$$q = q_1 + q_2$$
$$F = F_1 + F_2$$

因此，土层水平向的平均渗透系数 k_h 为

$$k_h = \frac{q}{FI} = \frac{q_1 + q_2}{FI} = \frac{k_1 F_1 I_1 + k_2 F_2 I_2}{FI} = \frac{k_1 h_1 + k_2 h_2}{h_1 + h_2} = \frac{\sum k_i h_i}{\sum h_i} \qquad (3\text{-}12)$$

考虑竖直向渗流时（水流方向与土层垂直），如图 3-12b 所示，则已知总的流量等于每一土层的流量，总的截面积等于各土层的截面积，总的水头损失等于每一层的水头损失之和，即

$$q = q_1 = q_2$$
$$F = F_1 = F_2$$

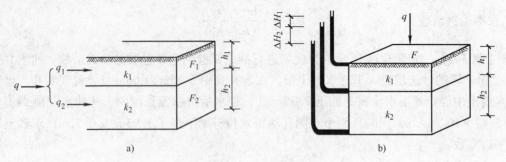

图 3-12　成层土的渗透系数

$$\Delta H = \Delta H_1 + \Delta H_2$$

由此得土层竖向平均渗透系数 k_v 为

$$k_v = \frac{q}{FI} = \frac{q}{F} \cdot \frac{(h_1 + h_2)}{\Delta H} = \frac{q}{F} \cdot \frac{(h_1 + h_2)}{(\Delta H_1 + \Delta H_2)}$$

$$= \frac{q}{F} \cdot \frac{(h_1 + h_2)}{\left(\dfrac{q_1 h_1}{F_1 k_1}\right) + \left(\dfrac{q_2 h_2}{F_2 k_2}\right)} = \frac{h_1 + h_2}{\dfrac{h_1}{k_1} + \dfrac{h_2}{k_2}}$$

得　　　　　　　　　　　　$$k_v = \frac{\sum h_i}{\sum \dfrac{h_i}{k_i}}$$　　　　　　　　　　(3-13)

3.2.3　影响土的渗透性的因素

影响土渗透性的因素主要有：

（1）土的粒度成分及矿物成分　土的颗粒大小、形状及级配，影响土中孔隙大小及其形状，因而影响土的渗透性。土颗粒越粗、越浑圆、越均匀时，渗透性大。当砂土中含有较多粉土及黏土颗粒时，其渗透系数降低。土的矿物成分对于卵石、砂土和粉土的渗透性影响不大，但对于黏性土渗透性影响较大。黏性土中含有亲水性较大的黏土矿物（如蒙脱石）或有机质时，由于它们具有很大的膨胀性，土的渗透性较低。含有大量有机质的淤泥几乎不透水。

（2）结合水膜厚度　黏性土中，若土粒的结合水膜厚度较厚，会阻塞土的孔隙，降低土的渗透性。如钠黏土，由于钠离子的存在，使黏土颗粒的扩散层厚度增加，所以渗透性很低。又如，在黏土中加入高价离子的电解质（如 Al、Fe 离子等），会使土粒扩散层厚度减薄，黏土颗粒会凝聚成粒团，土的孔隙增大，土的渗透性增大。

（3）土的结构构造　天然土层通常不是各向同性，其渗透性也是如此。如，黄土具有竖直方向的大孔隙，所以竖直方向的渗透系数要比水平方向大。层状黏土常夹有薄的粉砂层，在水平方向的渗透系数要比竖直方向大。

（4）水的黏滞度　水在土中的渗流速度与水的重度及黏滞度有关，这两个数值又与温度有关。一般水的重度随温度变化很小，可略去不计，但水的动力黏滞系数 η 随温度变化而变化。室内渗透试验时，同一种土在不同温度下会得到不同的渗透系数。在天然土层中，除了靠近地表的土层外，一般土中温度变化很小，可忽略温度的影响。但是室内实验室温度变化较大，应考虑温度对渗透系数的影响。目前常以水温为 20℃ 时的渗透系数 k_{20} 作为标准值，在其他温度下测定的渗透系数 k_t 可按式（3-14）修正，即

$$k_{20} = k_t \frac{\eta_t}{\eta_{20}} \tag{3-14}$$

式中　η_t、η_{20}——t℃ 时及 20℃ 时水的动力黏滞系数（$N \cdot s/m^2$），动力黏滞系数 η_t、η_t/η_{20} 与温度的关系参见表 3-3。

表 3-3　水的动力黏滞系数 η_t、η_t/η_{20} 与温度的关系

温度 $t/$℃	动力黏滞系数 $\eta_t/(10^{-6}\mathrm{kPa} \cdot \mathrm{s})$	$\dfrac{\eta_t}{\eta_{20}}$	温度 $t/$℃	动力黏滞系数 $\eta_t/(10^{-6}\mathrm{kPa} \cdot \mathrm{s})$	$\dfrac{\eta_t}{\eta_{20}}$
10	1.310	1.297	21	0.986	0.976
11	1.274	1.261	22	0.963	0.953
12	1.239	1.227	23	0.941	0.932
13	1.206	1.194	24	0.920	0.910
14	1.175	1.163	25	0.899	0.890
15	1.144	1.133	26	0.879	0.870
16	1.115	1.104	27	0.860	0.851
17	1.088	1.077	28	0.841	0.833
18	1.061	1.050	29	0.823	0.815
19	1.035	1.025	30	0.806	0.798
20	1.010	1.000	32	0.773	0.765

（5）土中气体　当土孔隙中存在密闭气泡时，会阻塞水的渗流，从而降低土的渗透性。密闭气泡有时是由溶解于水中的气体分离出来而形成的，故室内渗透试验有时规定要用不含溶解空气的蒸馏水。

3.2.4　动水力及流砂现象

水在土中渗流时，受到土颗粒阻力 T 的作用，阻力作用方向与水流方向相反。根据作用力与反作用力相等原理，水流也必然有一个相等的力作用在土颗粒上，把水流作用在单位体积土体中土颗粒上的力称为动水力 $G_D(\mathrm{kN/m^3})$，也称渗流力。动水力作用方向与水流方向一致。G_D 与 T 大小相等方向相反，都是用体积力表示的。

动水力的计算在工程实践中具有重要意义，例如，研究土体在水渗流时稳定性问题，就要考虑动水力的影响。

1. 动水力的计算公式

在土中沿水流的渗流方向，取一个土柱体 ab，如图 3-13 所示，土柱体长度为 l，横截面积为 F。已知 a、b 两点距离基准面的高度分别为 z_1 和 z_2，两点的测压管水柱高度分别为 h_1 和 h_2，则两点的水头分别为 $H_1 = h_1 + z_1$ 和 $H_2 = h_2 + z_2$。将土柱体 ab 内的水作为脱离体，考虑作用在水上的力系。因为水流的流速变化很小，其惯性力可以略去不计。

根据作用在土柱体 ab 内水上的各力平衡条件得

$$\gamma_{w}h_{1}F - \gamma_{w}h_{2}F + \gamma_{w}nlF\cos\alpha + \gamma_{w}(1-n)lF\cos\alpha - lFT = 0$$

或　　　　　　　　　　　$$\gamma_{w}h_{1} - \gamma_{w}h_{2} + \gamma_{w}l\cos\alpha - lT = 0 \qquad (3\text{-}15)$$

式中　　　$\gamma_{w}h_{1}F$——作用在土柱体截面 a 处的水压力，其方向与水流方向一致；

　　　　　$\gamma_{w}h_{2}F$——作用在土柱体截面 b 处的水压力，其方向与水流方向相反；

　　$\gamma_{w}nlF\cos\alpha$——土柱体内水的重力在 ab 方向的分力，其方向与水流方向一致；

$\gamma_{w}(1-n)lF\cos\alpha$——土柱体内土颗粒作用于水的力在 ab 方向的分力（土颗粒作用于水的力，也是水对于土颗粒作用的浮力的反作用力），其方向与水流方向一致；

　　　　　　　lFT——水渗流时，土柱中的土颗粒对水的阻力，其方向与水流方向相反；

　　　　　　　γ_{w}——水的重度；

　　　　　　　n——土的孔隙率；

其他符号意义见图 3-13。

将 $\cos\alpha = \dfrac{z_{1}-z_{2}}{l}$ 代入式（3-15），可得

$$T = \gamma_{w}\frac{(h_{1}+z_{1})-(h_{2}+z_{2})}{l} = \gamma_{w}\frac{H_{1}-H_{2}}{l} = \gamma_{w}I$$

得动水力的计算公式为

$$G_{D} = T = \gamma_{w}I \qquad (3\text{-}16)$$

从式（3-16）知，动水力的方向与水流方向一致，其大小与水力梯度 I 成正比。

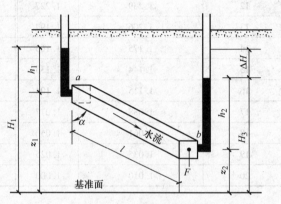

图 3-13　动水力计算

2. 流砂现象、管涌和临界水力梯度

由于动水力的方向与水流方向一致，因此当水的渗流自上向下时，如图 3-14a 所示不同渗流方向对土的影响或如图 3-15 所示河滩路堤基底土层中的 d 点，动水力方向与土体重力方向一致，这样将增加土颗粒间的压力；若水的渗流方向自下而上，如图 3-14b 所示容器内的土样或图 3-15 中的 e 点，动水力的方向与土体重力方向相反，这样将减小土颗粒间的压力。

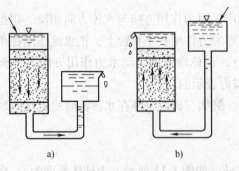

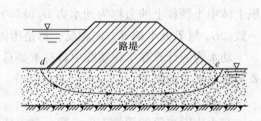

图 3-14　不同渗流方向对土的影响　　　　　图 3-15　河滩路堤下的渗流
a）向下渗流　b）向上渗流

若水的渗流方向自下而上，在土体表面，如图 3-14b 所示的 a 点 或图 3-15 路堤下的 e 点，取一单位体积土体分析，已知土在水下的有效重度为 γ'，当向上的动水力 G_{D} 与土的有

效重度相等时，即

$$G_D = \gamma_w I = \gamma'_e = \gamma_{sat} - \gamma_w \tag{3-17}$$

式中　γ_{sat}——土的饱和重度（kN/m^3）；

　　　γ_w——水的重度（kN/m^3）。

这时土颗粒间的压力就等于零，土颗粒将处于悬浮状态而失去稳定，这种现象就称为流砂现象。这时的水力梯度称为临界水力梯度 I_{cr}，可由下式得到

$$I_{cr} = \frac{\gamma'}{\gamma_w} = \frac{\gamma_{sat}}{\gamma_w} - 1 \tag{3-18}$$

工程中将临界水力梯度 I_{cr} 除以安全系数 K 作为允许水力梯度 $[I]$，设计时渗流逸出处的水力梯度应满足

$$I \leqslant [I] = \frac{I_{cr}}{K} \tag{3-19}$$

对流砂的安全性进行评价时，K 一般可取 2.0 ~ 2.5。

水在砂性土中渗流时，土中的一些细小颗粒在动水力作用下，可能通过粗颗粒的孔隙被水流带走，这种现象称为管涌。管涌可能发生于局部范围，但也可能逐步扩大，最后导致土体失稳破坏。发生管涌时的临界水力梯度与土的颗粒大小及其级配情况有关。如图 3-16 所示为临界水力梯度 I_{cr} 与土体不均匀系数 C_u 之间的关系曲线。从图中可以看出土的不均匀系数 C_u 越大，管涌现象越容易发生。

流砂现象是发生在土体表面渗流逸出处，不发生于土体内部；而管涌现象可能发生在渗流逸出处，也可能发生于土体内部。

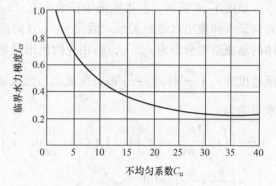

图 3-16　临界水力梯度与土体不均匀系数的关系

流砂现象主要发生在细砂、粉砂及粉土等土层中，而在粗颗粒土及黏土中则不易发生。

基坑开挖排水时，若采用表面直接排水，坑底土将受到向上的动水力作用，可能发生流砂现象。这时坑底土一面被挖一面会随水涌出，无法清除，站在坑底的人和放置的机具也会陷下去。由于坑底土随水涌入基坑，使坑底土的结构破坏，强度降低，将来会使建筑物产生附加下沉。水下深基坑或沉井排水挖土时，若发生流砂现象将危及施工安全。施工前应做好周密的勘测工作，当基坑底面的土层是容易引起流砂现象的土质时，应避免采用表面直接排水，可采用人工降低地下水位或其他措施施工。

河滩路堤两侧有水位差时，会在路堤内或基底土内发生渗流，当水力梯度较大时，可能产生管涌现象，导致路堤坍塌破坏。为了防止管涌现象发生，一般可在路基下游边坡的水下部分设置反滤层，防止路堤中的细小颗粒被渗透水流带走。

3.3　流网及其应用

为防止渗流破坏，应使渗流逸出处的水力梯度小于允许水力梯度。因此，确定渗流逸

出处的水力梯度就成为解决此类问题的关键。在实际工程中，经常遇到边界条件较为复杂的二维或三维问题，如图 3-17 所示的带板桩闸基的渗流。在这类渗流问题中，渗流场中各点的渗流速度 v 与水力梯度 I 等均是该点位置坐标的二维或三维函数。对此需建立渗流微分方程，然后结合渗流边界条件与初始条件求解。

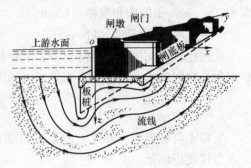

图 3-17　闸基的渗流

　　工程中涉及渗流问题的常见构筑物有坝基、闸基、河滩路堤及带挡墙（或板桩）的基坑等。这类构筑物的共同特点是轴线长度远大于其横向尺寸，可以近似认为渗流仅发生在横断面内，即在轴向方向上的任意一个断面上，其渗流特性相同。这种渗流称为二维渗流或平面渗流。

3.3.1　平面渗流基本微分方程

　　如图 3-18 所示，在渗流场中任取一点（x，z）的微单元体，分析其在 $\mathrm{d}t$ 时段内沿 x、z 方向流入和流出水量的关系。假设 x、z 方向流入微单元体的渗流速度分别为 v_x、v_z，则相应的流出微单元体的渗流速度为 $v_x + \dfrac{\partial v_x}{\partial x}\mathrm{d}x$，$v_z + \dfrac{\partial v_z}{\partial z}\mathrm{d}z$，而流出与流入微单元体的水量差为

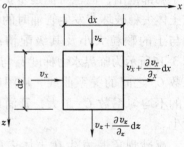

$$\mathrm{d}Q = \left[\left(v_x + \frac{\partial v_x}{\partial x}\mathrm{d}x - v_x \right)\mathrm{d}z \cdot 1 + \left(v_z + \frac{\partial v_z}{\partial z}\mathrm{d}z - v_z \right)\mathrm{d}x \cdot 1 \right]\mathrm{d}t$$

$$= \left(\frac{\partial v_x}{\partial x} + \frac{\partial v_z}{\partial z} \right)\mathrm{d}x\mathrm{d}z\mathrm{d}t \tag{3-20}$$

图 3-18　渗流场的单元体

　　通常可以假定渗流为稳定流，且可以认为土体骨架不产生变形，并且假定流体不可压缩，则在同一时段内微单元体的流出水量与流入水量相等，即

$$\mathrm{d}Q = 0$$

故

$$\frac{\partial v_x}{\partial x} + \frac{\partial v_z}{\partial x} = 0 \tag{3-21}$$

　　式（3-21）称为平面渗流连续条件微分方程。

　　对于 $k_x \neq k_z$ 的各向异性土，达西定律可表示为

$$\begin{cases} v_x = k_x I_x = k_x \dfrac{\partial h}{\partial x} \\[2mm] v_z = k_z I_z = k_z \dfrac{\partial h}{\partial z} \end{cases} \tag{3-22}$$

　　将式（3-22）代入式（3-21）可得

$$k_x \frac{\partial^2 h}{\partial x^2} + k_z \frac{\partial^2 h}{\partial z^2} = 0 \tag{3-23}$$

　　式中　k_x，k_z——x，z 方向的渗透系数；

I_x，I_z——x，z 方向的水力梯度；

　　　h——水头高度。

式（3-23）即为平面稳定渗流问题的基本微分方程。

为求解方便，对式（3-23）做适当变换，令 $x' = x \sqrt{k_z/k_x}$，得

$$\frac{\partial^2 h}{\partial x'^2} + \frac{\partial^2 h}{\partial z^2} = 0 \tag{3-24}$$

对各向同性土，$k_x = k_z$，平面稳定渗流问题基本微分方程成为

$$\frac{\partial^2 h}{\partial x^2} + \frac{\partial^2 h}{\partial z^2} = 0 \tag{3-25}$$

求解渗流问题可归结为式（3-24）或式（3-25）的拉普拉斯（Laplace）方程求解问题。当已知渗流问题的具体边界条件时，结合这些边界条件求解上述微分方程，便可得到渗流问题的唯一解答。

3.3.2　平面稳定渗流问题的流网解法

在实际工程中，渗流问题的边界条件往往比较复杂，一般很难求得其严密的解析解。因此，对渗流问题的求解除采用解析法外，还有数值解法、图解法和模型试验法等。其中最常用的是图解法即流网解法。

1. 流网（Flow Net）**及其性质**

平面稳定渗流基本微分方程的解可以用渗流区平面内两簇相互正交的曲线来表示。其中一簇为流线，它代表水流的流动路径；另一簇为等势线，在任一条等势线上，各点的测压水位或总水头都在同一水平线上。工程上把这种等势线簇和流线簇交织成的网格图形称为流网，如图 3-19 所示。

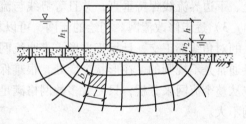

图 3-19　闸基础的渗流流网

各向同性土的流网具有如下特性：

1）流网是相互正交的网格。由于流线与等势线具有相互正交的性质，故流网为正交网格。

2）流网为曲边正方形。在流网网格中，网格的长度与宽度之比通常取为定值，一般取 1.0，使网格成为曲边正方形。

3）任意两相邻等势线间的水头损失相等。渗流区内水头依等势线等量变化，相邻等势线的水头差相同。

4）任意两相邻流线间的单位渗流量相等。相邻流线间的渗流区域称为流槽，每一流槽的单位流量与总水头 h、渗流系数 k 及等势线间隔数有关，与流槽位置无关。

2. 流网的绘制

流网的绘制方法一般有三种。第一种是解析法，即用解析的方法求出流速势函数及流函数，再令其函数等于一系列的常数，这样就可以描绘出一簇流线和等势线。第二种方法是实验法，常用的有水电比拟法。此方法利用水流与电流在数学和物理上的相似性，通过测绘相似几何边界电场中的等电位线，获取渗流的等势线和流线，再根据流网性质补绘出流网。第三种方法是近似作图法也称为手描法，根据流网性质和确定的边界条件，用作图方法逐步近

似画出流线和等势线。在上述方法中，解析法虽然严密，但数学求解存在较大困难；实验方法操作比较复杂，不易在工程中推广应用。故目前常用的方法是近似作图法。

　　近似作图法的步骤为先按流动趋势画出流线，然后根据流网正交性画出等势线，如发现所画的流网网格不呈曲边正方形时，需反复修改等势线和流线直至满足要求。

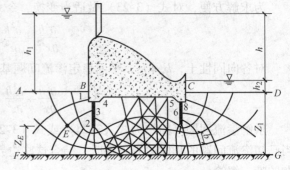

　　如图 3-20 所示为一带板桩的溢流坝，其流网按如下步骤绘制：

　　1）按一定比例绘出建筑物及土层剖面图，根据渗流区的边界，确定边界线及边界等势线。

　　如图 3-20 中的上游透水边界 AB 是一条等势线，其上各点的水头高度均为 h_1，下游透水边界 CD 也是一条等势线，其上

图 3-20　溢流坝的渗流流网

各点的水头高度均为 h_2。坝基的地下轮廓 $B\text{-}1\text{-}2\text{-}3\text{-}4\text{-}5\text{-}6\text{-}7\text{-}8\text{-}C$ 为一流线，渗流区边界 FG 为另一条边界流线。

　　2）根据流网特性初步绘出流网形态。按上下边界流线形态大致描绘几条流线，绘制时注意中间流线的形状由坝基轮廓线形状逐步变为与不透水层面 FG 相接近。中间流线数量越多，流网越准确，但绘制与修改工作量也越大，中间流线的数量应视工程的重要性而定，一般可绘 2~4 条。流线绘好后，根据曲边正方形的要求描绘等势线。描绘时应注意等势线与上、下边界流线保持垂直，并且等势线与流线都应是光滑的曲线。

　　3）逐步修改流网。初绘的流网，可以加绘网格的对角线来检验其正确性。如果每一网格的对角线都正交，且呈正方形，表明流网是正确的，否则应做进一步修改。但是，由于边界通常是不规则的，在形状突变处，很难保证网格为正方形，有时甚至成为三角形。对此，应从整个流网来分析，只要大多数网格满足流网特征，个别网格不符合要求，对计算结果影响不大。

　　流网的修改过程是一项细致的工作，常常是改变一个网格便带来整个流网图的变化。因此只有通过反复实践演练，才能做到快速正确地绘制流网。

3.3.3　流网的工程应用

　　正确地绘制出流网后，可以用它来求解渗流、渗流速度及渗流区的孔隙水压力。

1. 渗流速度计算

　　如图 3-20 所示，计算渗流区中某一网格内的渗流速度，可先从流网图中量出该网格的流线长度 l。根据流网的特性，任意两条等势线之间的水头损失是相等的，设流网中的等势线的数量为 n（包括边界等势线），上下游总水头差为 h，则任意两等势线间的水头差为

$$\Delta h = \frac{h}{n-1} \tag{3-26}$$

网格内的渗透速度为

$$v = kI = k\frac{\Delta h}{l} = \frac{kh}{(n-1)l} \tag{3-27}$$

2. 渗流量计算

由于任意两相邻流线间的单位渗流量相等，设整个流网的流线数量为 m（包括边界流线），则单位宽度内总的渗流量 q 为

$$q = [m-1] \Delta q \tag{3-28}$$

式中　Δq——任意两相邻流线间的单位渗流量，q，Δq 的单位均为 $m^3/d \cdot m$。其值可根据某一网格的渗透速度及网格的过水断面宽度求得，设网格的过水断面宽度（即相邻两条流线的间距）为 b，网格的渗流速度为 v，则

$$\Delta q = vb = \frac{khb}{(n-1)l} \tag{3-29}$$

而单位宽度内的总流量 q 为

$$q = \frac{kh(m-1)}{(n-1)} \cdot \frac{b}{l} \tag{3-30}$$

3. 孔隙水压力计算

一点的孔隙水压力 u 等于该点测压管水柱高度 H 与水的重度 γ_w 的乘积，即 $u = \gamma_w H$。任意点的测压管水柱高度 H_i 可根据该点所在的等势线的水头确定。

如图 3-20 所示，设 E 点处于上游开始起算的第 i 条等势线上，若从上游入渗的水流达到 E 点所损失的水头为 h_f，则 E 点的总水头 h_E（以不透水层面 FG 为 Z 坐标起始点）应为入渗边界上总水头高度减去这段流程的水头损失高度，即

$$h_E = (Z_1 + h_1) - h_f \tag{3-31}$$

h_f 可由等势线间的水头差 Δh 求得，即

$$h_f = (i-1)\Delta h \tag{3-32}$$

E 点测压管水柱高度 H_E 为 E 点总水头与其位置坐标 Z_E 之差，即

$$H_E = h_E - Z_Z = h_1 + (Z_1 + Z_E) - (i-1)\Delta h \tag{3-33}$$

【例 3-2】　某板桩支挡结构如图 3-21 所示，由于基坑内外土层存在水位差而发生渗流，渗流流网如图 3-21 所示。已知土层渗透系数 $k = 3.2 \times 10^{-3} \text{cm/s}$，$A$ 点、B 点分别位于基坑底面以下 1.2m 和 2.6m 处，试求：

（1）整个渗流区的单宽流量 q。

（2）AB 段的平均流速 v_{AB}。

（3）图中 A 点和 B 点的孔隙水压力 u_A 与 u_B。

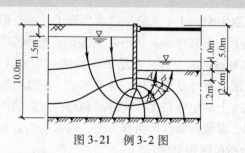

图 3-21　例 3-2 图

解：（1）基坑内外的总水头差为

$$h = (10.0 - 1.5)\text{m} - (10.0 - 5.0 + 1.0)\text{m} = 2.5\text{m}$$

流网图中共有 4 条流线，9 条等势线，即 $n = 9$，$m = 4$。在流网中选取一网格，如，A、B 点所在的网格，其长度与宽度 $l = b = 1.5\,\mathrm{m}$，则整个渗流区的单宽流量 q 为

$$q = \frac{kh(m-1)}{(n-1)} \cdot \frac{b}{l} = \frac{3.2 \times 10^{-3}\,\mathrm{cm/s} \times 10^{-2} \times 2.5\,\mathrm{m} \times (4-1)}{(9-1)} \times \frac{1.5}{1.5}$$

$$= 3.0 \times 10^{-5}\,\mathrm{m^3/s \cdot m}$$

$$= 2.60\,\mathrm{m^3/d \cdot m}$$

（2）任意两等势线间的水头差为

$$\Delta h = \frac{h}{(n-1)} = \frac{2.5\,\mathrm{m}}{(9-1)} = 0.31\,\mathrm{m}$$

AB 段的平均渗流速度

$$v_{AB} = kI_{AB} = k\frac{\Delta h}{l}$$

$$= 3.2 \times 10^{-3}\,\mathrm{cm/s} \times \frac{0.31\,\mathrm{m}}{1.5\,\mathrm{m}} = 0.66 \times 10^{-3}\,\mathrm{cm/s}$$

（3）A 点和 B 点的测压水柱高度分别为

$$H_A = (Z_1 + h_1) - Z_A - (8-1)h$$

$$= (10.0 - 1.5)\,\mathrm{m} - (10.0 - 5.0 - 1.2)\,\mathrm{m} - 7 \times 0.31\,\mathrm{m}$$

$$= 2.53\,\mathrm{m}$$

$$H_B = (Z_1 + h_1) - Z_B - (7-1)\Delta h$$

$$= (10.0 - 1.5)\,\mathrm{m} - (10.0 - 5.0 - 2.6)\,\mathrm{m} - 6 \times 0.31\,\mathrm{m}$$

$$= 4.24\,\mathrm{m}$$

A 点和 B 点的孔隙水压力分别为

$$u_A = H_A \gamma_w = 2.53\,\mathrm{m} \times 10.0\,\mathrm{kN/m^3} = 25.3\,\mathrm{kPa}$$

$$u_B = H_B \gamma_w = 4.24\,\mathrm{m} \times 10.0\,\mathrm{kN/m^3} = 42.4\,\mathrm{kPa}$$

3.4　土在冻结过程中水分的迁移和积聚

3.4.1　冻土现象及其对工程的危害

在冰冻季节因大气负温影响，土中水分冻结成为冻土。冻土根据其冻融情况分为季节性冻土、隔年冻土和多年冻土。季节性冻土是指冬季冻结，夏季全部融化的冻土；冬季冻结，一两年内不融化的土层称为隔年冻土；凡冻结状态持续三年或三年以上的土层称为多年冻土。多年冻土地区的表土层，有时夏季融化，冬季冻结，所以也属于季节性冻土。

我国的多年冻土，基本上集中分布在纬度较高和海拔较高的严寒地区，如，东北的大兴安岭北部和小兴安岭北部，青藏高原以及西部天山、阿尔泰山等地区，总面积约占我国领土的 20%，而季节性冻土分布范围则更广。

在冻土地区，随着土中水的冻结和融化，会发生一些独特的现象，称为冻土现象。冻土现象严重地威胁着建筑物的稳定和安全。

冻土现象是由冻结及融化两种作用引起的。某些细粒土层在冻结时，往往会发生土层体积膨胀，使地面隆起成丘，即所谓冻胀现象。土层发生冻胀的原因，不仅是由于水分冻结成冰体积增大 9% 的缘故，主要是由于土层冻结时，周围未冻结区土中的水分会向表层冻结区迁移积聚，使冻结区土层中水分增加，冻结后的冰晶体不断增大，土体积也随之发生膨胀隆起。冻土的冻胀会使路基隆起，使柔性路面鼓包、开裂，使刚性路面错缝或折断；冻胀还会使修建在其上的建筑物抬起，引起建筑物开裂、倾斜，甚至倒塌。

对工程危害更大的是季节性冻土的冻融。春暖土层解冻融化后，由于土层上部积聚的冰晶体融化，使土中含水量增加，加之细粒土排水能力差，土层处于饱和状态，土层软化，强度降低。路基土冻融后，在车辆反复碾压下，轻者路面变得松软，限制行车速度；重者路面开裂、冒泥，即翻浆现象，使路面完全破坏。冻融也会使房屋、桥梁、涵管发生大量下沉或不均匀下沉，引起建筑物开裂破坏。因此，冻土的冻胀及冻融都会对工程带来危害，必须引起注意，采取必要的防治措施。

3.4.2　冻胀的机理与影响因素

1. 冻胀的原因

土发生冻胀是冻结时土中水分向冻结区迁移和积聚的结果。解释水分迁移的学说很多，其中以"结合水迁移学说"较为普遍。

土中水分为结合水和自由水两大类。结合水又根据其所受分子引力的大小分为强结合水与弱结合水；自由水分为重力水与毛细水。重力水在 0℃ 时冻结，毛细水因受表面张力的作用其冰点稍低于 0℃；结合水的冰点则随着其受到的引力增加而降低，外层弱结合水在 -0.5℃ 时冻结，越靠近土粒表面其冰点越低，弱结合水要在 -20 ~ -30℃ 时才能全部冻结，而强结合水在 -78℃ 仍不冻结。

当大气温度降至负温时，土层中温度随之降低，土孔隙中的自由水首先在 0℃ 时冻结成冰晶体。随着气温的继续下降，弱结合水的最外层也开始冻结，使冰晶体体积逐渐扩大。这会使冰晶体周围土粒的结合水膜减薄，土粒就产生剩余的分子引力。另外，由于结合水膜的减薄，使得水膜中的离子浓度增加（因为结合水中的水分子结成冰晶体，使离子浓度相应增加），产生渗透压力（即当两种水溶液的浓度不同时，会在它们之间产生一种压力差，使浓度较小溶液中的水向浓度较大的溶液渗流）。在这两种引力作用下，附近未冻结区水膜较厚处的结合水，被吸引到冻结区的水膜较薄处。一旦水分被吸引到冻结区后，因为负温作用，水即冻结，使冰晶体体积增大，而不平衡引力继续存在。若未冻结区存在着水源（如地下水距冻结区很近）及适当的水源补给通道（即毛细通道），能够源源不断地补充被吸引的结合水，则未冻结区的水分就会不断地向冻结区迁移积聚使冰晶体体积扩大，在土层中形成冰夹层，使土体积发生膨胀，即冻胀现象。这种冰晶体体积的不断增大，一直要到水源的补给断绝后才停止。

2. 影响冻胀的因素

从土冻胀机理分析中可以看到，土的冻胀现象是在一定条件下形成的。影响冻胀的因素有三个方面：

（1）土的因素　冻胀现象通常发生在细粒土中，特别是粉土、粉质黏土和粉质砂土等，冻结时水分迁移积聚最为强烈，冻胀现象严重。这是因为这类土具有较显著的毛细现象，毛细上升高度大，上升速度快，具有较通畅的水源补给通道，同时，这类土的颗粒较细，表面能大，土粒矿物成分亲水性强，能持有较多结合水，从而能使大量结合水迁移和积聚。相反，黏土虽有较厚的结合水膜，但毛细孔隙很小，对水分迁移的阻力很大，没有通畅的水源补给通道，所以其冻胀性较粉质土小。砂砾等粗颗粒土，没有或具有很少量的结合水，孔隙中自由水冻结后，不会发生水分的迁移积聚，同时由于砂砾的毛细现象不显著，因而不会发生冻胀。所以在工程实践中常在地基或路基中换填砂土，以防治冻胀。

（2）水的因素　土层发生冻胀的原因是水分的迁移和积聚，因此，当冻结区附近地下水位较高，毛细水上升高度能够达到或接近冻结线，使冻结区能得到外部水源的补给时，将发生比较强烈的冻胀现象。基于此，可以区分两种类型的冻胀：一种是冻结过程中有外来水源补给，叫作开敞型冻胀；另一种是冻结过程没有外来水分补给，叫作封闭型冻胀。开敞型冻胀往往在土层中形成很厚的冰夹层，产生强烈冻胀，而封闭型冻胀，土中冰夹层薄，冻胀量也小。

（3）温度的因素　如气温骤降且冷却强度很大时，土的冻结面迅速向下推移，即冻结速度很快。这时，土中弱结合水及毛细水来不及向冻结区迁移就在原地冻结成冰，毛细通道也被冰晶体所堵塞。这种情况下，水分的迁移和积聚不会发生，在土层中看不到冰夹层，只有散布于土孔隙中的冰晶体，这时形成的冻土一般无明显的冻胀。如气温缓慢下降，冷却强度小，但负温持续的时间较长，就能促使未冻结区水分不断地向冻结区迁移积聚，在土中形成冰夹层，出现明显的冻胀现象。

上述三方面因素是土层发生冻胀的三个必要条件。因此，在持续负温作用下，地下水位较高处的粉砂、粉土、粉质黏土等土层常具有较大的冻胀危害。但是也可以根据影响冻胀的三个因素，采取相应的防治冻胀的工程措施。

3.4.3　冻结深度

由于土的冻胀和冻融将危害建筑物的正常和安全使用，因此一般设计中，均要求将基础底面置于当地冻结深度以下，以防止冻害的影响。土的冻结深度不仅和当地气候有关，也和土的类别、湿度以及地面覆盖情况（如植被、积雪、覆盖土层等）有关，在工程实践中，把地表无积雪和草皮等覆盖条件下，多年实测最大冻结深度的平均值称为标准冻结深度 z_0。我国有关部门根据实测资料编绘了东北和华北地区标准冻深线图，见 GB 50007—2011《建筑地基基础设计规范》，当无实测资料时，可参照标准冻深线图，并结合实地调查确定。

在季节性冻土区的路基工程，由于路基土层起保温作用，使路基下天然地基中的冻结深度相应减小，其减小程度与路基土保温性能有关。

有关冻土的详细介绍见第 1 章第 3 节。

习　题

3-1　用室内变水头渗透试验测定某土样的渗透系数，试验装置如图 3-22 所示。已知土样的高度 l = 0.04m，土样截面积 $F = 3.2 \times 10^{-3}\text{m}^2$，测压管面积 $a = 1.2 \times 10^{-4}\text{m}^2$。试验开始时测压管水头 $h_1 = 3.60\text{m}$，经过 1h 后，测压管读数 $h_2 = 2.85\text{m}$，水温 $T = 20℃$。试：

（1）求该土样在 10℃时的渗透系数 k_{10}。

（2）判断该土样属于哪一种土？

3-2   如图 3-23 所示容器中的土样，受到水的渗流作用。已知土样高度 $l = 0.4m$，截面积 $F = 0.049m^2$，土粒重度 $\gamma_s = 26.0kN/m^3$，孔隙比 $e = 0.800$。试：

（1）计算作用在土样上的动水力大小及其方向。

（2）若土样发生流砂现象时，其水头差 h 应是多少？

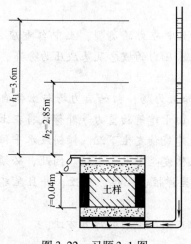

图 3-22   习题 3-1 图   图 3-23   习题 3-2 图

思 考 题

3-1   土层中的毛细水带是如何形成的？有何特点？

3-2   毛细水上升的原因是什么？在哪种土中毛细现象最显著？

3-3   试述层流渗透定律的意义。它对各种土的适用性如何？何谓起始水力梯度？

3-4   室内常水头及变水头渗透试验和现场抽水试验测定土的渗透系数的基本原理是什么？

3-5   影响土渗透性的因素有哪些？

3-6   何谓动水力、临界水力梯度？

3-7   试述流砂现象和管涌现象的异同。

3-8   土发生冻胀的原因是什么？发生冻胀的条件是什么？

3-9   试从土发生冻胀的原因的角度分析工程实践中防治冻害措施的有效性。

3-10   何谓土的冻结深度？冻结深度对于路基及建筑物地基有何重要意义？

第4章　土中应力计算

【学习目标】　了解弹性理论基本原理；掌握土中应力的类型，土中自重应力的计算，几种典型分布荷载作用下附加应力的计算；掌握基底压力的概念及基底压力分布，基底压力简化计算方法；理解有效应力的概念及原理。

【导读】　在修建建筑物以前，土体中存在初始应力场，初始应力场与土体自重、土的地质历史以及地下水位有关。在修建建筑物以后，由于建筑物重力等外荷载将在土体中产生附加应力，土中应力增量将引起土的变形，从而使建筑物发生下沉、倾斜及水平位移等。土中应力过大时，也会导致土的强度破坏，甚至使土体发生滑动而失稳。因此，必须重视土体的应力计算。土体的应力-应变关系十分复杂，常呈弹性、黏性、塑性，并且呈非线性、各向异性，还受应力历史的影响。

本章重点介绍土中自重应力及外荷载作用下土中附加应力的计算方法。

4.1　概述

土中应力是指土体在自身重力、建筑物和车辆等荷载通过基础或路基传递到土体上的力等荷载及其它作用力（如渗透力、地震力）的作用下，土中所产生的应力。土中应力的增加将引起土的变形，使建筑物发生下沉、倾斜以及水平位移。土的变形过大时，会影响建筑物的正常和安全使用。另外，土中应力过大时，也会导致土的强度破坏，甚至使土体发生滑动失去稳定。因此，在研究土的变形、强度及稳定性问题时，都必须掌握土中应力状态及应力计算。

4.1.1　土中应力计算方法

土中应力产生的条件不同，分布规律和计算方法也不同。主要采用弹性理论公式，即把地基土视为均匀的、各向同性的半无限弹性体。实际上，土体是一种非均质的、各向异性的多相分散体，是非理想弹性体，采用弹性理论计算土体中应力必然带来计算误差，但对于一般工程，其误差是工程所允许的。但对于许多复杂条件下工程的应力计算，应采用其他更为符合实际的计算方法，如非线性力学理论、数值计算方法等。采用弹性理论虽然同土体的实际情况有差别，但其计算结果基本能满足实际工程的要求，其主要理由如下：

1）土的分散性影响。土是三相组成的分散体，而不是连续介质，土中应力是通过土颗粒间的接触而传递的。但是，由于建筑物基础面积尺寸远远大于土颗粒尺寸，同时研究的也只是计算平面上的平均应力，而不是土颗粒间的接触集中应力。因此可以忽略土分散性的影响，近似地将土体作为连续体考虑，而应用弹性理论。

2）土的非均质性和非理想弹性体的影响。土在形成过程中具有各种结构与构造，使土呈现不均匀性。同时土体也不是一种理想的弹性体，而是一种具有弹塑性或黏滞性的介质。但是，在实际工程中土中应力水平较低，土的应力-应变关系接近于线性关系，可以应用弹性理论方法。因此，当土层间的性质差异不大时，采用弹性理论计算土中应力在实用上是允许的。

3）地基土可视为半无限体。半无限体就是无限空间体的一半，即该物体在水平向 x 轴及 y 轴的正负方向是无限延伸的，而竖直向 z 轴仅只在向下的正方向是无限延伸的，向上的负方向等于零。地基土在水平向及深度方向相对于建筑物基础的尺寸而言，可以认为是无限延伸的。因此，可以认为地基土符合半无限体假定。

4.1.2　土中一点的应力状态

（1）法向应力与剪应力　土体中某点 M 的应力状态，可以用一个正六面单元体上的应力来表示。若半无限土体所采用的直角坐标系如图 4-1 所示，则作用在单元体上的 3 个法向应力分量为 σ_x、σ_y、σ_z，6 个剪应力分量为 $\tau_{xy} = \tau_{yx}$、$\tau_{yz} = \tau_{zy}$、$\tau_{zx} = \tau_{xz}$。剪应力的脚标前面一个英文字母表示剪应力作用面的法线方向，后一个表示剪应力的作用方向。在土力学中规定法向应力以压应力为正，拉应力为负。剪应力的正负号规定是当剪应力作用面上的法向应力方向与坐标轴的正方向一致时，则剪应力的方向与坐标轴正方向一致时为正，反之为负。若剪应力

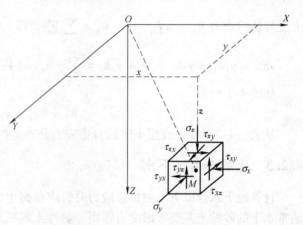

图 4-1　土中一点的应力状态

作用面上的法向应力方向与坐标轴正方向相反时，则剪应力的方向与坐标轴正方向相反时为正，反之为负。在图 4-1 所示的法向应力及剪应力均为正。

（2）自重应力与附加应力　土中某点的应力按产生的原因分为自重应力与附加应力两种。由土体重力引起的应力称为自重应力（Self- Weight Stress）。自重应力一般自土形成时就在土中产生，因此也将它称作为长驻应力。附加应力（Additional Stress）是指由外荷载（如建筑物荷载、车辆荷载、土中水的渗流力、地震力等）的作用，在土中产生的应力增量。修建建筑物后，土中的应力为自重应力和附加应力之和，称为总应力，即总应力 = 自重应力 + 附加应力。

4.2　土中自重应力计算

假设土体是均匀的半无限体，土体在自身重力作用下任一竖直切面都是对称面，切面上不存在剪应力。因此，在深度 z 处平面上，土体因自身重力产生的竖向应力 σ_{cz}（简称为自重应力）等于单位面积上土柱体的重力 W，如图 4-2 所示。

4.2.1　均质土体

当地基是均质土体时，在深度 z 处土的竖向自重应力为

$$\sigma_{cz} = W = \frac{\gamma z F}{F} = \gamma z \tag{4-1}$$

式中　γ——土的重度（kN/m^3）；

z——计算深度（m）；

F——土柱体的截面积，现取 $F = 1$。

从式（4-1）知，自重应力随深度 z 线性增加，呈三角形分布，如图4-2所示。

4.2.2 成层土体

当地基是成层土体时，各土层的厚度为 h_i，重度为 γ_i，在深度 z 处土的竖向自重应力也等于单位面积上土柱体的重力 $W_1 + W_2 + \cdots + W_n = \sum_{i=1}^{n} W_i$，即

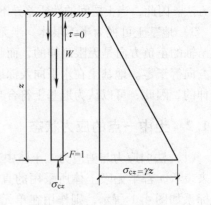

图4-2 均质土的自重应力分布

$$\sigma_{cz} = \gamma_1 h_1 + \gamma_2 h_2 + \cdots + \gamma_n h_n = \sum_{i=1}^{n} \gamma_i h_i \quad (4\text{-}2)$$

如图4-3所示

$$\sigma_{cz} = (W_1 + W_2) = \gamma_1 h_1 + \gamma_2 h_2$$

从式（4-2）知，成层土体的自重应力分布是折线形，如图4-3所示。

4.2.3 土层中有地下水

计算地下水位以下土的自重应力时，应根据土的性质确定是否需要考虑水的浮力作用。通常水下的砂性土需要考虑浮力作用，黏性土则视其物理状态而定。一般认为，若水下的黏性土液性指数 $I_L \geqslant 1$，则土处于流动状态，土颗粒之间存在着大量自由水，此时可以认为土体受到水的浮力作用；若 $I_L \leqslant 0$，则土处于固体状态，土中自由水受到土颗粒间结合水膜的阻碍不能传递静水压力，认为土体不受水的浮力作用；若 $0 < I_L < 1$，土处于塑性状态时，土颗粒是否受到水的浮力作用就较难确定，一般在实践中均按不利状态考虑。

若地下水位以下的土受到水的浮力作用，则水下部分土的重度应按有效重度 γ' 计算，其计算方法同成层土体的情况。

在地下水位以下，如果藏有不透水层（如，岩层或只含结合水的坚硬黏土层），由于不透水层中不存在水的浮力，所以层面及层面以下的自重应力应按上覆土层的水土总重计算。如图4-4虚线所示。

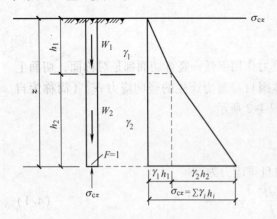

图4-3 成层土的自重应力分布

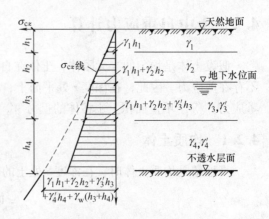

图4-4 水下土的自重应力分布

4.2.4　水平向自重应力计算

土的水平向自重应力 σ_{cx}、σ_{cy} 按式（4-3）计算，即

$$\sigma_{cx} = \sigma_{cy} = K_0 \sigma_{cz} \tag{4-3}$$

式中　K_0——侧压力系数，也称静止土压力系数。K_0 值可以在实验室测定，它与土的强度或变形指标间存在着理论或经验关系，详细讨论参见第 5、7 章。

【例 4-1】　某土层及其物理性质指标如图 4-5 所示。计算土中自重应力。

解：第一层土为细砂，地下水位以下的细砂是受到水的浮力作用，其浮重度 γ_1' 为

$$\gamma_1' = \frac{(\gamma_s - \gamma_w)\gamma_1}{\gamma_s(1+\omega)} = \frac{(25.9 - 9.81) \times 19}{25.9 \times (1+0.18)} \text{kN/m}^3 = 10.0 \text{kN/m}^3$$

第二层黏土层的液性指数 $I_L = (\omega - \omega_P)/(\omega_L - \omega_P) = (50 - 25)/(48 - 25) = 1.09 > 1$，故认为黏土层受到水的浮力作用，其浮重度为

$$\gamma_2' = \frac{(26.8 - 9.81) \times 16.8}{26.8 \times (1+0.50)} = 7.1 \text{kN/m}^3$$

土中各点自重应力计算如下：

a 点，$z = 0$，$\sigma_{cz} = \gamma z = 0$。

b 点，$z = 2\text{m}$，$\sigma_{cz} = 19 \text{kN/m}^3 \times 2\text{m} = 38 \text{kPa}$。

c 点，$z = 5\text{m}$，$\sigma_{cz} = \sum \gamma_i h_i = (19 \times 2 + 10.0 \times 3) \text{kPa} = 68 \text{kPa}$。

d 点，$z = 9\text{m}$，$\sigma_{cz} = (19 \times 2 + 10.0 \times 3 + 7.1 \times 4) \text{kPa} = 96.4 \text{kPa}$。

土层中的自重应力 σ_{cz} 分布，如图 4-5 所示。

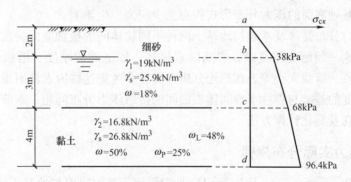

图 4-5　例 4-1 图

【例 4-2】　计算如图 4-6 所示水下地基土中的自重应力。

解：水下的粗砂层受到水的浮力作用，其浮重度为

$$\gamma' = (\gamma_{sat} - \gamma_w) = 19.5 \text{kN/m}^3 - 9.81 \text{kN/m}^3 = 9.69 \text{kN/m}^3$$

黏土层因为 $\omega < \omega_P$，$I_L < 0$，认为土层不受水的浮力作用，土层面上还受到上面的静水压力作用。

土中各点的自重应力计算如下：

a 点，$z = 0$，$\sigma_{cz} = 0$。

b 点，$z = 10\text{m}$，该点位于粗砂层中，$\sigma_{cz} = \gamma' z = 9.69\text{kN/m}^3 \times 10\text{m} = 96.9\text{kPa}$

b' 点，$z = 10\text{m}$，该点位于黏土层中，$\sigma_{cz} = \gamma' z + \gamma_w h_w = (9.69 \times 10 + 9.81 \times 13)\text{kPa} = 224.4\text{kPa}$

c 点，$z = 15\text{m}$，$\sigma_{cz} = \gamma' z + \gamma_w h_w + \gamma h = 224.4\text{kPa} + 19.3\text{kN/m}^3 \times 5\text{m} = 320.9\text{kPa}$

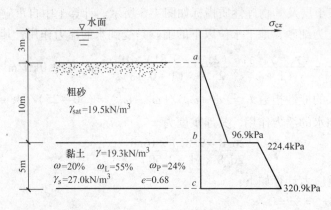

图 4-6　例 4-2 图

4.3　基础底面的压力分布与计算

土中的附加应力是由建筑物荷载作用所引起的应力增量，而建筑物的荷载是通过基础传到土中的，因此基础底面的压力分布形式将对土中应力产生影响。

基础底面压力分布是涉及基础与地基土两种不同物体间的接触应力，在弹性理论中称为接触压力问题。这一问题比较复杂，影响因素很多，如基础的刚度、形状、尺寸、埋置深度，以及土的性质、荷载大小等。在理论分析中要综合考虑这些因素较困难，在弹性理论中主要研究不同刚度的基础与弹性半空间体表面间的接触压力分布问题，本节主要讨论基底压力分布的基本概念及简化计算方法。

4.3.1　基底压力实际分布规律

基底压力（Pressure on Foundation Soil）是指作用于基础底面与地基土接触面上的压力，包括自重压力和基底附加压力。自重压力（Self-weight Pressure）是指上覆岩土的重力产生的竖向压力。基底附加压力（Foundation Additional Pressure）是指基底接触压力与基底处原土体自重压力之差。

基础（Foundation）是指将结构所承受的各种作用传递到地基上的结构组成部分。分为柔性基础和刚性基础。

1. 柔性基础

若一个基础作用均布荷载，假设基础是由许多小块组成，如图 4-7a 所示，各小块之间光滑无摩擦力，则这种基础相当于绝对柔性基础（即基础的抗弯刚度 $EI \to 0$），基础上荷载

通过小块直接传递到土上，基础底面
的压力分布图形将与基础上作用的荷
载分布图形相同。这时基础底面的沉
降则各处不同，中央大而边缘小。因
此，柔性基础的底面压力分布与作用
的荷载分布形状相同。如，由土筑成
的路堤，可近似认为路堤本身不传递

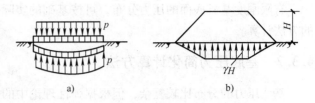

图 4-7　柔性基础下的压力分布
a) 理想柔性基础　b) 路堤下的压力分布

剪力，那么它就相当于一种柔性基础，
路堤自重引起的基底压力分布与路堤断面形状相同，为梯形分布，如图 4-7b 所示。

2. 刚性基础

桥梁墩台基础有时采用大块混凝土实体结构，如图 4-8 所示，它的刚度很大，可以认
为是刚性基础（即 $EI \to \infty$）。刚性基础不会发生挠曲变形，在中心荷载作用下，基底各点
的沉降相同，这时基底压力分布是马
鞍形，中央小而边缘大（理论上边缘
应力为无穷大）如图 4-8a 所示。当作
用的荷载较大时，基础边缘由于应力
很大，将会使土产生塑性变形，边缘
应力不再增加，而使中央部分继续增
大，使基底压力重新分布呈抛物线形
分布，如图 4-8b 所示。若作用荷载继
续增大，则基底压力会继续发展呈钟
形分布，如图 4-8c 所示。所以，刚性

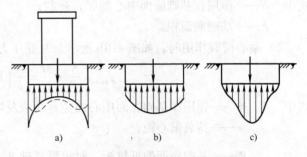

图 4-8　刚性基础下的压力分布
a) 马鞍形分布　b) 抛物线形分布　c) 钟形分布

基础底面的压力分布形状与荷载大小有关，根据试验研究，基底压力还与基础埋置深度
及土的性质有关，如普列斯（Press, 1934）曾在 $0.6\text{m} \times 0.6\text{m}$ 的刚性板上做了实测试验，
其结果列于表 4-1。

表 4-1　刚性载荷板底面压力分布的试验结果

土　　类	载荷板底面的埋置深度/m		
	0	0.30	0.60
砂土 （干的）	抛物线形分布 $p_{max} = 1.36p_m$	荷载小时马鞍形分布 $p_0 = 0.93p_m$	荷载大时抛物线形分布 $p_{max} = 1.15p_m$
黏土 A （干的）	荷载小时马鞍形分布 $p_0 = 0.98p_m$ $p_{max} = 1.23p_m$	荷载小时马鞍形分布 $p_0 = 0.98p_m$ $p_{max} = 1.20p_m$	
黏土 B （$\omega = 32\%$）	马鞍形分布 $p_0 = 0.96p_m$ $p_{max} = 1.26p_m$	马鞍形分布 $p_0 = 0.97p_m$ $p_{max} = 1.23p_m$	荷载大时抛物线形分布 $p_{max} = 1.13p_m$

注：p_m 为荷载板底面平均压力；p_0 为荷载板底面中心压力。

有限刚度基础底面的压力分布，可按基础的实际刚度及土的性质，用弹性地基上梁和板的方法计算。

4.3.2　基底压力简化计算方法

基底压力的分布比较复杂，但根据弹性理论中的圣维南原理以及从土中应力量测结果得知，当作用在基础上的荷载总值一定时，基底压力分布形状对土中应力分布的影响，只在一定深度范围内，一般距离基底的深度超过基础宽度的 1.5 ~ 2.0 倍时，影响不明显。因此，在实用上对基底压力的分布可近似认为是按直线规律变化，采用简化方法计算，即按材料力学公式计算。

1）中心荷载作用时，如图 4-9a 所示，基底压力 p 按中心受压公式计算，即

$$p = \frac{N}{F} \tag{4-4}$$

式中　N——作用在基础底面中心的竖直荷载；

　　　F——基础底面积。

2）偏心荷载作用时，如图 4-9b 所示，基底压力按偏心受压公式计算，即

$$p_{\substack{max \\ min}} = \frac{N}{F} \pm \frac{M}{W} = \frac{N}{F}\left(1 \pm \frac{6e}{b}\right) \tag{4-5}$$

式中　N, M——作用在基础底面中心的竖直荷载及弯矩，$M = Ne$；

　　　e——荷载偏心距；

　　　W——基础底面的抵抗矩，对矩形基础 $W = \dfrac{lb^2}{6}$；

　　　b, l——基础底面的宽度与长度。

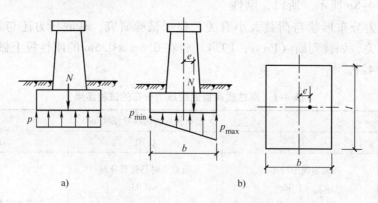

图 4-9　基底压力分布的简化计算
a）中心荷载时　b）偏心荷载时

从式（4-5）可知，按荷载偏心距 e 的大小，基底压力的分布可能出现三种情况，如图 4-10 所示。

1）当 $e < \dfrac{b}{6}$ 时，由式（4-5）知，$p_{max} > 0$，基底压力呈梯形分布，如图 4-10a 所示。

2）当 $e = \dfrac{b}{6}$ 时，$p_{max} = 0$，基底压力呈三角形分布，如图 4-10b 所示。

3）当 $e > \dfrac{b}{6}$ 时，$p_{max} < 0$，即产生拉应力，如图 4-10c所示，但基底与土之间不能承受拉应力，这时产生拉应力部分的基底将与土脱开，而不能传递荷载，基底压力将重新分布，如图 4-10d 所示。重新分布后的基底最大压应力 p'_{max}，可以根据平衡条件求得，即

$$\frac{1}{3}K = \frac{b}{2} - e$$

$$K = 3\left(\frac{b}{2} - e\right)$$

$$N = \frac{1}{2}p'_{max}K \cdot l = \frac{1}{2}p'_{max}3\left(\frac{b}{2} - e\right) \cdot l$$

$$p'_{max} = \frac{2N}{3\left(\dfrac{b}{2} - e\right) \cdot l} \tag{4-6}$$

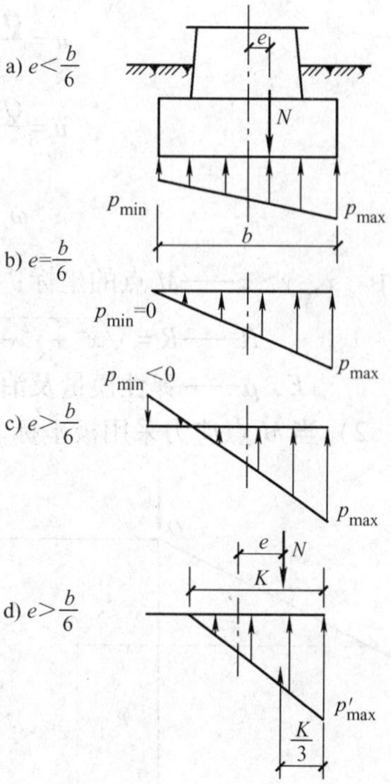

4.4 竖向集中力作用下土中应力计算

弹性半空间地基模型（Elastic Half-space Foundation Model）——假设地基为连续、均匀、各向同性半无限空间弹性体的地基模型。

图 4-10 偏心荷载时基底压力
分布的几种情况

在均匀的、各向同性的半无限弹性体表面，作用一竖向集中力 Q，如图 4-11 所示，计算半无限体内任意点 M 的应力（不考虑弹性体的体积力）。在弹性理论中由布辛尼斯克（J. V. Boussinesq，1885）解得，其应力及位移的表达式如下：

1）当 M 点应力采用直角坐标表示时，如图 4-11 所示。

法向应力为

$$\sigma_z = \frac{3Qz^3}{2\pi R^5} \tag{4-7}$$

$$\sigma_x = \frac{3Q}{2\pi}\left\{\frac{zx^2}{R^5} + \frac{1-2\mu}{3}\left[\frac{R^2 - Rz - z^2}{R^3(R+z)} - \frac{x^2(2R+z)}{R^3(R+z)^2}\right]\right\} \tag{4-8}$$

$$\sigma_y = \frac{3Q}{2\pi}\left\{\frac{zy^2}{R^5} + \frac{1-2\mu}{3}\left[\frac{R^2 - Rz - z^2}{R^3(R+z)} - \frac{y^2(2R+z)}{R^3(R+z)^2}\right]\right\} \tag{4-9}$$

剪应力为

$$\tau_{xy} = \tau_{yx} = \frac{3Q}{2\pi}\left[\frac{xyz}{R^5} - \frac{1-2\mu}{3} - \frac{xy(2R+z)}{R^3(R+z)^2}\right] \tag{4-10}$$

$$\tau_{yz} = \tau_{zy} = -\frac{3Q}{2\pi}\frac{yz^2}{R^5} \tag{4-11}$$

$$\tau_{zx} = \tau_{xz} = -\frac{3Q}{2\pi}\frac{xz^2}{R^5} \tag{4-12}$$

X、Y、Z 轴方向的位移分别为

$$u = \frac{Q(1+\mu)}{2\pi E}\left[\frac{xz}{R^3} - (1-2\mu)\frac{x}{R(R+z)}\right] \tag{4-13}$$

$$v = \frac{Q(1+\mu)}{2\pi E}\left[\frac{yz}{R^3} - (1-2\mu)\frac{y}{R(R+z)}\right] \tag{4-14}$$

$$\omega = \frac{Q(1+\mu)}{2\pi E}\left[\frac{z^2}{R^3} + 2(1-\mu)\frac{1}{R}\right] \tag{4-15}$$

式中　x, y, z——M 点的坐标；

　　R——$R = \sqrt{x^2 + y^2 + z^2}$；

　　E, μ——弹性模量及泊松比。

2）当 M 点应力采用极坐标表示时，如图 4-12 所示。

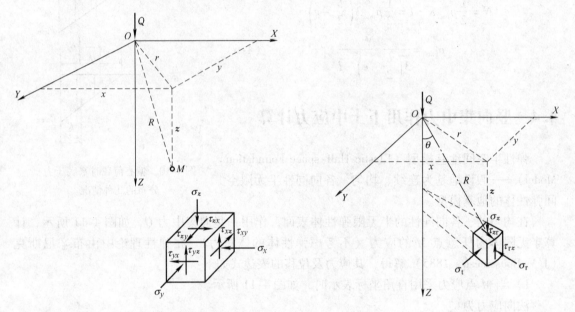

图 4-11　布辛尼斯克解答（直角坐标表示）　　　图 4-12　布辛尼斯克解答（极坐标表示）

$$\sigma_z = \frac{3Q}{2\pi z^2}\cos^5\theta \tag{4-16}$$

$$\sigma_r = \frac{Q}{2\pi z^2}\left[3\sin^2\theta\cos^3\theta - \frac{(1-2\mu)\cos^2\theta}{1+\cos\theta}\right] \tag{4-17}$$

$$\sigma_t = \frac{Q(1-2\mu)}{2\pi z^2}\left[\cos^3\theta - \frac{\cos^2\theta}{1+\cos\theta}\right] \tag{4-18}$$

$$\tau_{rz} = \frac{3Q}{2\pi z^2}(\sin\theta\cos^4\theta) \tag{4-19}$$

$$\tau_{tr} = \tau_{tz} = 0 \tag{4-20}$$

上述的应力及位移分量计算公式，在集中力作用点处是不适用的，因为当 $R\to0$ 时，从上述公式可见应力及位移均趋于无穷大，这时土已发生塑性变形，按弹性理论解得的公式已不适用。

在上述应力及位移分量中，应用最多的是竖向法向应力 σ_z 及竖向位移 ω，因此本章将重

点讨论 σ_z 的计算。为了应用方便，式（4-7）可以写成式（4-21）的形式。

$$\sigma_z = \frac{3Q}{2\pi}\frac{z^3}{R^5} = \frac{3Q}{2\pi z^2}\frac{1}{\left[1 + \left(\dfrac{r}{z}\right)^2\right]^{5/2}} = \alpha\frac{Q}{z^2} \tag{4-21}$$

式中　α——应力系数，$\alpha = 3/\left\{2\pi\left[1 + (r/z)^2\right]^{5/2}\right\}$，它是（$r/z$）的函数，可制成表格查用。现将应力系数 α 值列于表 4-2。

表 4-2　集中力作用下的应力系数 α 值

r/z	α	r/z	α	r/z	α	r/z	α	r/z	α
0.00	0.4775	0.50	0.2733	1.00	0.0844	1.50	0.0251	2.00	0.0085
0.05	0.4745	0.55	0.2466	1.05	0.0744	1.55	0.0224	2.20	0.0058
0.10	0.4657	0.60	0.2214	1.10	0.0658	1.60	0.0200	2.40	0.0040
0.15	0.4516	0.65	0.1978	1.15	0.0581	1.65	0.0179	2.60	0.0029
0.20	0.4329	0.70	0.1762	1.20	0.0513	1.70	0.0160	2.80	0.0021
0.25	0.4103	0.75	0.1565	1.25	0.0454	1.75	0.0144	3.00	0.0015
0.30	0.3849	0.80	0.1386	1.30	0.0402	1.80	0.0129	3.50	0.0007
0.35	0.3577	0.85	0.1226	1.35	0.0357	1.85	0.0116	4.00	0.0004
0.40	0.3294	0.90	0.1083	1.40	0.0317	1.90	0.0105	4.50	0.0002
0.45	0.3011	0.95	0.0956	1.45	0.0282	1.95	0.0095	5.00	0.0001

在工程实践中最常遇到的问题是地面竖向位移（即沉降）。计算地面某点 A（其坐标为 $z = 0$，$R = r$）的沉降可由式（4-15）求得，如图 4-13 所示。

$$s = \omega = \frac{Q(1 - \mu^2)}{\pi E_0 r} \tag{4-22}$$

式中　E_0——土的变形模量（kPa）。

土中附加应力是由建筑物荷载引起的应力增量，虽然实践中几乎没有集中力，但应用竖向集中力作用下土中应力计算公式，通过叠加原理或者积分的方法可以得到各种分布荷载作用下土中应力计算公式。

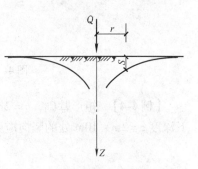

图 4-13　集中力作用下的地面沉降

【例 4-3】　在地表面作用集中力 $Q = 200\text{kN}$，计算地面下深度 $z = 3\text{m}$ 处水平面上的竖向法向应力 σ_z 分布，以及距离 Q 的作用点 $r = 1\text{m}$ 处竖直面上的竖向法向应力 σ_z 分布。

解：各点的竖应力 σ_z 可按式（4-21）计算，见表 4-3 及表 4-4，绘出 σ_z 分布图，如图 4-14 所示。

表 4-3　$z = 3\text{m}$ 处水平面上竖应力 σ_z

r/m	0	1	2	3	4	5
r/z	0	0.33	0.67	1	1.33	1.67
α	0.478	0.369	0.189	0.084	0.038	0.017
σ_z/kPa	10.6	8.2	4.2	1.9	0.8	0.4

表 4-4 　 $r=1m$ 处竖直面上竖应力 σ_z

z/m	0	1	2	3	4	5	6
r/z	∞	1.00	0.50	0.33	0.25	0.20	0.17
α	0	0.084	0.273	0.369	0.410	0.433	0.444
σ_z/kPa	0	16.8	13.7	8.2	5.1	3.5	2.5

图 4-14 中竖应力 σ_z 的分布曲线表明，在半无限土体内任一水平面上，随着与集中力作用点距离的增大，σ_z 迅速地减小。在不通过集中力作用点的任一竖向剖面上，在土体表面处 $\sigma_z=0$，随着深度的增加，σ_z 逐渐增大，在某一深度达到最大值，之后又逐渐减小。

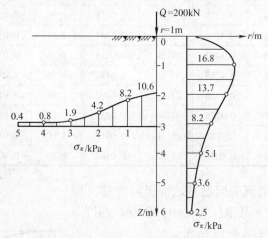

图 4-14 　 竖向集中力作用下土中 σ_z 分布

【例 4-4】 　 矩形基础，$b=2m$，$l=4m$，作用均布荷载 $p=10kPa$，计算矩形基础中点 O 下深度 $z=2m$、10m 处的竖向应力 σ_z。

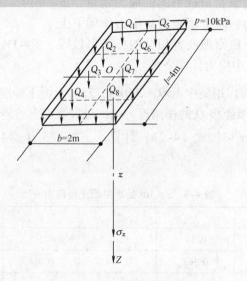

图 4-15 　 基础上的分布荷载用集中力代替

解：计算时将基础上的分布荷载用8个等份集中力Q_i代替，如图4-15所示。

将基础分成8等份，每等份面积$\Delta F = (1 \times 1)\,\mathrm{m}^2$，则作用在每等份面积上的集中力$Q_i = p \cdot \Delta F = 10\,\mathrm{kPa} \times 1\,\mathrm{m}^2 = 10\,\mathrm{kN}$。

各集中力Q_i对矩形基础中点O的距离分别为

$$r_1 = \sqrt{0.5^2 + 1.5^2}\,\mathrm{m} = 1.581\,\mathrm{m}$$

$$r_2 = \sqrt{0.5^2 + 0.5^2}\,\mathrm{m} = 0.707\,\mathrm{m}$$

各集中力Q_i对基础中点O下深度$z = 2\,\mathrm{m}$及$10\,\mathrm{m}$处的竖应力σ_z值的计算见表4-5。

表4-5 σ_{zi}计算表

Q_i	z/m	r/m	r/z	α	$\sigma_{zi} = Q_i\alpha/2/\mathrm{kPa}$
$Q_{1,4,5,8}$	2	1.581	0.791	0.142	0.36
$Q_{2,3,6,7}$	2	0.707	0.353	0.356	0.89
$Q_{1,4,5,8}$	10	1.581	0.158	0.449	0.045
$Q_{2,3,6,7}$	10	0.707	0.071	0.471	0.047

O点下深度$z = 2\,\mathrm{m}$处的竖向应力σ_z为

$$\sigma_z = \sum_{i=1}^{8} \sigma_{zi} = 4 \times (0.36 + 0.89)\,\mathrm{kPa} = 5\,\mathrm{kPa}$$

O点下深度$z = 10\,\mathrm{m}$处的竖向应力σ_z为

$$\sigma_z = \sum_{i=1}^{8} \sigma_{zi} = 4 \times (0.045 + 0.047)\,\mathrm{kPa} = 0.368\,\mathrm{kPa}$$

4.5 竖向分布荷载作用下土中应力计算

在实践中，荷载很少是以集中力的形式作用在土上，而往往是通过基础分布在一定面积上。若基础底面的形状或基底下的荷载分布不规则，则可以把分布荷载分割为许多集中力，然后应用布辛尼斯克公式和叠加方法计算土中应力。若基础底面的形状及分布荷载有规律，则可以应用积分方法解得相应的土中应力。

若在半无限土体表面作用一分布荷载$p(\xi, \eta)$，如图4-16所示。为了计算土中某点$M(x, y, z)$的竖应力σ_z，可以在基底范围内取元素面积$\mathrm{d}F = \mathrm{d}\xi\mathrm{d}\eta$，作用在元素面积上的分布荷载可以用集中力$\mathrm{d}Q$表示，$\mathrm{d}Q = p(\xi, \eta)\mathrm{d}\xi\mathrm{d}\eta$。

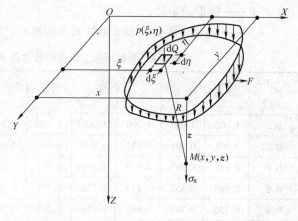

图4-16   分布荷载作用下土中应力计算简图

这时土中 M 点的竖应力 σ_z 可以用式（4-7）在基底面积范围内进行积分求得，即

$$\sigma_z = \iint_F \mathrm{d}\sigma_z = \frac{3z^3}{2\pi}\iint_F \frac{\mathrm{d}Q}{R^5} = \frac{3z^3}{2\pi}\iint_F \frac{p(\xi,\eta)\,\mathrm{d}\xi\mathrm{d}\eta}{\left(\sqrt{(x-\xi)^2 + (y-\eta)^2 + z^2}\right)^5} \tag{4-23}$$

求解式（4-23）取决于 3 个边界条件：

1）分布荷载 $p(\xi,\eta)$ 的分布规律及其大小。

2）分布荷载的分布面积 F 的几何形状及其大小。

3）应力计算点 M 的坐标 x，y，z。

现介绍几种常见的基础底面形状及分布荷载作用时，土中应力的计算公式。

4.5.1　空间问题

若作用的荷载是分布在有限面积范围内，从式（4-23）知，土中应力与计算点的空间坐标 (x,y,z) 有关，这类解均属空间问题。如前面介绍的集中力作用时的布辛尼斯克解，以及下面讨论的圆形面积和矩形面积分布荷载下的解均为空间问题。

1. 圆形面积上作用均布荷载时，土中竖向应力 σ_z 的计算

如图 4-17 所示，圆形面积上作用均布荷载 p，计算土中任一点 $M(r,z)$ 的竖向应力。若采用极坐标表示，原点在圆心 O。取元素面积 $\mathrm{d}F = \rho\mathrm{d}\varphi\mathrm{d}\rho$，其上作用元素荷载 $\mathrm{d}Q = p\mathrm{d}F = p\rho\mathrm{d}\varphi\mathrm{d}\rho$，由式（4-23）在圆形面积范围内积分求得 σ_z。应注意式中的 R 在图 4-17 中用 R_1 表示，已知

$$R_1 = \sqrt{l^2 + z^2} = \left(\rho^2 + r^2 - 2\rho r\cos\varphi + z^2\right)^{\frac{1}{2}}$$

得　　$$\sigma_z = \frac{3pz^3}{2\pi}\int_0^{2\pi}\int_0^R \frac{\rho\mathrm{d}\rho\mathrm{d}\varphi}{\left(\rho^2 + r^2 - 2\rho r\cos\varphi + z^2\right)^{5/2}} \tag{4-24}$$

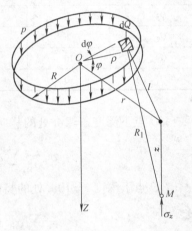

图 4-17　圆形面积上均布荷载作用下 σ_z 计算简图

解式（4-24）得竖向应力 σ_z 的表达式为

$$\sigma_z = \alpha_c p \tag{4-25}$$

式中　α_c——应力系数，它是 r/R 及 z/R 的函数，由表 4-6 查得；

　　　R——圆形的半径；

　　　r——应力计算点 M 到 z 轴的水平距离。

表 4-6　圆形面积上均布荷载作用下的竖向附加应力系数 α_c

r/R z/R	0	0.2	0.4	0.6	0.8	1.0	1.2	1.4	1.6	1.8	2.0
0.0	1.000	1.000	1.000	1.000	1.000	0.500	0.000	0.000	0.000	0.000	0.000
0.2	0.998	0.991	0.987	0.970	0.890	0.468	0.077	0.015	0.005	0.002	0.001
0.4	0.949	0.943	0.920	0.860	0.712	0.435	0.181	0.065	0.026	0.012	0.006
0.6	0.864	0.852	0.813	0.733	0.591	0.400	0.224	0.113	0.056	0.029	0.016
0.8	0.756	0.742	0.699	0.619	0.504	0.366	0.237	0.142	0.083	0.048	0.029
1.0	0.646	0.633	0.593	0.525	0.434	0.332	0.235	0.157	0.102	0.065	0.042

（续）

z/R ＼ r/R	0	0.2	0.4	0.6	0.8	1.0	1.2	1.4	1.6	1.8	2.0
1.2	0.547	0.535	0.502	0.447	0.377	0.300	0.226	0.162	0.113	0.078	0.053
1.4	0.461	0.452	0.425	0.383	0.329	0.270	0.212	0.161	0.118	0.086	0.062
1.6	0.390	0.383	0.362	0.330	0.288	0.243	0.197	0.156	0.120	0.090	0.068
1.8	0.332	0.327	0.311	0.285	0.254	0.218	0.182	0.148	0.118	0.092	0.072
2.0	0.285	0.280	0.268	0.248	0.224	0.196	0.167	0.140	0.114	0.092	0.074
2.2	0.246	0.242	0.233	0.218	0.198	0.176	0.153	0.131	0.109	0.090	0.074
2.4	0.214	0.211	0.203	0.192	0.176	0.159	0.146	0.122	0.104	0.087	0.073
2.6	0.187	0.185	0.179	0.170	0.158	0.144	0.129	0.113	0.098	0.084	0.071
2.8	0.165	0.163	0.159	0.151	0.141	0.130	0.118	0.105	0.092	0.080	0.069
3.0	0.146	0.145	0.141	0.135	0.127	0.118	0.108	1.097	0.087	0.077	0.067
3.4	0.117	0.116	0.114	0.110	0.105	0.098	0.091	0.084	0.076	0.068	0.061
3.8	0.096	0.095	0.093	0.091	0.087	0.083	0.078	0.073	0.067	0.061	0.055
4.2	0.079	0.079	0.078	0.076	0.073	0.070	0.067	0.063	0.059	0.054	0.050
4.6	0.067	0.067	0.066	0.064	0.063	0.060	0.058	0.055	0.052	0.048	0.045
5.0	0.057	0.057	0.056	0.055	0.054	0.052	0.050	0.048	0.046	0.043	0.041
5.5	0.048	0.048	0.047	0.046	0.045	0.044	0.043	0.041	0.039	0.038	0.036
6.0	0.040	0.040	0.040	0.039	0.039	0.038	0.037	0.036	0.034	0.033	0.031

【例 4-5】　有一圆形基础，半径 $R=1\mathrm{m}$，其上作用中心荷载 $Q=200\mathrm{kN}$，求基础边缘点下的竖向应力 σ_z 分布。将计算结果与例 4-3 中把 Q 作为集中力作用时的计算结果（表 4-4）进行比较。

解：基础底面的压力为

$$p=\frac{Q}{F}=\frac{200\mathrm{kN}}{\pi\times 1^2}\mathrm{m}^2=63.7\mathrm{kPa}$$

圆形基础边缘点下的竖向应力 σ_z 按式（4-25）计算，即 $\sigma_z=\alpha_c p$，计算结果列于表 4-7。在表中同时列出了例 4-3 中表 4-4 的结果。

对比表中两种计算结果可以看到，当深度 $z\geqslant 4\mathrm{m}$ 后，两种计算的结果已相差很小。由此说明，当 $z/2R\geqslant 2$ 后，荷载分布形式对土中应力分布的影响已不显著。

表 4-7　圆形面积边缘点下竖向应力 σ_z 计算

z/m	集中力 Q 作用时		圆形面积均布荷载力 p 作用时	
	α	σ_z/kPa	α_c	$\sigma_z=\alpha_c p/\mathrm{kPa}$
0	0	0	0.500	31.8
0.5	0.0085	6.8	0.418	26.6
1.0	0.084	16.8	0.332	21.1
2.0	0.273	13.7	0.196	12.5
3.0	0.369	8.2	0.118	7.5
4.0	0.410	5.1	0.077	4.9
6.0	0.444	2.5	0.038	2.4

2. 矩形面积均布荷载作用时土中竖向应力 σ_z 计算

（1）矩形面积上均布荷载作用时中心点 O 下土中竖向应力 σ_z 计算　　如图 4-18 所示在地基表面 $l \times b$ 矩形面积上作用均布荷载 p，计算矩形面积中心点 O 下深度 z 处 M 点的竖向应力 σ_z。

由式（4-23）解得

$$\sigma_z = \frac{3z^3}{2\pi}p\int_{-\frac{l}{2}}^{\frac{l}{2}}\int_{-\frac{b}{2}}^{\frac{b}{2}}\frac{\mathrm{d}\xi\mathrm{d}\eta}{\left(\sqrt{\xi^2+\eta^2+z^2}\right)^5}$$

$$= \frac{2p}{\pi}\left[\frac{2mn(1+n^2+8m^2)}{\sqrt{1+n^2+4m^2}(1+4m^2)(n^2+4m^2)}+\arctan\frac{n}{2m\sqrt{1+n^2+4m^2}}\right]$$

$$= \alpha_0 p \tag{4-26}$$

式中，应力系数 α_0 为

$$\alpha_0 = \frac{2}{\pi}\left[\frac{2mn(1+n^2+8m^2)}{\sqrt{1+n^2+4m^2}(1+4m^2)(n^2+4m^2)}+\arctan\frac{n}{2m\sqrt{1+n^2+4m^2}}\right]$$

α_0 是 $n=l/b$ 和 $m=z/b$ 的函数，可由表 4-8 查得。

表 4-8　矩形面积上均布荷载作用时中心点下竖向附加应力系数 α_0

深宽比 $m=z/b$	矩形面积长宽比 $n=l/b$									
	1.0	1.2	1.4	1.6	1.8	2.0	3.0	4.0	5.0	≥10
0	1.000	1.000	1.000	1.000	1.000	1.000	1.000	1.000	1.000	1.000
0.2	0.960	0.968	0.972	0.974	0.975	0.976	0.977	0.977	0.977	0.977
0.4	0.800	0.830	0.848	0.859	0.866	0.870	0.879	0.880	0.881	0.881
0.6	0.606	0.651	0.682	0.703	0.717	0.727	0.748	0.753	0.754	0.755
0.8	0.449	0.496	0.532	0.558	0.579	0.593	0.627	0.636	0.639	0.642
1.0	0.334	0.378	0.414	0.441	0.463	0.481	0.524	0.540	0.545	0.550
1.2	0.257	0.294	0.325	0.352	0.374	0.392	0.442	0.462	0.470	0.477
1.4	0.201	0.232	0.260	0.284	0.304	0.321	0.376	0.400	0.410	0.420
1.6	0.160	0.187	0.210	0.232	0.251	0.267	0.322	0.348	0.360	0.374
1.8	0.130	0.153	0.173	0.192	0.209	0.224	0.278	0.305	0.320	0.337
2.0	0.108	0.127	0.145	0.161	0.176	0.189	0.237	0.270	0.285	0.304
2.5	0.072	0.085	0.097	0.109	0.210	0.131	0.174	0.202	0.219	0.249
3.0	0.051	0.060	0.070	0.078	0.087	0.095	0.130	0.155	0.172	0.208
3.5	0.038	0.045	0.052	0.059	0.066	0.072	0.100	0.123	0.139	0.180
4.0	0.029	0.035	0.040	0.046	0.051	0.056	0.080	0.095	0.113	0.158
5.0	0.019	0.022	0.026	0.030	0.033	0.037	0.053	0.067	0.079	0.128

（2）矩形面积上均布荷载作用时角点 c 下土中竖向应力 σ_z 计算　　如图 4-18 所示均布荷载 p 作用下，计算矩形面积角点 c 下深度 z 处 N 点的竖向应力 σ_z 时，同样可以由式（4-23）解得

$$\sigma_z = \frac{3z^3}{2\pi}p\int_{-\frac{l}{2}}^{\frac{l}{2}}\int_{-\frac{b}{2}}^{\frac{b}{2}} \frac{\mathrm{d}\eta\mathrm{d}\xi}{\left[\left(\frac{b}{2}-\xi\right)^2 + \left(\frac{l}{2}-\eta\right)^2 + z^2\right]^{5/2}}$$

$$= \frac{p}{2\pi}\left[\frac{mn(1+n^2+2m^2)}{\sqrt{1+m^2+n^2}(m^2+n^2)(1+m^2)} + \arctan\frac{n}{m\sqrt{1+n^2+m^2}}\right]$$

$$= \alpha_a p \tag{4-27}$$

式中，应力系数 α_a

$$\alpha_a = \frac{1}{2\pi}\left[\frac{mn(1+n^2+2m^2)}{\sqrt{1+m^2+n^2}(m^2+n^2)(1+m^2)} + \arctan\frac{n}{m\sqrt{1+n^2+m^2}}\right]$$

α_a 是 $n=l/b$ 和 $m=z/b$ 的函数，可由表 4-9 查得。

表 4-9 矩形面积上均布荷载作用时角点下竖向附加应力系数 α_a

深宽比 $m=z/b$	矩形面积长宽比 $n=l/b$									
	1.0	1.2	1.4	1.6	1.8	2.0	3.0	4.0	5.0	≥10
0	0.250	0.250	0.250	0.250	0.250	0.250	0.250	0.250	0.250	0.250
0.2	0.249	0.249	0.249	0.249	0.249	0.249	0.249	0.249	0.249	0.249
0.4	0.240	0.242	0.243	0.243	0.244	0.244	0.244	0.244	0.244	0.244
0.6	0.223	0.228	0.230	0.232	0.232	0.233	0.234	0.234	0.234	0.234
0.8	0.200	0.208	0.212	0.215	0.217	0.218	0.220	0.220	0.220	0.220
1.0	0.175	0.185	0.191	0.196	0.198	0.200	0.203	0.204	0.204	0.205
1.2	0.152	0.163	0.171	0.176	0.179	0.182	0.187	0.188	0.189	0.189
1.4	0.131	0.142	0.151	0.157	0.161	0.164	0.171	0.173	0.174	0.174
1.6	0.112	0.124	0.133	0.140	0.145	0.148	0.157	0.159	0.160	0.160
1.8	0.097	0.108	0.117	0.124	0.129	0.133	0.143	0.146	0.147	0.148
2.0	0.084	0.095	0.103	0.110	0.116	0.120	0.131	0.135	0.136	0.137
2.5	0.060	0.069	0.077	0.083	0.089	0.093	0.106	0.111	0.114	0.115
3.0	0.045	0.052	0.058	0.064	0.069	0.073	0.087	0.093	0.096	0.099
4.0	0.027	0.032	0.036	0.040	0.044	0.048	0.060	0.067	0.071	0.076
5.0	0.018	0.021	0.024	0.027	0.030	0.033	0.044	0.050	0.055	0.061
7.0	0.010	0.011	0.013	0.015	0.016	0.018	0.025	0.031	0.035	0.043
9.0	0.006	0.007	0.008	0.009	0.010	0.011	0.016	0.020	0.024	0.032
10.0	0.005	0.006	0.007	0.007	0.008	0.009	0.013	0.017	0.020	0.028

（3）矩形面积上均布荷载作用时土中任意点竖向应力 σ_z 计算——角点法　如图 4-19 所示，在矩形面积 abcd 上作用均布荷载 p，计算土中任意点 M 的竖向应力 σ_z。M 点既不在矩形面积中点下面，也不在角点下面，而是任意点。M 点的竖直投影点 A 可以在矩形面积 abcd 范围之内，也可能在范围之外。这时可以应用式（4-27）按下述叠加方法进行计算，这种计算方法一般称为角点法。

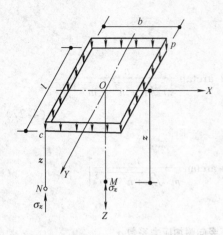

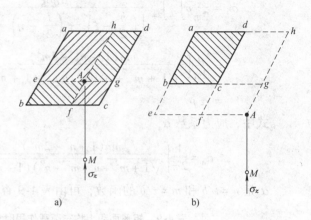

图 4-18　矩形面积均布荷载作用下中点
　　　　及角点竖向应力 σ_z 计算简图

图 4-19　角点法

1）若 A 点在矩形面积范围内，如图 4-19a 所示，计算时可以通过 A 点将荷载作用面积 $abcd$ 划分为 4 个小矩形面积 $aeAh$、$ebfA$、$hAgd$ 及 $Afcg$。这时 A 点分别在 4 个小矩形面积的角点，这样就可以用式（4-27）分别计算 4 个小矩形面积均布荷载作用时，在角点下引起的竖向应力 σ_{zi}，再叠加即得

$$\sigma_z = \sum \sigma_{zi} = \sigma_z(aeAh) + \sigma_z(ebfA) + \sigma_z(hAgd) + \sigma_z(Afcg)$$

2）若 A 点在矩形面积范围之外，如图 4-19b 所示，计算时可以按图 4-19b 的划分方法，分别计算矩形面积 $aeAh$、$beAg$、$dfAh$ 及 $cfAg$ 在角点 A 下引起的竖向应力 σ_{zi}，然后按下述叠加方法计算，即

$$\sigma_z = \sum \sigma_{zi} = \sigma_z(aeAh) - \sigma_z(beAg) - \sigma_z(dfAh) + \sigma_z(cfAg)$$

【例 4-6】　有一矩形面积基础 $b = 4\text{m}$、$l = 6\text{m}$，其上作用均布荷载 $p = 100\text{kN/m}^2$，计算矩形基础中心点 O 下深度 $z = 8\text{m}$ 处 M 点的竖向应力 σ_z，如图 4-20 所示。

解：按式（4-26）计算 σ_z，即

$$\sigma_z = \alpha_0 p$$

$$n = \frac{l}{b} = \frac{6}{4} = 1.5, \ m = \frac{z}{b} = \frac{8}{4} = 2$$

由表 4-8 插值得应力系数 $\alpha_0 = 0.153$。

由式（4-26）得

$$\sigma_z = 0.153 \times 100\text{kN/m}^2 = 15.3\text{kPa}$$

【例 4-7】　用角点法计算例 4-6 中 M 点的竖向应力 σ_z。

解：将矩形面积 $abcd$ 通过中心点 O 划分成 4 个相等的小矩形面积，即 $afOe$、$Ofbg$、$eOhd$ 及 $Ogch$，如图 4-20 所示，M 点位于 4 个小矩形面积的角点下，可按式（4-27）用角点法计算 M 点的竖向应力 σ_z。

对于矩形面积 $afOe$，已知 $n = l_1/b_1 = 3/2 = 1.5$，$m = z/b_1 = 8/2 = 4$，由表4-9插值得应力系数 $\alpha_a = 0.038$，故

$$\sigma_z = 4\sigma_z(afOe) = 4 \times 0.038 \times 100\text{kN/m}^2 = 15.2\text{kPa}$$

按角点法计算结果与例4-6计算结果一致。

【例4-8】 求例4-6矩形基础外 k 点下深度 $z = 6\text{m}$ 处 N 点竖向应力 σ_z，如图4-20所示。

解：如图4-20所示，将 k 点置于假设的均布荷载作用时矩形面积的角点处，按角点法计算 N 点的竖向应力。

N 点的竖向应力是由均布荷载作用时矩形面积 $ajki$ 与 $iksd$ 引起的竖向应力之和减去均布荷载作用时矩形面积 $bjkr$ 与 $rksc$ 引起的竖向应力。即

$$\sigma_z = \sigma_z(ajki) + \sigma_z(iksd) - \sigma_z(bjkr) - \sigma_z(rksc)$$

用角点法计算均布荷载作用时 N 点竖向应力系数 α_a，结果见表4-10。

则 N 点竖向应力为

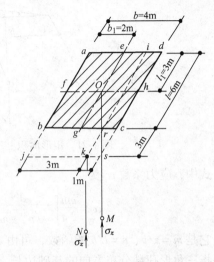

图4-20 例4-6、例4-7、例4-8图

$$\sigma_z = 100\text{kN/m}^2 \times (0.131 + 0.051 - 0.084 - 0.035) = 100\text{kN/m}^2 \times 0.063 = 6.3\text{kPa}$$

表4-10 用角点法计算均布荷载作用时 N 点竖向应力系数 α_a

荷载作用面积	$n = l/b$	$m = z/b$	α_a
$ajki$	$9/3 = 3$	$6/3 = 2$	0.131
$iksd$	$9/1 = 9$	$6/1 = 6$	0.051
$bjkr$	$3/3 = 1$	$6/3 = 2$	0.084
$rksc$	$3/1 = 3$	$6/1 = 6$	0.035

3. 矩形面积上作用三角形分布荷载时土中竖向应力 σ_z 计算

如图4-21所示，在地基表面矩形面积（$l \times b$）上作用三角形分布荷载，计算荷载为零的角点下深度 z 处 M 点的竖向应力 σ_z 时，同样可以用式（4-23）求解。将坐标原点取在荷载为零的角点上，Z 轴通过 M 点。取元素面积 $dF = dxdy$，其上作用元素集中力 $dQ = (x/b)pdxdy$，则

$$\begin{aligned}
\sigma_z &= \frac{3z^3}{2\pi}p\int_0^l\int_0^b \frac{\dfrac{x}{b}dxdy}{(x^2 + y^2 + z^2)^{5/2}} \\
&= \frac{mn}{2\pi}\left[\frac{1}{\sqrt{n^2 + m^2}} - \frac{m^2}{(1 + m^2)\sqrt{1 + m^2 + n^2}}\right]p \\
&= \alpha_t p
\end{aligned}$$

(4-28)

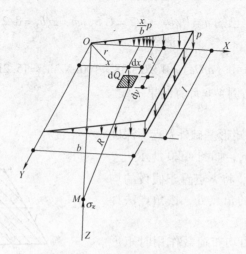

图 4-21　矩形面积上三角形分布荷载作用下 σ_z 计算简图

式中，应力系数 α_t 为

$$\alpha_t = \frac{mn}{2\pi}\left[\frac{1}{\sqrt{n^2 + m^2}} - \frac{m^2}{(1 + m^2)\sqrt{1 + m^2 + n^2}}\right]$$

它是 $m = z/b$、$n = l/b$ 的函数，可由表 4-11 查得。应注意上述 b 值不是指基础的宽度，而是指三角形荷载分布方向的基础边长。如图 4-21 所示。

表 4-11　矩形面积上三角形分布荷载作用时压力为零的角点下竖向附加应力系数 α_t

$m = z/b$ ＼ $n = l/b$	0.2	0.6	1.0	1.4	1.8	3.0	8.0	10.0
0	0.0000	0.0000	0.0000	0.0000	0.0000	0.0000	0.0000	0.0000
0.2	0.0233	0.0296	0.0304	0.0305	0.0306	0.0306	0.0306	0.0306
0.4	0.0269	0.0487	0.0531	0.0543	0.0546	0.0548	0.0549	0.0549
0.6	0.0259	0.0560	0.0654	0.0684	0.0694	0.0701	0.0702	0.0702
0.8	0.0232	0.0553	0.0688	0.0739	0.0759	0.0773	0.0776	0.0776
1.0	0.0201	0.0508	0.0666	0.0735	0.0766	0.0790	0.0796	0.0796
1.2	0.0171	0.0450	0.0615	0.0698	0.0738	0.0774	0.0783	0.0783
1.4	0.0145	0.0392	0.0554	0.0644	0.0692	0.0739	0.0752	0.0753
1.6	0.0123	0.0339	0.0492	0.0586	0.0639	0.0697	0.0715	0.0715
1.8	0.0105	0.0294	0.0453	0.0528	0.0585	0.0652	0.0675	0.0675
2.0	0.0090	0.0255	0.0384	0.0474	0.0533	0.0607	0.0636	0.0636
2.5	0.0063	0.0183	0.0284	0.0362	0.0419	0.0514	0.0547	0.0548
3.0	0.0046	0.0135	0.0214	0.0280	0.0331	0.0419	0.0474	0.0476
5.0	0.0018	0.0054	0.0088	0.0120	0.0148	0.0214	0.0296	0.0301
7.0	0.0009	0.0028	0.0047	0.0064	0.0081	0.0124	0.0204	0.0212
10.0	0.0005	0.0014	0.0024	0.0033	0.0041	0.0066	0.0128	0.0139

注：b 为三角形荷载分布方向的基础边长，l 为另一方向的全长。

【例 4-9】　如图 4-22 所示，有一矩形面积三角形分布的荷载作用在地基表面，荷载最大值 $p = 100\text{kPa}$，计算在矩形面积内 O 点下深度 $z = 3\text{m}$ 处 M 点的竖向应力 σ_z。

解： 本题求解时要通过两次叠加法计算。第一次是荷载作用面积的叠加，即角点法。第二次是荷载分布图形的叠加。

（1）荷载作用面积叠加计算　因为 O 点在矩形面积 $abcd$ 内，可用角点法计算。如图 4-22a、b 所示，通过 O 点将矩形面积划分为 4 块，假定其上作用着均布荷载 q，如图 4-22c 所示中荷载 $DABE$，则 M 点产生的竖向应力 σ_{zi} 可用角点法计算，即

$$\sigma_{z1} = \sum \sigma_{z1i} = \sigma_{z1}(aeOh) + \sigma_{z1}(ebfO) + \sigma_{z1}(Ofcg) + \sigma_{z1}(hOgd) = q(\alpha_{a1} + \alpha_{a2} + \alpha_{a3} + \alpha_{a4})$$

式中　α_{a1}，α_{a2}，α_{a3}，α_{a4}——各均布矩形荷载作用时角点下竖向附加应力系数，由表 4-9 查得，结果列于表 4-12。

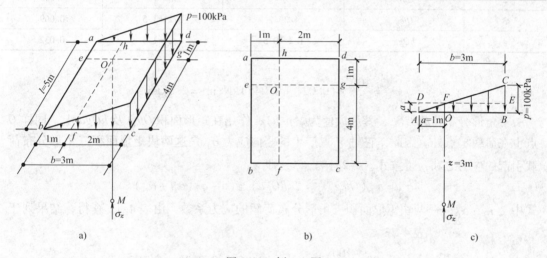

图 4-22　例 4-9 图

表 4-12　各矩形面积应力系数 α_{ai} 计算

编　　号	荷载作用面积	$n = l/b$	$m = z/b$	α_{ai}
1	$aeOh$	$1/1 = 1$	$3/1 = 3$	0.045
2	$ebfO$	$4/1 = 4$	$3/1 = 3$	0.093
3	$Ofcg$	$4/2 = 2$	$3/2 = 1.5$	0.156
4	$hOgd$	$2/1 = 2$	$3/1 = 3$	0.073

$$\sigma_{z1} = q\sum\alpha_{ai} = \frac{100\text{kN/m}^2}{3} \times (0.045 + 0.093 + 0.156 + 0.073)$$

$$= \frac{100\text{kPa}}{3} \times 0.367 = 12.2\text{kPa}$$

（2）荷载分布图形叠加计算　上述角点法求得的应力 σ_{zi} 是均布荷载 q 引起，但实际作用的荷载是三角形分布，因此可以将图 4-22c 所示的三角形分布荷载 ABC 分割成三块：均布荷载 $DABE$、三角形荷载 AFD 及 CFE。三角形荷载 ABC 等于均布荷载 $DABE$ 减去三角形荷载 AFD，加上三角形荷载 CFE。故可将此三块分布荷载产生的应力叠加计算。

　　三角形分布荷载 *AFD*，其最大值为 q，作用在矩形面积 *aeOh* 及 *ebfO* 上，并且 O 点在荷载零点处。因此它对 M 点引起的竖向应力 σ_{z2} 是两块矩形面积三角形分布荷载引起的应力之和，可按式（4-28）计算，即

$$\sigma_{z2} = \sigma_{z2}(aeOh) + \sigma_{z2}(ebfO) = q(\alpha_{t1} + \alpha_{t2})$$

式中　　α_{t1}，α_{t2}——两块矩形面积三角形分布荷载的应力系数，由表4-11查得，结果列于表4-13。

表4-13　应力系数 α_{ti} 计算

编　号	荷载作用面积	$n = l/b$	$m = z/b$	α_{ti}
1	*aeOh*	1/1 = 1	3/1 = 3	0.021
2	*ebfO*	4/1 = 4	3/1 = 3	0.045
3	*Ofcg*	4/2 = 2	3/2 = 1.5	0.069
4	*hOgd*	1/2 = 0.5	3/2 = 1.5	0.032

$$\sigma_{z2} = \frac{100}{3} \times (0.021 + 0.045)\,\text{kN/m}^2 = 2.2\,\text{kPa}$$

　　三角形分布荷载 *CFE*，其最大值为 $(p-q)$，作用在矩形面积 *Ofcg* 及 *hOgd* 上，同样 O 点也在荷载零点处。因此，它对 M 点产生的竖向应力 σ_{z3} 是这两块矩形面积三角形分布荷载引起的应力之和，可按式（4-28）计算，即

$$\sigma_{z3} = \sigma_{z3}(Ofcg) + \sigma_{z3}(hOgd) = (p-q)(\alpha_{t3} + \alpha_{t4})$$

式中　　α_{t3}，α_{t4}——两块矩形面积三角形分布荷载的应力系数，由表4-11查得，结果列于表4-13。

$$\sigma_{z3} = \left(100 - \frac{100}{3}\right)\text{kN/m}^2 \times (0.069 + 0.032) = 6.7\,\text{kPa}$$

　　最后叠加求得三角形分布荷载 *ABC* 对 M 点产生的竖向应力 σ_z 为

$$\sigma_z = \sigma_{z1} - \sigma_{z2} + \sigma_{z3} = (12.2 - 2.2 + 6.7)\text{kPa} = 16.7\,\text{kPa}$$

4.5.2　平面问题

　　若在半无限弹性体表面作用无限长条形的分布荷载，荷载在宽度的方向分布是任意的，但在长度方向的分布规律是相同的，如图4-23所示。在计算土中任一点 M 的应力时，只与该点的平面坐标 (x, z) 有关，而与荷载长度方向 Y 轴坐标无关，这种情况属于平面应变问题。虽然在工程实践中不存在无限长条分布荷载，但一般常把路堤、堤坝以及长宽比 $l/b \geqslant$ 10 的条形基础等，均视作平面应变问题。

1. 均布线荷载作用时土中应力计算

　　在地基土表面作用无限分布的均布线荷载 p，如图4-23所示，计算土中任一点 M 的应力时，可以用布辛尼斯克公式（4-7）~式（4-12）积分求得，即

$$\sigma_z = \frac{3z^3}{2\pi}p\int_{-\infty}^{+\infty}\frac{\text{d}y}{\left[x^2 + y^2 + z^2\right]^{\frac{5}{2}}} = \frac{2z^3p}{\pi(x^2 + z^2)^2} \qquad (4\text{-}29)$$

$$\sigma_x = \frac{2x^2 zp}{\pi(x^2 + z^2)^2} \tag{4-30}$$

$$\tau_{xz} = \frac{2xz^2 p}{\pi(x^2 + z^2)^2} \tag{4-31}$$

式（4-29）~ 式（4-31）在弹性理论中称为弗拉曼（Flamant）解。若用极坐标表示，如图 4-24 所示，$z = R_0\cos\beta$，$x = R_0\sin\beta$，代入式（4-29）~ 式（4-31）得

$$\sigma_z = \frac{2p}{\pi R_0}\cos^3\beta \tag{4-32}$$

$$\sigma_x = \frac{p}{\pi R_0}\sin\beta \cdot \sin2\beta \tag{4-33}$$

$$\tau_{xz} = \frac{p}{\pi R_0}\cos\beta \cdot \sin2\beta \tag{4-34}$$

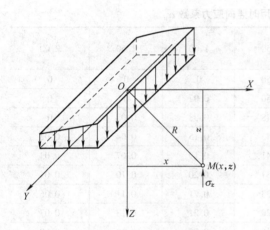

图 4-23　无限长条分布荷载

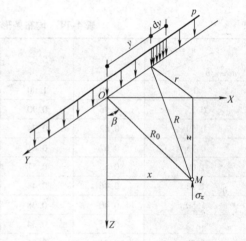

图 4-24　均布线荷载作用时土中应力计算

2. 均布条形荷载作用下土中应力 σ_z 计算

（1）计算土中任一点的竖向应力 σ_z　在土体表面作用均布条形荷载 p，其分布宽度为 b，如图 4-25 所示，计算土中任一点 $M(x, z)$ 的竖向应力 σ_z 时，可以将弗拉曼公式（4-29）在荷载分布宽度 b 范围内积分求得。

$$
\begin{aligned}
\sigma_z &= \int_{-\frac{b}{2}}^{\frac{b}{2}} \frac{2z^3 p\,\mathrm{d}\xi}{\pi[(x-\xi)^2 + z^2]^2} \\
&= \frac{p}{\pi}\left[\left(\arctan\frac{1-2n'}{2m} + \arctan\frac{1+2n'}{2m}\right) - \frac{4m(4n'^2 - 4m^2 - 1)}{(4n'^2 + 4m^2 - 1)^2 + 16m^2}\right] \\
&= \alpha_u p
\end{aligned}
\tag{4-35}
$$

式中　α_u——应力系数，它是 $n' = x/b$ 及 $m = z/b$ 的函数，从表 4-14 中查得。

注意坐标轴的原点是在均布荷载的中点处。若采用如图 4-26 所示的极坐标表示，从 M 点到荷载边缘的连线与竖直线间的夹角分别为 β_1 和 β_2，其符号规定是，从竖直线 MN 到连线逆时针转时为正，反之为负。图 4-26 中的 β_1 和 β_2 均为正值。

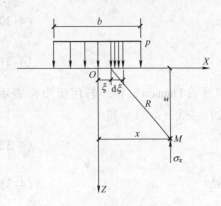

图 4-25 均布条形荷载作用下土中
应力 σ_z 计算图

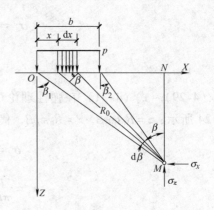

图 4-26 均布条形荷载作用时土中应力 σ_z
计算（极坐标表示）图

表 4-14 均布条形荷载作用时竖向应力系数 α_u

$m = z/b$ \ $n' = x/b$	0	0.25	0.50	1.00	1.50	2.00
0	1.00	1.00	0.50	0	0	0
0.25	0.96	0.90	0.50	0.02	0	0
0.50	0.82	0.74	0.48	0.08	0.02	0
0.75	0.67	0.61	0.45	0.15	0.04	0.02
1.00	0.55	0.51	0.41	0.19	0.07	0.03
1.25	0.46	0.44	0.37	0.20	0.10	0.04
1.50	0.40	0.38	0.33	0.21	0.11	0.06
1.75	0.35	0.34	0.30	0.21	0.13	0.07
2.00	0.31	0.31	0.28	0.20	0.13	0.08
3.00	0.21	0.21	0.20	0.17	0.14	0.10
4.00	0.16	0.16	0.15	0.14	0.12	0.10
5.00	0.13	0.13	0.12	0.12	0.11	0.09
6.00	0.11	0.10	0.10	0.10	0.10	—

取元素荷载宽度 dx，可知

$$dx = \frac{R_0 d\beta}{\cos\beta}$$

利用极坐标表示的弗拉曼式（4-32）~式（4-34），在荷载分布宽度范围内积分，即可求得 M 点的应力表达式为

$$\sigma_z = \frac{2p}{\pi R_0} \int_{\beta_2}^{\beta_1} \cos^3\beta \cdot \frac{R_0}{\cos\beta} d\beta$$

$$= \frac{2p}{\pi} \int_{\beta_2}^{\beta_1} \cos^2\beta d\beta$$

$$= \frac{p}{\pi} \left[\beta_1 + \frac{1}{2}\sin 2\beta_1 - \beta_2 - \frac{1}{2}\sin 2\beta_2 \right] \qquad (4\text{-}36)$$

$$\sigma_x = \frac{p}{\pi}\left[\beta_1 - \frac{1}{2}\sin 2\beta_1 - \beta_2 + \frac{1}{2}\sin 2\beta_2\right] \tag{4-37}$$

$$\tau_{xz} = \frac{p}{2\pi}\left(\cos 2\beta_2 - \cos 2\beta_1\right) \tag{4-38}$$

（2）土中任一点的主应力计算　　如图 4-27 所示，在土体表面作用均布条形荷载 p，计算土中任一点 M 的最大、最小主应力 σ_1 和 σ_3 时，可以用材料力学中有关主应力与法向应力及剪应力之间的关系式计算，即

$$\left.\begin{array}{c}\sigma_1 \\ \sigma_2\end{array}\right\} = \frac{\sigma_x + \sigma_z}{2} \pm \sqrt{\left(\frac{\sigma_x - \sigma_z}{2}\right)^2 + \tau_{xz}^{\ 2}} \tag{4-39}$$

$$\tan 2\theta = \frac{2\tau_{xz}}{\sigma_z - \sigma_x} \tag{4-40}$$

式中　θ——最大主应力的作用方向与竖直线间的夹角。

将式（4-36）~式（4-38）代入式（4-40），即得 M 点的主应力表达式及其作用方向。

$$\left.\begin{array}{c}\sigma_1 \\ \sigma_2\end{array}\right\} = \frac{p}{\pi}\left[\left(\beta_1 - \beta_2\right) \pm \sin\left(\beta_1 - \beta_2\right)\right] \tag{4-41}$$

$$\tan 2\theta = \tan\left(\beta_1 + \beta_2\right)$$

$$\theta = \frac{1}{2}\left(\beta_1 + \beta_2\right) \tag{4-42}$$

若令从 M 点到荷载宽度边缘连线的夹角为 2α（一般也称视角），则从图 4-27 可得

$$2\alpha = \beta_1 - \beta_2 \tag{4-43}$$

由式（4-42）知，最大主应力 σ_1 的作用方向恰好在视角 2α 的等分线上，如图 4-27 所示。

将式（4-43）代入式（4-41），可得用视角表示的 M 点主应力表达式

$$\left.\begin{array}{c}\sigma_1 \\ \sigma_2\end{array}\right\} = \frac{p}{\pi}\left(2\alpha \pm \sin 2\alpha\right) \tag{4-44}$$

从式（4-44）看到，式中仅有一个变量 α，土中凡视角 2α 相等的点，其主应力也相等。因此，土中主应力的等值线将是通过荷载分布宽度两个边缘点的圆，如图 4-27 所示。

3. 三角形分布条形荷载作用时土中应力计算

在地基表面作用三角形分布条形荷载，如图 4-28 所示，其最大值为 p，计算土中 M 点 (x, z) 的竖向应力 σ_z 时，可按式（4-28）在宽度 b 范围内积分。

$$\mathrm{d}p = \frac{\xi}{b}p\,\mathrm{d}\xi$$

$$\sigma_z = \frac{2z^3 p}{\pi b}\int_0^b \frac{\xi\,\mathrm{d}\xi}{\left[(x-\xi)^2 + z^2\right]^2}$$

$$\sigma_z = \frac{p}{\pi}\left[n'\left(\arctan\frac{n'}{m} - \arctan\frac{n'-1}{m}\right) - \frac{m(n'-1)}{(n'-1)^2 + m^2}\right]$$

$$\sigma_z = \alpha_s p \tag{4-45}$$

式中　α_s——应力系数，它是 $n' = x/b$ 及 $m = z/b$ 的函数，可由表 4-15 查得。

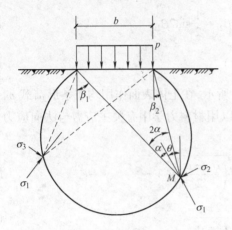

图 4-27　均布条形荷载作用下土中主应力计算

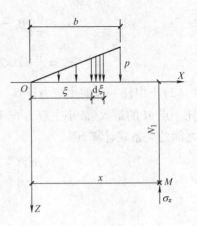

图 4-28　三角形分布条形荷载作用下土中
竖向应力 σ_z 计算

坐标轴原点在三角形荷载的零点处。

表 4-15　三角形分布的条形荷载下竖向应力系数 α_s

$m=z/b$ ＼ $n'=x/b$	−1.5	−1.0	−0.5	0.0	0.25	0.50	0.75	1.0	1.5	2.0	2.5
0.00	0.000	0.000	0.000	0.000	0.250	0.500	0.750	0.500	0.000	0.000	0.000
0.25	0.000	0.000	0.001	0.075	0.256	0.480	0.643	0.424	0.017	0.003	0.000
0.50	0.002	0.003	0.023	0.127	0.263	0.410	0.477	0.353	0.056	0.017	0.003
0.75	0.006	0.016	0.042	0.153	0.248	0.335	0.361	0.293	0.108	0.024	0.009
1.00	0.014	0.025	0.061	0.159	0.223	0.273	0.279	0.241	0.129	0.045	0.013
1.50	0.020	0.048	0.096	0.145	0.178	0.200	0.202	0.185	0.124	0.062	0.041
2.00	0.033	0.061	0.092	0.127	0.146	0.155	0.163	0.153	0.108	0.069	0.050
3.00	0.050	0.064	0.080	0.096	0.103	0.104	0.108	0.104	0.090	0.071	0.050
4.00	0.051	0.060	0.067	0.075	0.078	0.085	0.082	0.075	0.073	0.060	0.049
5.00	0.047	0.052	0.057	0.059	0.062	0.063	0.063	0.065	0.061	0.051	0.047
6.00	0.041	0.041	0.050	0.051	0.052	0.053	0.053	0.053	0.050	0.050	0.045

【例 4-10】　有一路堤如图 4-29a 所示，已知填土重度 $\gamma = 20 \text{k/m}^3$，求路堤中线下 O 点 $z=0$ 及 M 点 $z=10\text{m}$ 的竖向应力 σ_z。

解：路堤填土重力产生的荷载为梯形分布，如图 4-29b 所示，其最大强度 $p = \gamma H = 20 \text{kN/m}^3 \times 5\text{m} = 100 \text{kPa}$。将梯形荷载 $abcd$ 分解为两个三角形荷载 ebc 及 ead 之差，这样就可以用式（4-45）进行叠加计算。

$$\sigma_z = 2[\sigma_z(ebo) - \sigma_z(eaf)] = 2[\alpha_{s1}(p+q) - \alpha_{s2}q]$$

其中 q 为三角形荷载 eaf 的最大强度，可按三角形比例关系求得

$$q = p = 100 \text{kPa}$$

应力系数 α_{s1}、α_{s2} 可由表 4-15 查得，将其结果列于表 4-16 中。

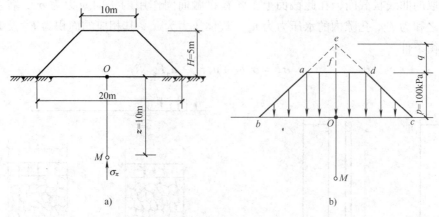

图 4-29 例 4-10 图

表 4-16 应力系数 α_{si}

编 号	荷载分布面积	$\dfrac{x}{b}$	O 点 （$z=0$）		M 点 （$z=10\text{m}$）	
			$\dfrac{z}{b}$	α_{si}	$\dfrac{z}{b}$	α_{si}
1	ebo	$10/10=1$	0	0.500	$10/10=1$	0.241
2	eaf	$5/5=1$	0	0.500	$10/5=2$	0.153

故得 O 点的竖向应力 σ_z 为

$$\sigma_z = 2[\sigma_z(ebO) - \sigma_z(eaf)] = 2 \times [0.5 \times (100+100) - 0.5 \times 100]\text{kPa} = 100\text{kPa}$$

M 点的竖向应力 σ_z 为

$$\sigma_z = 2[\sigma_z(ebO) - \sigma_z(eaf)] = 2 \times [0.241 \times (100+100) - 0.153 \times 100]\text{kPa} = 65.8\text{kPa}$$

4.6 有效应力概念

4.6.1 有效应力原理

有甲乙两个完全相同的量筒，如图 4-30 所示，在这两个量筒的底部分别放置一层性质完全相同的松散砂土。在甲量筒松砂顶面加若干钢球，使松砂表面承受压力 P，此时可见松砂顶面下降，表明松砂发生压缩，亦即砂土的孔隙比 e 减小。乙量筒松砂顶面不加钢球，而是小心缓慢地注水，水面在砂面以上高 h 处时恰好使砂层表面也增加压力 P，结果发现砂层顶面并不下降，这主要是土中两种应力引起的。

在土中某点截取一水平截面，其面积为 F，截面上作用应力 σ，如图 4-31a 所示，它是由上面的土体重力、静水压力及外荷载 P 所产生的应力，称为总应力。该应力一部分是由土颗粒间的接触面承担，称为有效应力；另一部分是由土体孔隙内的水及气体承担，称为孔隙应力（也称孔隙压力）。

考虑如图 4-31b 所示的土体平衡条件，沿 a-a 截面取脱离体，a-a 截面是沿着土颗粒间接触面截取的曲线状截面，在此截面上土颗粒接触面间作用的法向应力为 σ_s，各土颗粒间接触面积之和为 F_s，孔隙内的水压力为 u_w，气体压力为 u_a，其相应的面积为 F_w 及 F_a，由此可建立平衡条件

$$\sigma F = \sigma_s F_s + u_w F_w + u_a F_a \tag{4-46}$$

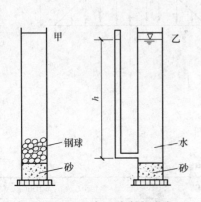

图 4-30　土中两种应力试验

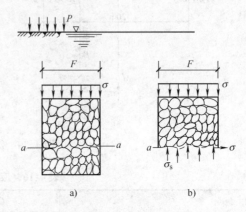

图 4-31　有效应力

对于饱和土，式（4-46）的 u_a、F_a 均等于零，则式（4-46）可写成

$$\sigma F = \sigma_s F_s + u_w F_w = \sigma_s F_s + u_w (F - F_s)$$

或

$$\sigma = \frac{\sigma_s F_s}{F} + u_w \left(1 - \frac{F_s}{F} \right) \tag{4-47}$$

由于颗粒间的接触面积 F_s 很小，毕肖普及伊尔定（Bishop and Eldin, 1950）根据粒状土试验认为 F_s/F 一般小于 0.03，有可能小于 0.01。因此，式（4-47）中 F_s/F 可略去不计，此时式（4-47）可写为

$$\sigma = \frac{\sigma_s F_s}{F} + u_w \tag{4-48}$$

式中　$\dfrac{\sigma_s F_s}{F}$——实际上是土颗粒间的接触应力在截面积 F 上的平均应力，称为土的有效应

力，通常用 $\overline{\sigma}$ 表示，并把孔隙水压力 u_w 用 u 表示。

式（4-48）可写成

$$\sigma = \overline{\sigma} + u \tag{4-49}$$

式（4-49）称为有效应力公式。

土中任意点的孔隙水压力 u 对各个方向作用是相等的，因此它只能使土颗粒产生压缩（由于土颗粒本身的压缩量是很微小的，在土力学中均不考虑），而不能使土颗粒产生位移。土颗粒间的有效应力作用，则会引起土颗粒的位移，使孔隙体积改变，土体发生压缩变形。同时有效应力的大小也影响土的抗剪强度。由此得到土力学中很重要的有效应力原理，它包含两个基本要点：

1）土的有效应力 $\overline{\sigma}$ 等于总应力 σ 与孔隙水压力 u 之差。

2）土的有效应力控制了土的变形及强度性能。

对于非饱和土，由式（4-46）可得

$$\sigma = \frac{\sigma_s F_s}{F} + u_w \frac{F_w}{F} + u_a \frac{F - F_w - F_s}{F}$$

$$= \overline{\sigma} + u_a - \frac{F_w}{F}(u_a - u_w) - u_a \frac{F_s}{F} \tag{4-50}$$

略去 $u_a F_s / F$ 项，得非饱和土的有效应力公式为

$$\overline{\sigma} = \sigma - u_a + \chi(u_a - u_w) \tag{4-51}$$

式（4-51）是由毕肖普等 1961 年提出的，式中 $\chi = F_w/F$ 是由试验确定的参数，取决于土的类型及饱和度。一般认为有效应力原理能正确地用于饱和土，而对非饱和土需进一步研究。

有效应力原理在土的变形及强度性能中的应用，将在第 5、6 章中讨论。

4.6.2　毛细水上升时土中有效应力计算

若已知土中毛细水的上升高度为 h_c，如图 4-32 所示，计算土中有效应力的分布。

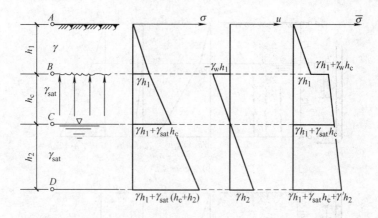

图 4-32　毛细水上升时土中总应力、孔隙水压力及有效应力分布

在第 3 章中已经指出，毛细水上升区中的水压力 u 为负值（即产生拉应力），已知在毛细水弯液面底面的水压力 $u = -\gamma_w h_c$，在地下水位处 $u = 0$。分别计算土中各控制点的总应力 σ、孔隙水压力 u 及有效应力 $\overline{\sigma}$，见表 4-17，其分布如图 4-32 所示。

从表 4-17 结果可见，在毛细水上升区，即 BC 段范围，由于表面张力的作用使孔隙水压力为负值，使土的有效应力增加，在地下水位以下，由于水对土颗粒的浮力作用，使土的有效应力减小。

表 4-17　毛细水上升时土中总应力、孔隙水压力及有效应力计算

计　算　点		总应力 σ	孔隙水压力 u	有效应力 $\overline{\sigma}$
A		0	0	0
B	B 点上	γh_1	0	γh_1
	B 点下		$-\gamma_w h_c$	$\gamma h_1 + \gamma_w h_c$
C		$\gamma h_1 + \gamma_{sat} h_c$	0	$\gamma h_1 + \gamma_{sat} h_c$
D		$\gamma h_1 + \gamma_{sat}(h_c + h_2)$	$\gamma_w h_2$	$\gamma h_1 + \gamma_{sat} h_c + \gamma' h_2$

注：表中 γ，γ_{sat}，γ' 分别表示土的重度、饱和重度及有效重度。

4.6.3　土中水渗流时（一维渗流）有效应力计算

当土中有水渗流时，土中水将对土颗粒作用动水力，这就必然影响土中有效应力分布。现通过如图4-33所示的三种情况，说明土中水渗流时对有效应力分布的影响。

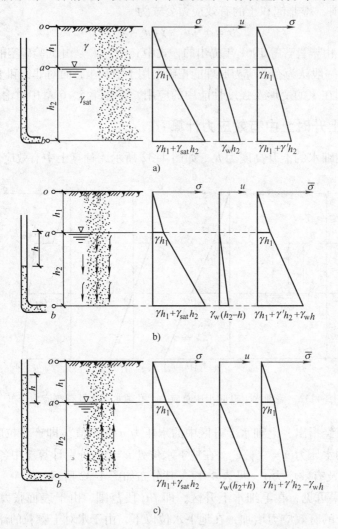

图4-33　土中水渗流时的总应力、孔隙水压力及有效应力分布

a）静水时　b）水自上向下渗流　c）水自下向上渗流

图4-33a中水静止不动，即土中a、b两点的水头相等；图4-33b所示土中a、b两点有水头差h，水自上向下渗流；图4-33c所示土中a、b两点的水头差也是h，但水自下向上渗流。按上述三种情况计算的土中总应力σ、孔隙水压力u及有效应力$\overline{\sigma}$，列于表4-18，其分布如图4-33所示。

从表4-18及图4-33的计算结果可见，三种不同情况水渗流时土中的总应力σ的分布相同，即土中水的渗流不影响总应力值。水渗流时土中产生动水力，致使土中有效应力及孔隙水压力发生变化。土中水自上向下渗流时，动水力方向与土重力方向一致，于是有效应力增加，孔隙水压力相应减小。反之，土中水自下向上渗流时，导致土中有效应力减小，孔隙水压力增加。

表4-18　土中水渗流时总应力、孔隙水压力及有效应力计算

计 算 点	情况1：水静止时		
	总应力 σ	孔隙水压力 u	有效应力 $\overline{\sigma}$
a	γh_1	0	γh_1
b	$\gamma h_1 + \gamma_{sat} h_2$	$\gamma_w h_2$	$\gamma h_1 + (\gamma_{sat} - \gamma_w) h$
计算点	情况2：水自上而下渗流		
	总应力 σ	孔隙水压力 u	有效应力 $\overline{\sigma}$
a	γh_1	0	γh_1
b	$\gamma h_1 + \gamma_{sat} h_2$	$\gamma_w (h_2 - h)$	$\gamma h_1 + (\gamma_{sat} - \gamma_w) h_2 + \gamma_w h$
计算点	情况3：水自下而上渗流		
	总应力 σ	孔隙水压力 u	有效应力 $\overline{\sigma}$
a	γh_1	0	γh_1
b	$\gamma h_1 + \gamma_{sat} h_2$	$\gamma_w (h_2 + h)$	$\gamma h_1 + (\gamma_{sat} - \gamma_w) h_2 + \gamma_w h$

【例4-11】　有一细砂层如图4-34所示，已知孔隙比 $e = 0.65$，土粒重度 $\gamma_s = 26.0\ kN/m^3$，毛细水上升区土的饱和度 $S_r = 0.5$。计算土层中的总应力 σ、有效应力 $\overline{\sigma}$ 及孔隙水压力 u 的分布。

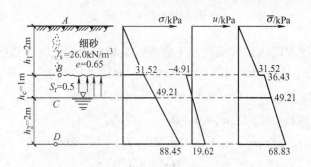

图4-34　例4-11图

解：（1）计算土的重度
水上土区（AB 范围）

$$\gamma_1 = \frac{\gamma_s}{1 + e} = \frac{26.0}{1 + 0.65} kN/m^3 = 15.76 kN/m^3$$

毛细水上升区（BC 范围）

$$\gamma_2 = \frac{\gamma_s + S_r e \gamma_w}{1 + e} = \frac{26.0 + 0.5 \times 0.65 \times 9.81}{1 + 0.65} kN/m^3 = 17.69 kN/m^3$$

水下土区（CD 范围）

$$\gamma_{sat} = \frac{\gamma_s + e \gamma_w}{1 + e} = \frac{26.0 + 0.65 \times 9.81}{1 + 0.65} kN/m^3 = 19.62 kN/m^3$$

（2）土中应力计算，如图4-34所示。

A 点，$\sigma = 0$，$u = 0$，$\overline{\sigma} = 0$。

B 点，$\sigma = \gamma_1 h_1 = (15.76 \times 2)\text{kPa} = 31.52\text{kPa}$。

B 点上，$u = 0$，$\overline{\sigma} = \sigma - u = 31.52\text{kPa}$。

B 点下，$u = -\gamma_w h_c S_r = (-9.81 \times 1 \times 0.5)\text{kPa} = -4.91\text{kPa}$；$\overline{\sigma} = (31.52 + 4.91)\text{kPa} = 36.43\text{kPa}$。

C 点，$\sigma = \gamma_1 h_1 + \gamma_2 h_c = (31.52 + 17.69 \times 1)\text{kPa} = 49.21\text{kPa}$；$u = 0$，$\overline{\sigma} = 49.21\text{kPa}$。

D 点，$\sigma = \gamma_1 h_1 + \gamma_2 h_c + \gamma_{sat} h_2 = (49.21 + 19.62 \times 2)\text{kPa} = 88.45\text{kPa}$；$u = \gamma_w h_2 = (9.81 \times 2)\text{kPa} = 19.62\text{kPa}$；$\overline{\sigma} = (88.45 - 19.62)\text{kPa} = 68.83\text{kPa}$。

【例4-12】　有一10m厚饱和黏土层，其下为砂土，如图4-35所示。砂土层中有承压水，已知其水头高出 A 点6m。现要在黏土层中开挖基坑，试求基坑的最大开挖深度 H。

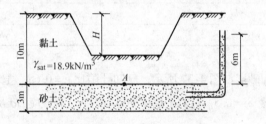

图4-35　例4-12图

解：若基坑开挖深度达到 H 后坑底土将隆起失稳，考虑此时 A 点的稳定条件。

A 点的总应力 $\sigma_A = \gamma_{sat}(10 - H) = 18.9 \times (10 - H)$。

A 点的孔隙水压力 $u_A = \gamma_w h = (9.81 \times 6)\text{kPa} = 58.86\text{kPa}$。

若 A 点隆起，则其有效应力 $\overline{\sigma}_A = 0$，即

$$\overline{\sigma} = \sigma_A - u_A = 18.9 \times (10 - H) - 58.86\text{kPa} = 0$$

得　　　　　　　　　　　　　　$H = 6.9\text{m}$

故当基坑开挖深度超过6.9m后，坑底土将隆起破坏。

4.7　其他条件下的地基应力计算

4.7.1　建筑物基础下地基应力计算

建筑物基础下的地基应力计算包括自重应力及附加应力两部分，其计算方法在前几节中均已介绍。在第4.4～4.5节中所提出的布辛尼斯克问题，以及其他分布荷载作用下的土中应力计算公式，都是假定荷载作用在半无限土体表面，但是实际建筑物基础均有一定的埋置深度 D，基础底面荷载是作用在地基内部深度 D 处。因此，按前述公式计算时将有误差，一般浅基础的埋置深度较小，所引起的计算误差不大，可不考虑，但对深基础则应考虑其埋深

影响。

计算如图 4-36 所示桥墩基础下的地基应力时，可以按基础施工过程分解成如图 4-36a、b、c、d 四个阶段，分别计算土中自重应力及附加应力的变化。

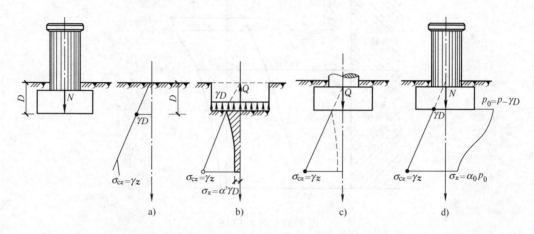

图 4-36　桥墩基础下地基应力计算

a）施工前　b）坑开挖　c）基础浇筑　d）施工结束

图 4-36a 表示基础施工前，地基中只有自重应力 $\sigma_z = \gamma z$，在预定基础埋置深度 D 处自重应力为 $\sigma_z = \gamma D$。图 4-36b 是基坑开挖后，这时挖去的土体重力 $Q = \gamma DF$，式中 F 为基底面积。它将使地基中应力减小，其减小值相当于在基础底处作用一向上的均布荷载 γD 所引起的应力，也即 $\sigma_z = \alpha \gamma D$，式中 α 为应力系数。其减小的地基应力分布图形如图 4-36b 中阴影线部分所示；图 4-36c 表示基础浇筑时，当施加于基础底面的荷载正好等于基坑被挖去的土体重力 Q 时，图 4-36b 中被减小的应力又恢复到原来自重应力的水平，这时土中附加应力等于零；图 4-36d 表示桥墩已施工完毕，基础底面作用着全部荷载 N，与图 4-36c 情况相比，这时基础底面增加的荷载为 $(N-Q)$，在这个荷载作用下引起的地基应力是附加应力。因此，在基础底面处产生的附加应力为 $p_0 = (N-Q)/F = p - \gamma D$，式中 $p = N/F$ 为基底压力，在基础底面下深度 z 处的附加应力 $\sigma_z = \alpha_0 p_0$。图 4-36d 左侧表示土中自重应力分布情况，右侧表示附加应力分布情况。

从图 4-36 桥墩施工过程分解图上可以清楚地理解，在计算基础下地基附加应力时，为什么不用基底压力 p 计算，而要用 p_0 计算的原因。

【例 4-13】　某桥墩基础及土层剖面如图 4-37 所示。已知基础底面尺寸为 $b = 2\text{m}$，$l = 8\text{m}$。作用在基础底面中心处的荷载为 $N = 1120\text{kN}$，$H = 0$，$M = 0$，计算在竖直荷载 N 作用下，基础中心轴线上土的自重应力及附加应力分布。已知各层土的重度为：褐黄色粉质黏土水上 $\gamma = 18.7\text{kN/m}^3$，水下 $\gamma_1' = 8.9\text{kN/m}^3$；水下灰色淤泥质黏土，$\gamma_2' = 8.4\text{kN/m}^3$。

解：在基础底面中心轴线上取计算点 0、1、2、3，它们都位于土层分界面上，如图 4-37 所示。

（1）自重应力计算。根据式（4-2）计算，即 $\sigma_{cz} = \sum \gamma_i h_i$，各点自重应力计算结果见表 4-19。

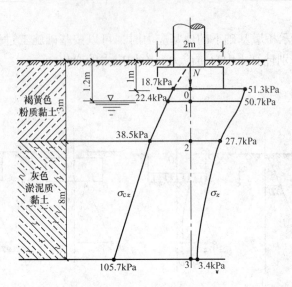

图 4-37　例 4-13 图

表 4-19　地基土自重应力计算

计 算 点	土层厚度 h_i/m	容重 γ_i/(kN/m^3)	$\gamma_i h_i$/kPa	$\sigma_{cz} = \sum \gamma_i h_i$/kPa
0	1.0	18.7	18.70	18.7
1	0.2	18.7	3.74	22.4
2	1.8	8.9	16.02	38.5
3	8.0	8.4	67.20	105.7

（2）附加应力计算。

基底压力：$p = N/F = 1120\text{kN}/(2 \times 8)\,\text{m}^2 = 70\text{kPa}$。

基底处附加压力：$p_0 = p - \gamma D = (70 - 18.7)\text{kPa} = 51.3\text{kPa}$。

按式（4-26）计算土中各点附加应力，即 $\sigma_z = \alpha_0 p$，结果见表 4-20，绘出地基自重应力及附加应力分布图，如图 4-37 所示。

表 4-20　地基土附加应力计算

计 算 点	z/m	$m = z/b$	$n = l/b$	α_0	$\sigma_z = \alpha_0 p_0$/kPa
0	0	0	4	1.000	51.3
1	0.2	0.1	4	0.989	50.7
2	2	1	4	0.540	27.7
3	10	5	4	0.067	3.4

4.7.2　桥台后填土引起的基底附加应力计算

在工程实践中常常遇到桥台后填土较高引起桥台向后倾倒，发生不均匀下沉，影响桥梁正常使用的情况。出现这种情况的原因，是由于台后路堤填土荷载引起桥台基底后缘的附加应力增大所致。因此，在设计时应考虑台后填土荷载对基底附加应力的影响，特别是高填土路堤更应引起重视。

台后路堤填土荷载引起桥台基底的附加应力，可以应用 4.5 节的角点法叠加计算。但在 JTG D36—2007《公路桥涵地基与基础设计规范》中，为了简化计算，给出了专门的计算公式及相应的应力系数值。该规范在制订应力系数时，预先规定了路面宽度，以及路堤边坡和锥坡的坡度，然后应用叠加原理按不同的路堤填土高度 H_1，基础埋置深度 D 和基础底面长度 b_n，如图 4-38 所示，给出了相应的应力系数值。

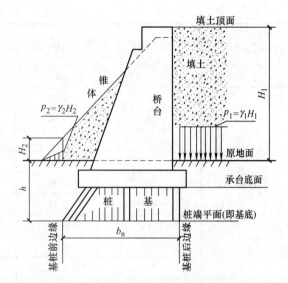

图 4-38　台后填土对桥台基底的附加压应力

注：b_n 为基底或桩端平面处的前、后边缘间的基础长度（m）；

h 为原地面至基底或桩端平面处的深度（m）。

台后路基填土对桥台基底或桩端平面处地基土上引起的附加压应力 σ_1 按式（4-52）计算，即

$$\sigma_1 = \alpha_1 \gamma_1 H_1 \tag{4-52}$$

式中　σ_1——台后路基填土产生的附加压应力（kPa）；

　　　γ_1——路基填土的重度（kN/m³）；

　　　H_1——台后路基填土高度（m）；

　　　α_1——附加竖向压应力系数，见表 4-21。

对于埋置式桥台，应按式（4-53）计算由于台前锥体引起基底或桩端平面处的前边缘的附加压应力 σ_2，如图 4-38 所示。

$$\sigma_2 = \alpha_2 \gamma_2 H_2 \tag{4-53}$$

式中　σ_2——台前锥体产生的土压应力（kPa）；

　　　γ_2——路基填土的重度（kN/m³）；

　　　H_2——基底或桩端平面处的前边缘上的锥体高度（m），取基底或桩端前边缘处的原地面向上竖向引线与溜坡相交点距离；

　　　α_2——附加竖向压应力系数，见表 4-22。

将 σ_1 和 σ_2 与其他荷载引起的相应基底或桩端平面处的边缘应力相加即得基底总应力。

表 4-21　应力系数 α_1

基础埋置深度 D/m	填土高度 H_1/m	系数 α_1（对于桥台边缘）			
		后边缘	前边缘，基底平面处的基础长度 b_n/m		
			5	10	15
5	5	0.44	0.07	0.01	0
	10	0.47	0.09	0.02	0
	20	0.48	0.11	0.04	0.01

（续）

基础埋置深度 D/m	填土高度 H_i/m	系数 α_1（对于桥台边缘）			
		后边缘	前边缘，基底平面处的基础长度 b_n/m		
			5	10	15
10	5	0.33	0.13	0.05	0.02
	10	0.40	0.17	0.06	0.02
	20	0.45	0.19	0.08	0.03
15	5	0.26	0.15	0.08	0.04
	10	0.33	0.19	0.10	0.05
	20	0.41	0.24	0.14	0.07
20	5	0.20	0.13	0.08	0.04
	10	0.28	0.18	0.10	0.06
	20	0.37	0.24	0.16	0.09
25	5	0.17	0.12	0.08	0.05
	10	0.24	0.17	0.12	0.08
	20	0.33	0.24	0.17	0.10
30	5	0.15	0.11	0.08	0.06
	10	0.21	0.16	0.12	0.08
	20	0.31	0.24	0.18	0.12

表 4-22 应力系数 α_2

基础埋置深度 D/m	台背路基填土高度 H_1/m	
	10	20
5	0.4	0.5
10	0.3	0.4
15	0.2	0.3
20	0.1	0.2
25	0	0.1
30	0	0

【例4-14】 如图4-39所示桥台基础，已知埋置深度 $D=5\mathrm{m}$，基础长度 $b_n=5\mathrm{m}$，台后路堤填土高 $H_1=5\mathrm{m}$，路面宽度 $b=7\mathrm{m}$，路堤边坡为1:1，填土重度 $\gamma_1=18\mathrm{kN/m^3}$。计算台后填土荷载对桥台基底前、后缘引起的附加应力。

解： 台后填土荷载 $\gamma_1 H_1$ 对基底后边缘 i 点及前边缘 j 点产生的附加应力按式（4-52）计算，即

$$\sigma_1 = \alpha_1 \gamma_1 H_1$$

已知 $\gamma_1 H_1 = (18 \times 5)\mathrm{kPa} = 90\mathrm{kPa}$

由表4-21查得应力系数 α_1 为：后边缘 i 点 $\alpha_1=0.44$，前边缘 j 点 $\alpha_1=0.07$。由此得

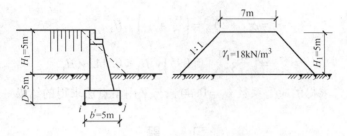

图 4-39 例 4-14 图

桥台后边缘 i 点附加应力：$\sigma_1 = \alpha_1 \gamma_1 H_1 = 0.44 \times 90\text{kPa} = 39.6\text{kPa}$。

桥台前边缘 j 点附加应力：$\sigma_1 = \alpha_1 \gamma_1 H_1 = 0.07 \times 90\text{kPa} = 6.3\text{kPa}$。

应用 4.5 节所述的角点法计算桥台基础后缘 i 点的附加应力与上述按规范公式计算的结果比较。

台后路堤填土荷载是梯形分布，如图 4-40 所示。由于梯形荷载对 i 点的影响是半个无限长条分布荷载引起的，因此可以把梯形荷载 $abef$ 分解为均布条形荷载 $acdf$ 及两个三角形分布条形荷载 abc 及 fde，然后分别按平面问题式（4-35）及式（4-45）叠加计算。即

$$\sigma_z = \sigma_{z1} + 2\sigma_{z2}$$

式中 σ_{z1}，σ_{z2}——均布条形荷载 $acdf$ 及三角形分布条形荷载 abc 对 i 点产生的竖向应力。

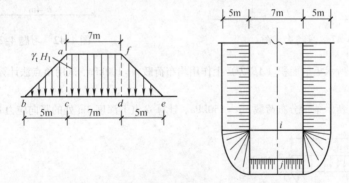

图 4-40 用应力叠加法计算 i 点的附加应力

均布条形荷载 $acdf$（是半个无限长条分布荷载）作用时引起的应力为

$$\sigma_{z1} = \frac{1}{2}\alpha_u p = \frac{1}{2}\alpha_u \gamma_1 H_1$$

式中 α_u——由表 4-14 查得，已知 $x/b = 0$，$z/b = 5/7 = 0.71$，查得 $\alpha_u = 0.694$。

三角形分布条形荷载 abc（也是半个无限长条分布荷载）作用时引起的应力为

$$\sigma_{z2} = \frac{1}{2}\alpha_s p = \frac{1}{2}\alpha_s \gamma_1 H_1$$

式中 α_s——由表 4-15 查得，已知 $x/b = 8.5/5 = 1.7$，$z/b = 5/5 = 1$，查得 $\alpha_s = 0.095$。

$$\sigma_z = \sigma_{z1} + 2\sigma_{z2} = \left(\frac{\alpha_u}{2} + \alpha_s\right)\gamma_1 H_1$$

$$= \left(\frac{0.694}{2} + 0.095\right)\gamma_1 H_1 = 0.442\gamma_1 H_1$$

按式（4-52）求得的应力系数 $\alpha_1 = 0.44$，与采用角点法求得的结果一致。

习　题

4-1　计算如图 4-41 所示地基中的自重应力，并绘出其分布图。已知土的性质如下：水上细砂 $\gamma = 17.5\text{kN/m}^3$，$\gamma_s = 26.5\text{kN/m}^3$，$\omega = 20\%$；黏土 $\gamma = 18.0\text{kN/m}^3$，$\gamma_s = 27.2\text{kN/m}^3$，$\omega = 22\%$，$\omega_L = 48\%$，$\omega_P = 24\%$。

4-2　桥墩基础如图 4-42 所示，已知基础底面尺寸 $b = 4\text{m}$，$l = 10\text{m}$，作用在基础底面中心的荷载 $N = 4000\text{kN}$，$M = 2800\text{kN·m}$。计算基础底面压力。

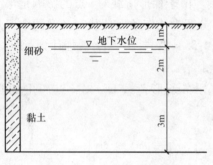

图 4-41　习题 4-1 图

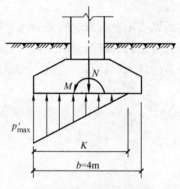

图 4-42　习题 4-2 图

4-3　如图 4-43 所示矩形面积（$ABCD$）上作用均布荷载 $p = 100\text{kPa}$，试用角点法计算 G 点下深度 6m 处 M 点的竖向应力 σ_z。

4-4　如图 4-44 所示条形分布荷载，$p = 150\text{kPa}$。计算 G 点下深度 3m 处的竖向应力 σ_z。

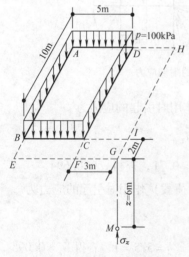

图 4-43　习题 4-3 图

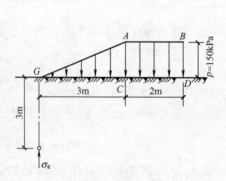

图 4-44　习题 4-4 图

4-5 某粉质黏土层位于两砂层之间，如图 4-45 所示。下层砂土受承压水作用，其水头高出地面 3m。已知砂土重度（水上）$\gamma = 16.5 kN/m^3$ 时，饱和重度 $\gamma_{sat} = 18.8 kN/m^3$；粉质黏土的饱和重度 $\gamma_{sat} = 17.3 kN/m^3$。若：

(1) 粉质黏土层为透水层，试求土中总应力 σ、孔隙水压力 u 及有效应力 $\bar{\sigma}$，并绘图表示。

(2) 粉质黏土层为相对隔水层，则土中总应力 σ、孔隙水压力 u 及有效应力 $\bar{\sigma}$ 有何变化？并绘图表示。

4-6 计算如图 4-46 所示桥墩下地基的自重应力及附加应力。作用在基础底面中心的荷载 $N = 2520 kN$，$H = 0$，$M = 0$。地基土的物理及力学性质指标见表 4-23。

表 4-23 地基土的物理及力学性质指标

土层名称	层底高程 /m	土层厚度 /m	重度 γ /(kN/m³)	含水量 ω (%)	土粒重度 γ_s /(kN/m³)	孔隙比 e	液限 ω_L	塑限 ω_P	塑性指数 I_P	饱和度 S_r
黏土	15	5	20	22	27.4	0.640	45	23	22	0.94
粉质黏土	9	6	18	38	27.2	1.045	38	22	16	0.99

4-7 用式（4-52）计算例 4-14 桥台基础基底（图 4-39）后缘 i 点下深 5m 处的附加应力 σ_z。

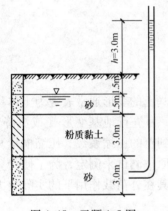

图 4-45 习题 4-5 图

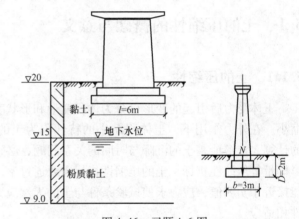

图 4-46 习题 4-6 图

思 考 题

4-1 何谓自重应力与附加应力？

4-2 基底总压力不变，增大基础埋置深度对土中应力分布有什么影响？

4-3 有两个宽度不同的基础，其基底总压力相同，在同一深度处，哪一个基础下产生的附加应力大，为什么？

4-4 在填方地段，如基础砌置在填土中，填土的重力引起的应力在什么条件下应当作为附加应力考虑？

4-5 地下水位的升降对土中应力分布有何影响？

4-6 布辛尼斯克问题假定荷载作用在地表面，而实际上基础都有一定的埋置深度，这一假定将使土中应力的计算值偏大还是偏小？

4-7 矩形均布荷载中点下与角点下的应力之间有什么关系？

4-8 从表 4-14 查应力系数时，当 $z = 0$，$x/b = 0.7$，应力系数能否用表中数字内插求得，为什么？

4-9 土中有水渗流时（水作竖直方向渗流），对土中总应力分布有何影响？对有效应力及孔隙水压力分布有何影响？

第5章 土的压缩性与地基沉降计算

【学习目标】 了解土压缩变形的特征；掌握土的压缩性的概念，压缩试验及压缩指标，分层总和法计算地基沉降；了解弹性理论法，考虑不同变形阶段、应力历史影响的沉降计算方法；了解沉降与时间关系的固结理论，掌握固结度的概念、计算公式以及加荷后某时间沉降量的计算公式；了解固结系数的测定方法及实测沉降-时间关系的应用。

【导读】 地基土在上部结构荷载作用下产生应力和变形，地基土在竖直方向变形即为沉降。土体产生沉降的原因一是由于土体具有可压缩性，二是由于土体受到上部结构荷载作用。因此要计算地基土体的沉降就必须已知土体中任一点所受的应力以及土体的压缩性能。土体中任一点的应力计算已在第4章介绍，本章重点介绍土的压缩性与沉降计算。

5.1 土的压缩性的概念与意义

5.1.1 土的压缩性

土体受力后引起的变形可分为体积变形和形状变形。地基土的变形通常表现为土体积的缩小。在外力作用下，土体积缩小的特性称为土的压缩性。为进行地基变形（或沉降量）的计算，求解地基土的沉降与时间的关系问题，必须首先得到土的压缩系数、压缩模量及变形模量等压缩性指标。土的压缩性指标需要通过室内试验或原位测试来测定，为了使计算值能接近于实测值，应力求使试验条件与土的天然应力状态及其在外荷载作用下的实际应力条件相适应。

土的压缩变形有以下三个特征：

1）土体的压缩变形较大，并且主要是由于孔隙的减少引起的。土是三相体，土体受外力作用产生的压缩包括三部分：①固体土颗粒被压缩；②土中水及封闭气体被压缩；③水和气体从孔隙中被挤出。试验研究表明，在一般压力（100～600kPa）作用下，固体颗粒和水的压缩量与土体的总压缩量相比非常小，完全可以忽略不计。因此土的压缩性可只看作是土中水和气体从孔隙中被挤出，与此同时，土颗粒相应发生移动，重新排列，靠拢挤紧，从而使土孔隙体积减小，即土的压缩是指土中孔隙体积的缩小。

2）饱和土的压缩需要一定的时间才能完成。由于饱和土体中的孔隙都充满着水，要使孔隙减少，就必须使孔隙中的水被排出，即土的压缩过程是孔隙水的排出过程，而土中孔隙水的排出需要一定的时间。在荷载作用下，透水性大的饱和无黏性土，其压缩过程短，建筑物施工完毕时，可认为其压缩变形已基本完成；而透水性小的饱和黏性土，其压缩过程所需时间长，十几年甚至几十年压缩变形才稳定。土中水在超静孔隙水压力作用下排出，超静孔隙水压力逐渐消散，有效应力随之增加，土体发生压缩变形，最后达到变形稳定的过程，称为土的固结（Consolidation of Soil）。对于饱和黏性土来说，土的固结问题非常重要。

3）土具有蠕变性，在基础荷载作用下其变形随时间而持续缓慢增长。对一般黏性土，这部分变形不大，但如果是塑性指数较大、正常固结的黏性土，特别是有机土，这部分变形有可能较大，应予以考虑。

在计算地基变形时，先把地基看成是均质的线性变形体，从而直接引用弹性力学公式来计算地基中的附加应力，然后利用某些简化的假设来解决成层土地基沉降的计算问题。

为简化地基变形的计算，通常假定地基土压缩不允许侧向变形。当自然界广阔土层上作用着大面积均布荷载时，地基土的变形条件可近似为侧限条件。侧限条件是指侧向受限制不能变形，只有竖向单向压缩的条件。

5.1.2　研究土压缩性的工程意义

建筑物通过它的基础将荷载传给地基以后，在地基土中将产生附加应力和变形，从而引起建筑物基础的下沉。工程上将荷载引起的基础下沉称为基础的沉降。基础沉降有均匀沉降和不均匀沉降。当建筑物基础均匀沉降时，对结构安全影响不大，但过大的均匀沉降将会严重影响建筑物的使用与美观，如造成设备管道排水倒流，甚至断裂等；当建筑物基础发生不均匀沉降时，建筑物可能发生裂缝、扭曲和倾斜，影响使用和安全，严重时使建筑物倒塌。因此，在不均匀或软弱地基上修建建筑物时，必须考虑土的压缩性和地基变形问题。

对于道路和桥梁工程，均匀沉降对上部结构危害较小，但过量的均匀沉降也会导致路面高程降低、桥下净空减少而影响正常使用；不均匀沉降则会造成路堤开裂、路面不平，对超静定结构桥梁产生较大附加应力等工程问题。为了确保路桥工程的安全和正常使用，既要确定地基土的最终沉降量，也要了解和估计沉降量随时间的发展及其趋于稳定的可能性。

在工程设计和施工中，如能事先预估并考虑地基变形而加以控制，就可以防止地基变形带来的不利影响。例如，某高楼地基上层是可压缩土层，下层为倾斜岩层，在基础底面范围内，土层厚薄不均，在修建时有意使高楼向土层薄的一侧倾斜，建成后由于土层较厚的一侧产生较大的变形，结果使高楼恰好恢复其竖向位置，保证了安全生产，节约了投资。

5.2　土的压缩性试验及变形指标

5.2.1　室内压缩试验与压缩性规律

1. 压缩试验

室内侧限压缩试验，也称固结试验，是目前常用的测定土的压缩性的最基本方法。侧限压缩试验装置示意如图 5-1 所示。用金属环刀从原状土中切取土样，环刀内径分为 61.8mm 和 79.8mm 两种，相应的截面积为 $30cm^2$ 和 $50cm^2$，高度为 20mm，将土样连同环刀装入侧限压缩仪（也称固结仪）的内环中。试样上、下方各放一块透水石（当用于饱和土样时，在水槽内充水，做非饱和土样侧限压缩试验时，不能浸土样于水中）。通过加载板施加竖向压力，由于试样不能侧向膨胀，土样处于侧限应力状态。

试验时，在试样上分级加载，测得每级压力下不同时间土样的竖向变形（压缩量）Δh_t 及压缩稳定时的变形量 Δh。据此计算并绘制孔隙比 e 与压力 p 的关系曲线，即 e-p 及 e-$\lg p$ 曲线。

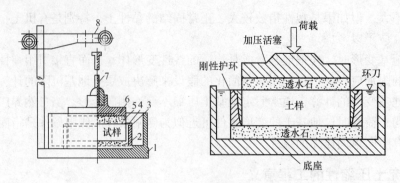

图 5-1 侧限压缩试验装置示意

1—水槽 2—护环 3—坚固圈 4—环刀 5—透水石 6—加压上盖 7—量表导杆 8—量表架

2. 压缩曲线及压缩性指标

（1）$e\text{-}p$ 曲线与压缩系数 土体的压缩变形在一般压力条件下主要体现为孔隙的减少，因此土的压缩变形可用孔隙比的减小来表示，土的压缩曲线就可以用 $e\text{-}p$ 曲线表示。

因为压缩试验直接测量的是土体的压缩变形量而不是孔隙比，因此应首先推导孔隙比 e 与压缩变形量之间的关系。

如图 5-2 所示土体单元，受压面积为 A，设施加竖向压力 p 之前试样的高度为 h_1，孔隙比为 e_1，施加竖向压力 p 后试样的压缩变形量为 Δh，孔隙比变为 e_2，施加压力 p 前试样中的固体颗粒体积 V_{s1} 和施加压力 p 后试样中的固体颗粒体积 V_{s2} 分别为

$$V_{s1} = \frac{1}{1+e_1} h_1 A$$

$$V_{s2} = \frac{1}{1+e_2} (h_1 - \Delta h) A$$

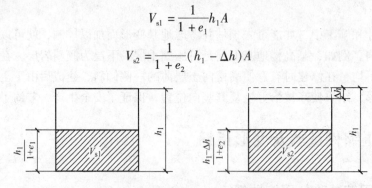

图 5-2 压缩前后土体单元体积的变化

由于侧向变形为 0，压缩前后土体单元面积不变；且固体颗粒和水的压缩量可以忽略不计，因此压缩前后固体颗粒体积不变，即 $V_{s1} = V_{s2}$，则有

$$\frac{h_1}{1+e_1} = \frac{h_1 - \Delta h}{1+e_2}$$

$$\Delta e = e_1 - e_2 = \frac{\Delta h}{h_1}(1+e_1) \tag{5-1}$$

整理压缩试验结果，首先要根据试验前土样的重度、含水量及土粒重度等指标求出天然孔隙比 e_0，然后按式（5-1）求出每级荷载下压缩稳定时的孔隙比，绘制 $e\text{-}p$ 曲线。如图 5-3 所示。

在假定土体为各向同性的线弹性体前提下，压缩曲线反映的非线性压缩规律简化成线关

系，即在一般压力变化范围内，用一段割线近似代替曲线，有

$$a = \frac{e_1 - e_2}{p_2 - p_1} \qquad (5-2)$$

式 (5-2) 是土的压缩定律表达式。它表明当压力变化不大时，孔隙比变化与压力变化成正比，a 越大土的压缩性越大。比例常数 a 是割线的斜率，称为土的压缩系数，单位为 1/kPa。

$$a = \tan\alpha = -\frac{\Delta e}{\Delta p} = -\frac{e_2 - e_1}{p_2 - p_1} \qquad (5-3)$$

从图 5-3 可以看出，压缩系数 a 不是常数，与割线的位置有关，一般随压力 p 的增大而减小。工程上常以 $p_1 = 100\text{kPa}$ 至 $p_2 = 200\text{kPa}$ 时对应的压缩系数 a_{1-2} 来评价土的压缩性，见表 5-1。

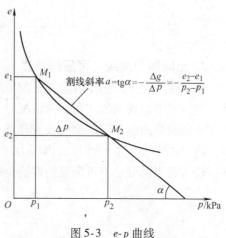

图 5-3　e-p 曲线

表 5-1　用压缩系数 a_{1-2} 评价土的压缩性

土的压缩性	评价指标 a_{1-2}/kPa^{-1}
高压缩性	$a_{1-2} \geqslant 0.5 \times 10^{-3}$
中压缩性	$0.5 \times 10^{-3} > a_{1-2} \geqslant 0.1 \times 10^{-3}$
低压缩性	$a_{1-2} < 0.1 \times 10^{-3}$

(2) 压缩模量　在图 5-3 中，若在简化的一段直线段内根据弹性力学的胡克定律原理可求出另一个压缩指标——压缩模量 E_s，单位为 kPa。其定义为土在完全侧限条件下竖向应力增量 Δp 与相应的应变增量 $\Delta\varepsilon$ 的比值。

$$E_s = \frac{\Delta p}{\Delta\varepsilon} = \frac{\Delta p}{\Delta h / h_1} \qquad (5-4a)$$

将式 (5-1) 代入式 (5-4a) 得

$$E_s = \frac{\Delta p}{\Delta h / h_1} = \frac{\Delta p}{\Delta e /(1 + e_1)} = \frac{1 + e_1}{a} \qquad (5-4b)$$

土的压缩模量常用于估算地基的沉降量。

(3) e-$\lg p$ 曲线与压缩指数　侧限压缩试验曲线还可用 e-$\lg p$ 曲线表示，如图 5-4 所示，其优点是在压力较大的部分，e-$\lg p$ 曲线接近直线。因此，压缩规律就可写为

$$e_1 - e_2 = C_c(\lg p_2 - \lg p_1) = C_c \lg\left(\frac{p_2}{p_1}\right) \qquad (5-5)$$

即孔隙比变化与压力的对数值变化成正比。比例常数 C_c 是该直线段的斜率，称为压缩指数，是无量纲量。它也是表征土的压缩性的重要指标。

由式 (5-5) 得

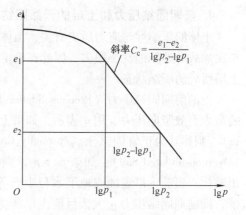

图 5-4　e-$\lg p$ 曲线

$$C_c = \frac{e_1 - e_2}{\lg\left(\dfrac{p_2}{p_1}\right)} \qquad\qquad (5\text{-}6)$$

3. 土的回弹曲线与再压缩曲线

在某些工况下，土体可能在受荷压缩后又卸荷，如拆除既有建筑后在原址上建造新建筑物。当需要考虑现场的实际加荷情况对土体变形影响时，应进行土的回弹再压缩试验。

土的回弹曲线和再压缩曲线如图 5-5 所示。土样卸荷后的回弹曲线并不沿压缩曲线回升。这是由于土不是弹性体，当压力卸除后，不能恢复到原来的位置。除了部分弹性变形外，还有相当部分是不可恢复的残留变形。

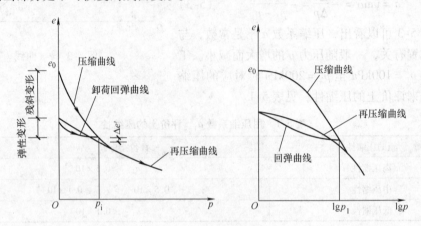

图 5-5　土的回弹曲线和再压缩曲线

土回弹之后，重新逐级加压，可测得土样在各级荷载作用下再压缩稳定后的孔隙比，相应地绘出再压缩曲线，可计算回弹指数 C_e（也称再压缩指数）。C_e 小于 C_c，一般 $C_e \approx (0.1 \sim 0.2)C_c$。

研究表明，土在反复荷载作用下，在加荷与卸荷的每一重复循环中都将走新的路线，形成新的滞后环，其弹性变形与塑性变形在数值上将逐渐减小，塑性变形减少得更快些。加卸载重复数次后，土体变形将变为纯弹性变形，即达到弹性压密状态。利用土的回弹和再压缩对数曲线，可以分析应力历史对土压缩性的影响。

4. 前期固结压力和土层的天然固结状态判断

土体的压缩性与应力历史有关，土体在侧限条件下进行一次加载、卸载后的压缩性要比初次加载时的压缩性小很多，因此在确定土的压缩性时必须首先确定土层的前期固结压力和土层所处的固结状态。

土的前期固结压力（Preconsolidation Pressure of Soil）是指土层在地质历史上曾经承受过的最大有效竖向压力，用 p_c 表示。如果土层目前承受的上覆自重压力 $p_0 = p_c$（自重压力 $p_0 = \gamma z$），则称其为正常固结土（Normally Consolidated Soil）；如果 $p_0 < p_c$，则称其为超固结土（Overconsolidated Soil）；如果 $p_0 > p_c$，则称其为欠固结土（Underconsolidated Soil）。由于冰川融化、覆盖土层剥蚀或地下水位上升等原因，原来长期存在于土层中的竖向压应力减小了，即前期固结压力 p_c 大于目前土层所受的自重应力 p_0，此时土层便成为超固结土。超固结土的压缩性要比正常固结土小很多，因为它受荷后经历的是再压缩，而不是初始压缩。p_c

与 p_0 的比值称为超固结比，用 OCR 表示，即 $OCR = \dfrac{p_c}{p_0}$，OCR 越大，土的超固结度越高，压缩性越小。上述三种固结状态可以统一用超固结比 OCR 来判断：

1）当 OCR > 1 时，超固结状态。

2）当 OCR = 1 时，正常固结状态。

3）当 OCR < 1 时，欠固结状态。

可以看出，要确定土的固结状态，必须首先确定土的前期固结压力 p_c。p_c 的确定方法主要是通过室内压缩试验绘出 $e\text{-}\lg p$ 曲线，并用下述作图法确定，如图 5-6 所示。

1）在 $e\text{-}\lg p$ 曲线转弯处选取曲率半径最小的点 A，自 A 点做切线 $A2$ 及水平线 $A1$，然后做 $\angle 1A2$ 的平分线 $A3$。

2）延长曲线后段的直线段交 $A3$ 于 B 点，B 点所对应的压力 p 即为所求的前期固结压力 p_c。

显而易见，该法适用于 $e\text{-}\lg p$ 曲线曲率变化明显的土层，这种方法确定前期固结应力的精度在很大程度上取决于曲率半径最小的 A 点的选定。但是，通常 A 点是凭借目测确定的，有一定的误差，因此所得 p_c 值不一定准确。例如，历史上由于自然力（流水、冰川等地质作用的剥蚀）和人工开挖

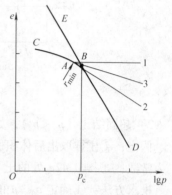

图 5-6 p_c 的确定方法

等剥去原始地表土层，或在现场堆载预压作用等，都可能使土层成为超固结土；而新近沉积的黏性土和粉土、海滨淤泥以及年代不久的人工填土等则属于欠固结土。此外，当地下水发生前所未有的下降后，也会使土层处于欠固结状态。

因此，确定前期固结压力 p_c 时，必须结合场地的地质情况，土层的沉积历史、自然地理环境变化等各种因素综合评定。关于这方面的问题还有待进一步研究。

5. 现场原位压缩曲线的近似推求

上述 $e\text{-}\lg p$ 压缩曲线，是由室内侧限压缩试验求得的。由于取样过程中土样受到扰动以及取出地表后应力释放等因素的影响，室内压缩曲线以及由此得到的土体压缩性规律及压缩性指标已经不能完全代表地基中原位土层的压缩特性，因此必须对室内试验得到的压缩曲线进行修正，推求符合现场土层实际压缩性的原位压缩曲线，它是考虑应力历史影响的沉降计算方法的基本资料。

试样的前期固结应力 p_c 确定之后，就可以将它与试样原位现有固结应力 p_0 比较，从而判定该土是正常固结、超固结、还是欠固结。然后，依据室内压缩曲线的特征，即可推求出现场原位压缩曲线。

1）正常固结土（$p_0 = p_c$），如图 5-7a 所示。

假定：①土样取出后体积保持不变，试验土样的初始孔隙比 e_0 等于原状土的初始孔隙比，因此（e_0，p_0）点应位于原状土的初始压缩曲线上；②$e = 0.42e_0$ 时，土样不受到扰动影响。

推求方法：①确定前期固结压力 p_c；②过 e_0 做水平线与 p_c 作用线交于 B，由假定①知，B 点必然位于原状土的初始压缩曲线上；③以 $e = 0.42e_0$ 在压缩曲线上确定 C 点，由假定②知，C 点也位于原状土的初始压缩曲线上；④通过 B、C 两点的直线即为所求的原位压缩曲线。

斜直线 BC 的斜率 C_{cf} 称为原位压缩指数。

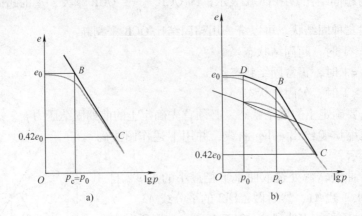

图 5-7　原位压缩曲线的近似推求

2）超固结土（$p_0 < p_c$），如图 5-7b 所示。

假定：①土样取出后体积保持不变，即（e_0，p_0）在原位再压缩曲线上；②再压缩指数 C_e 为常数；③$e = 0.42e_0$ 处的土与原状土一致，土样不受扰动影响。

推求方法：①确定 p_0，p_c 的作用线；②过 e_0 做水平线与 p_0 作用线交于 D 点；③过 D 点做斜率为 C_e 的直线，与 p_c 作用线交于 B 点，DB 为原位再压缩曲线；④过 $e = 0.42e_0$ 做水平线与 $e\text{-}\lg p$ 曲线交于 C 点；⑤过 B 点和 C 点作直线即为原位压缩曲线。

3）欠固结土（$p_0 > p_c$）。对于欠固结土，由于自重作用下的压缩尚未稳定，实际上属于正常固结土的一种特例，只能近似地按与正常固结土相同的方法求得其原始压缩曲线，从而确定压缩指数 C_c，但压缩的起始点较高。

5.2.2　现场载荷试验与变形模量

室内压缩试验是土样在无侧胀条件下的单向受力试验，操作简单，是目前测定地基土压缩性的常用方法。但它与实际地基土中的受力情况不同，因此压缩试验所得到的压缩性规律及指标就有局限性。为了研究或计算空间受力情况下的土体变形，常通过野外现场载荷试验取得地基土的压缩规律并根据弹性力学理论求出所需的变形指标。

现场载荷试验装置如图 5-8 所示，是将一定尺寸的载荷板（常用 5000cm^2 的圆板或方

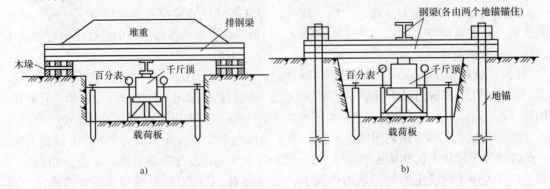

图 5-8　载荷试验装置

板）平置于欲试验的土层表面，在板上分级施加荷载，每加一级荷载，观测并记录沉降随时间的发展及每级荷载下载荷板稳定时的下沉量。绘制荷载强度 p 与下沉量 s 关系曲线（p-s）及各级荷载下沉降与时间（s-t）关系曲线，如图 5-9 所示。

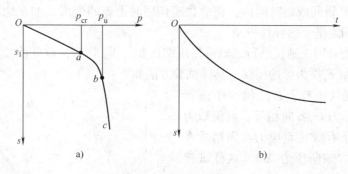

图 5-9　载荷试验结果
a）p-s 曲线　b）s-t 曲线

从图 5-9a 可见，当荷载小于某一数值 p_{cr} 时，荷载与载荷板的下沉量近似呈直线关系，如图 5-9a 中的 oa 段。根据弹性力学可得

$$E_0 = \frac{pb(1-\mu^2)}{s}\omega \tag{5-7}$$

式中　p——直线段荷载强度（kPa）；

　　　s——对应于 p 的载荷板下沉量（cm）；

　　　b——载荷板直径或宽度（cm）；

　　　E_0——土的变形模量（kPa）；

　　　μ——土的泊松比，砂土可取 $0.2 \sim 0.25$，黏性土可取 $0.25 \sim 0.45$；

　　　ω——与板的形状、刚度等有关的系数（无量纲），也称沉降影响系数，如，方形板 $\omega = 0.88$，圆板 $\omega = 0.79$；详见表 5-9。

变形模量 E_0 也是土的变形指标之一。它是把土看作直线变形体考虑三向应力条件推导出来的。因为考虑到土的变形中包含了一部分不可恢复的变形，与理想的弹性变形性质不相同，所以称为变形模量，便于与弹性模量 E_d 相区别。当应用弹性力学中布辛尼克问题的竖向变形公式计算地基最终沉降量时，公式中的变形指标应采用变形模量 E_0 而不是压缩模量 E_s。

现场载荷试验得到的土的变形规律及指标能正确反映地基土的实际应力状态，避免了室内试验取土扰动的影响。载荷试验的局限性在于载荷板尺寸很难与原型基础尺寸相同，因此小尺寸载荷板的试验结果只能反映板下深度不大范围内土的变形性质，深度一般为 $2 \sim 3$ 倍板宽（或直径）。为了改进这种试验，曾发展了在不同深度地基土层中载荷试验方法，如钻孔载荷试验和螺旋压板试验等。

5.2.3　土的弹性模量及其测定

弹性模量是指正应力 σ_d 与弹性（即可恢复）正应变 ε_d 的比值，通常用 E_d 来表示。

弹性模量的概念在实际工程中有一定的意义。在计算高耸结构物在风荷载作用下的倾斜时发现，如用压缩模量（或变形模量）计算，将得到实际上不可能那样大的倾斜值。这是因为风荷载是重复荷载，每次作用时间很短，此时土体中的孔隙水来不及排出或不完全排出，压缩变形来不及发生，因此大部分是恢复变形，这种情况应用弹性模量计算。所以弹性模量 E_d 多用来计算瞬间或短时间内，荷载快速作用时土体的变形。如在地震反应分析计算或路面设计时使用地基土的弹性模量。

弹性模量一般采用三轴仪进行三轴重复压缩试验，得到应力-应变曲线上的初始切线模量 E_i 或再加载模量 E_r 作为弹性模量。具体试验方法如下。

1）采用不扰动土样，在三轴仪中进行固结，施加固结压力 σ_3 各向相等，其值取为试样在现场条件下有效自重应力。固结后在不排水条件下施加轴向压力 $\Delta\sigma$（这样试样所受的轴向压力 $\sigma_1 = \sigma_3 + \Delta\sigma$）。

2）逐渐在不排水条件下增大轴向压力达到现场条件下的压力（$\Delta\sigma = \sigma_z$），然后减至零。这样重复加载和卸载若干次，便可测得初始切线模量 E_i，并测得每一循环在最大轴向压力一半时的切线模量，这种切线模量随着循环次数增多而增大，最后趋近于一稳定的再加载模量 E_r。如图 5-10 所示，一般加

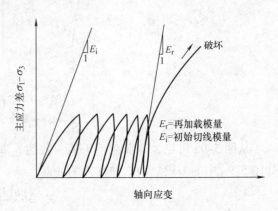

图 5-10　三轴试验确定土的弹性模量

载和卸载 5~6 个循环就可确定 E_r。用 E_r 计算的初始（瞬时）沉降与根据建筑物实测的瞬时沉降比较接近。

5.2.4　关于三种模量的讨论

土的三种模量是压缩模量 E_s、变形模量 E_0 和弹性模量 E_d。

压缩模量 E_s 是根据室内侧限压缩试验得到的，它的定义是土在完全侧限条件下，竖向正应力与相应的变形稳定情况下正应变的比值。该参数将用于分层总和法、应力面积法的地基最终沉降计算。

变形模量 E_0 是根据现场载荷试验得到的，它是指土在侧向自由膨胀条件下正应力与相应的正应变的比值。该参数将用于弹性理论法计算最终沉降。

弹性模量 E_d 常用于弹性理论公式估算建筑物的初始瞬时沉降。

由此便不难从比较中了解土的弹性模量 E_d、变形模量 E_0、压缩模量 E_s 三者之间的异同，它们均是根据弹性体的胡克定律推导出的相应表达式，E_d 只包含了土的弹性应变，而 E_s 和 E_0 则包括了塑性应变在内。

根据测定三种模量试验所处的应力状态以及广义胡克定律，可以得到压缩模量 E_s 与变形模量 E_0 之间的换算关系为

$$E_0 = \beta E_s \tag{5-8}$$

其中
$$\beta = 1 - \frac{2\mu^2}{1-\mu}$$

式（5-8）只是 E_0 和 E_s 之间的理论关系，是基于线弹性假定得到的。但是土体不是完全

弹性体，而且由于现场载荷试验和室内侧限压缩试验测定相应指标时，各有无法考虑的因素，如，压缩试验的土样受扰动较大，载荷试验与压缩试验的加载速率、压缩稳定标准均不一样，μ 值不易精确测定等，使得理论计算结果与实测结果有一定的差距。实测资料表明，E_0 和 E_s 的比值并不像理论得到的那样在 $0 \sim 1$ 之间变化，如，我国 20 世纪 60 年代初期总结出的 E_0/E_s 平均值都超过 1，土压缩性越小，比值越大，表 5-2 给出了一些统计资料。从两个指标间的理论关系对比可以看出，结构性强的老黏土等，二者相差较大，结构性弱的土，如新近沉积黏土等，E_0/E_s 的平均值和下限值都是最小的，较接近理论计算结果。另外，土的弹性模量比变形模量、压缩模量大，可能是它们的十几倍或者更大。

表 5-2　E_0/E_s 全国调查资料表

土 的 种 类		E_0/E_s		频　率
		一般变化范围	平均值	
老黏土		$1.45 \sim 2.80$	2.11	13
红黏土		$1.04 \sim 4.87$	2.36	29
一般黏性土	$I_p > 10$	$1.60 \sim 2.80$	1.35	84
	$I_p \leqslant 10$	$0.54 \sim 2.68$	0.98	21
新近沉积黏土		$0.35 \sim 1.94$	0.93	25
淤泥及淤泥质土		$1.05 \sim 2.97$	1.90	25

5.3　地基沉降计算

地基沉降计算包括两方面的内容，一是最终沉降量，二是沉降的时间过程（固结理论）。地基最终沉降量也就是最大沉降量，这是工程中首先需要关心的问题。本节重点介绍最终沉降量的计算方法。

计算地基最终沉降量的方法有多种，它们尽管在计算关系式的形式上各不相同，但其共同点都是需要已知地基土中由于外荷载产生的应力和土的应力-应变关系以及相应的计算参数。地基沉降计算广泛采用的应力-应变关系是弹性力学中的胡克定律，即假定地基土是线弹性体。在这一假定条件下，应用弹性力学中的有关方法，特别是半无限弹性空间的应力解答。

沉降计算应用最广泛的是分层总和法。其次，有考虑不同变形特性的分阶段地基变形计算方法以及考虑应力历史影响的沉降计算方法。

5.3.1　分层总和法计算最终沉降量

分层总和法（Layerwise Summation Method）是将地基变形计算深度范围内的土层按土质、应力变化和基础大小划分为若干分层，分别计算各分层的压缩量，求和得出地基总变形量的计算方法。

分层总和法假定地基土为直线变形体，在外荷载作用下的变形只发生在有限厚度的范围内，土层只有竖向单向压缩，侧向受到限制不产生变形。

1. 计算原理

如图 5-11 所示，在地基压缩层深度范围内，将地基土分为若干水平土层，各土层厚度分别为 h_1，h_2，h_3，$\cdots$，h_n；计算每层土的压缩量 Δs_1，Δs_2，Δs_3，$\cdots$，Δs_n；然后累计起来，即为总的地基沉降量。

$$s = \Delta s_1 + \Delta s_2 + \Delta s_3 + \cdots + \Delta s_n = \sum_{i=1}^{n} \Delta s_i$$

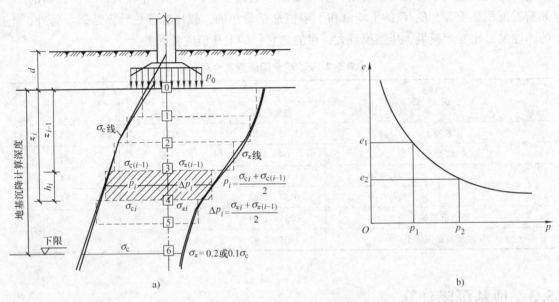

图 5-11 分层总和法计算地基沉降

2. 基本假定

1）假定地基土为均匀、各向同性的半无限空间弹性体。在建筑物荷载作用下，土中的应力-应变呈直线关系。因此，可应用弹性理论方法计算地基中的附加应力。

2）计算部位选择。按基础中心点 O 下土柱所受附加应力 σ_z 来计算，这是因为基础底面中心点下的附加应力最大。当计算基础倾斜时，要按倾斜方向基础两端点下的附加应力进行计算。

3）在竖向荷载作用下，地基土的变形条件为侧限条件，即在建筑物荷载作用下，地基土层只发生竖向压缩变形，不发生侧向膨胀变形。因而在沉降计算时，可以采用实验室测定的侧限压缩性指标 α 和 E_s。

4）沉降计算深度，理论上应计算至无限大，工程上因附加应力扩散随深度而减小，计算至某一深度（即受压层）即可。受压层以下的土层附加应力很小，所产生的沉降量可忽略不计。若受压层以下有软弱土层时，应计算至软弱土层底部。

3. 计算所需的基本资料

1）基础的形状、尺寸大小以及埋置深度。

2）荷载。来自上部结构传给基础以至地基的荷载，包括静荷载和活荷载。但是沉降计算只考虑全部静荷载而不考虑活荷载对地基沉降的影响。根据总的静荷载（包括基础重力和基础台阶上土的重力，需要时还要加上相邻基础的影响荷载）计算作用于基底的压力。

3）地基土层剖面情况（包括地下水位）和各土层的物理力学指标以及压缩曲线。

4. 基本公式

如图 5-11 所示桥墩基础，已求得土的自重应力 σ_c 和基础中点下附加应力 σ_z 的分布曲线如图 5-11a 所示。由压缩试验得到地基土的压缩曲线如图 5-11b 所示。

将基础下的地基土分成若干层（土层的厚度 h_i 及分层的范围确定见例 5-1），计算基底下深度 z 处某个分层 i 的沉降量 Δs_i。从图 5-11a 中可知该层的平均自重应力 $\sigma_{c(i)}$ 为

$$\sigma_{c(i)} = \frac{1}{2}(\sigma_{c,i-1} + \sigma_{c,i}) \tag{5-9a}$$

该层的平均附加应力 $\sigma_{z(i)}$ 为

$$\sigma_{z(i)} = \frac{1}{2}(\sigma_{z,i-1} + \sigma_{z,i}) \tag{5-9b}$$

式中　$\sigma_{c,i-1}$，$\sigma_{c,i}$——分层 i 的顶面和底面的自重应力；

　　　　$\sigma_{z,i-1}$，$\sigma_{z,i}$——分层 i 的顶面和底面的附加应力。

把式（5-9a）中的平均自重应力 $\sigma_{c(i)}$ 作为作用于分层 i 上的初始压力 p_{1i}，把式（5-9b）中的平均附加应力 $\sigma_{z(i)}$ 作为作用在分层 i 上的压力增量 Δp_i，即

$$p_{1i} = \sigma_{c(i)}$$

$$p_{2i} = p_{1i} + \Delta p_i = \sigma_{c(i)} + \sigma_{z(i)}$$

这样，在如图 5-11b 所示的 e-p 曲线上，可求得相应于 p_{1i} 和 p_{2i} 时的孔隙比 e_{1i} 和 e_{2i}。根据土层的三相图和式（5-1），可求得该分层的压缩变形量 Δs_i 为

$$\Delta s_i = h_{1i} - h_{2i} = \frac{e_{1i} - e_{2i}}{1 + e_{1i}} h_i \tag{5-10a}$$

如果引用压缩系数 a 或压缩模量 E_s 来计算，式（5-10a）也可写成

$$\Delta s_i = \frac{\alpha_i}{1 + e_{1i}} \sigma_{z(i)} h_i = \frac{\sigma_{z(i)}}{E_{si}} h_i \tag{5-10b}$$

将计算范围（深度 z_n）内各分层的压缩变形量 Δs_i 叠加起来，即得基础的最终沉降量 s 为

$$s = \sum_{i=1}^{n} \Delta s_i = \sum_{i=1}^{n} \frac{e_{1i} - e_{2i}}{1 + e_{1i}} h_i \tag{5-11}$$

式中　n——计算沉降范围 z_n 内的分层总数；

其余符号意义同前。

式（5-11）是分层总和法计算地基沉降的基本公式。关于计算过程中的一些具体运算和步骤，将在例 5-1 中介绍。

在应用式（5-11）时，需先确定计算沉降的范围，即地基压缩层厚度 z_n 的大小。

地基压缩层厚度 z_n 是指基础下地基土体中，在荷载作用下发生压缩变形的土层的总厚度，它的大小上限是自基底起算，下限的深度可按式（5-12）确定，即

$$\sigma_{zn} = (0.1 \sim 0.2)\sigma_{cn} \tag{5-12}$$

式中　σ_{cn}，σ_{zn}——压缩层下限处土的自重应力和附加应力。

这种认为地基土体的压缩变形发生在有限厚度范围内的概念实质上是假定在 z_n 以下的土层中，变形已经很小可以忽略不计。如果在 z_n 范围内已存在着不可压缩层（如坚硬岩层），

则应把该层顶面视作压缩层下限；如果按式（5-12）确定的地基压缩层厚度以下仍存在着软弱的土层，其压缩变形仍不可忽视，则宜适当加大 z_n 深度继续计算其压缩沉降量。

5. 计算步骤和方法

通过例5-1介绍分层总和法计算地基沉降的步骤和方法。

【**例5-1**】 计算图5-12a所示桥墩基础中点处地基的最终沉降量。已知桥墩基础构造和地基土层剖面如图5-12a所示，土的物理力学指标见表5-3。桥墩左右两孔上部结构传来的静载分别是 $N_1 = 404.2\text{kN}$，$N_2 = 329.6\text{kN}$，桥墩的重力（包括基础与台阶上土的重力）$N_3 = 372.8\text{kN}$。

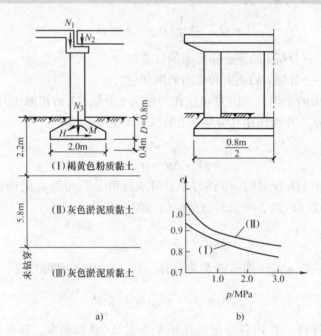

图5-12 例5-1图

a）桥墩构造及土层剖面　b）第Ⅰ、Ⅱ层土的压缩曲线

解： 由图表数据知，基础为矩形，长度 $l = 8\text{m}$，宽度 $b = 2\text{m}$，面积 $F = 2\text{m} \times 8\text{m} = 16\text{m}^2$，埋深 $D = 0.8\text{m}$，地下水位在基底以下0.4m处，基础下的地基持力层是褐黄色粉质黏土层，其下卧层为灰色淤泥质黏土层。两层土的压缩曲线如图5-12b所示。

全部静载为

$$N = N_1 + N_2 + N_3 = 1106.6\text{kN}$$

作用于基底的作用压力 p 为

$$p = \frac{N}{F} = \frac{1106.6}{16}\text{kPa} = 69.2\text{kPa}$$

根据上述基本资料，沉降计算步骤如下：

（1）绘制地基土层剖面和基础布置示意图，表明地下水位，如图5-12a所示。

（2）从基底向下分层。

表 5-3　土的物理力学指标

土层	土层厚 /m	重度 γ /(kN/m³)	土粒重度 γ_s /(kN/m³)	含水量 ω（%）	孔隙比 e_0	塑性指数 I_p	压缩系数 a_{1-2} /10^{-2}kPa⁻¹	不同压力下孔隙比 压力 $p/10^2$kPa			
								0.5	1.0	2.0	3.0
褐黄色粉质黏土	2.2	18.3	27.3	30.0	0.942	16.2	0.048	0.889	0.855	0.807	0.773
灰色淤泥质黏土	5.8	17.9	27.2	34.6	1.045	10.5	0.043	0.925	0.891	0.848	0.823
灰色淤泥质黏土	未钻穿	17.6	27.4	40.1	1.175	19.3	0.082	—	—	—	—

　　一般每一分层厚度取 $h_i = 0.4b$。但对于土性有变化的位置，如土层分界面、地下水位处，宜作为分层面。本例第①分层底面取在地下水位处，厚度 $h_1 = 0.4$m，如图 5-13 所示。第②分层在土层（Ⅰ）、（Ⅱ）分界面处，厚度 $h_2 = 1$m（比 $0.4b = 0.8$m 略大）。第③分层取 $h_3 = 1.0$m，此层底面距离基底的距离等于 2.4m，为基础宽度的 1.2 倍，这样在计算附加应力时可减少查表内插。从第④层开始按 $h_i = 0.4b = 0.8$m 继续划分下去。即 $h_4 = 0.8m, \cdots, h_9 = 0.8$m，恰至第（Ⅱ）土层（灰色淤泥质黏土层）底面，如图 5-13 所示。

　　（3）计算基础底面及每一分层顶面和底面的自重应力以及该分层的平均自重应力，见表 5-4，绘出自重应力沿深度分布图，如图 5-13 左边所示。

　　例如，基底处：$\sigma_{c0} = \gamma D = 18.3$kN/m³ $\times 0.8$m $= 14.6$kPa

　　第②分层顶面处的 1 点，$z = 0.4$m，$\gamma = 18.3$kN/m³，则

$$\sigma_{c1} = 14.6\text{kPa} + (18.3 \times 0.4)\text{kPa} = 22.0\text{kPa}$$

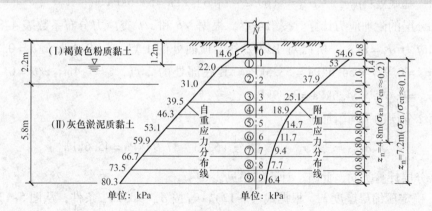

图 5-13　土中应力分布曲线

　　其底面处的 2 点，$z = 2.2$m，但在地下水位以下

$$\gamma' = \frac{\gamma(\gamma_s - \gamma_w)}{\gamma_s(1 + \omega)} = \frac{18.3(27.3 - 9.81)}{27.3 \times 1.3}\text{kN/m}^3 = 9.02\text{kN/m}^3$$

所以　$\sigma_{c2} = (22.0 + 9.02 \times 1)$kPa $= 31.0$kPa。

第②分层的平均自重应力为

$$\sigma_{c(2)} = \frac{1}{2}(\sigma_{c1} + \sigma_{c2}) = \frac{1}{2}(22.0 + 31.0)\text{kPa} = 26.5\text{kPa}$$

其他分层计算与此类似，此略，计算结果见表 5-4。

表 5-4　用分层总和法计算地基最终沉降量

分层点编号	深度 z /m	分层厚度 h_i/m	自重应力 σ_{ci}/kPa	深宽比 z/b	应力系数 α_0	附加应力 σ_z /kPa	平均自重应力 σ_{ci}/kPa	平均附加应力 σ_{zi} /kPa	$\sigma_{ci} + \sigma_{zi}$ /kPa	孔隙比 e_1	孔隙比 e_2	分层沉降量 Δs_i/cm
0	0		14.6	0	1.000	54.6						
1	0.4	0.4	22.0	0.2	0.977	53.3	18.4	53.9	72.2	0.922	0.873	1.02
2	1.4	1.0	31.0	0.7	0.695	37.9	26.5	45.6	72.1	0.914	0.873	2.14
3	2.4	1.0	39.5	1.2	0.462	25.1	35.3	31.5	66.5	0.960	0.913	2.40
4	3.2	0.8	46.3	1.6	0.348	18.9	41.9	22.0	63.9	0.945	0.915	1.23
5	4.0	0.8	53.1	2.0	0.270	14.7	49.7	16.8	66.5	0.925	0.914	0.46
6	4.8	0.8	59.9	2.4	0.216	11.7	56.5	13.2	69.7	0.920	0.911	0.375
7	5.6	0.8	66.7	2.8	0.173	9.4	63.3	10.5	73.8	0.916	0.909	0.29
8	6.4	0.8	73.5	3.2	0.142	7.7	70.1	8.5	78.6	0.911	0.906	0.21
9	7.2	0.8	80.3	3.6	0.117	6.4	76.9	7.05	83.9	0.907	0.902	0.21

（4）计算基底和每一分层的顶、底面处的附加应力以及该层的平均附加应力值，绘出附加应力沿深度分布图，如图 5-13 右侧所示。

例如，基底处：$p_0 = p - \sigma_{c0} = (69.2 - 14.6)\text{kPa} = 54.6\text{kPa}$

第②分层的附加应力计算。按第 4 章，根据 l/b 和 z/b 查应力分布系数表 4-8，得 α_0 值。附加应力 $\sigma_z = \alpha_0 p_0$，所以对于第②分层顶面处的 1 点：$z = 0.4\text{m}$，$z/b = 0.2$，$\alpha_0 = 0.977$，$\sigma_{z1} = 0.977 \times 54.6\text{kPa} = 53.3\text{kPa}$。其底面处的 2 点，$z = 1.4\text{m}$，$z/b = 0.7$，$\alpha_0 = 0.695$，$\sigma_{z2} = 0.695 \times 54.6\text{kPa} = 37.9\text{kPa}$。

则第②分层的平均附加应力为

$$\sigma_{z(2)} = \frac{1}{2}(\sigma_{z1} + \sigma_{z2}) = \frac{1}{2}(53.3 + 37.9)\text{kPa} = 45.6\text{kPa}$$

其余分层计算类同，此略，计算结果见表 5-4。

（5）确定压缩层厚度 z_n。根据式（5-12），若按 $\sigma_{zn} \approx 0.1\sigma_{cn}$ 条件，从图 5-13 可以估计出压缩层下限深度将在第⑨分层底面处，取 $z_n = 7.2\text{m}$，在第（Ⅱ）土层灰色淤泥质黏土层的底面处，此时有 $6.40\text{kPa} < 0.1 \times 80.3\text{kPa} = 8.03\text{kPa}$，此时压缩层厚度已多算，偏于安全。

若按 $\sigma_{zn} \approx 0.2\sigma_{cn}$ 时，可以估计压缩层深度下限将在第⑥分层底面处，$z_n = 4.8\text{m}$，此时有

$11.7\text{kPa} \approx 0.2 \times 59.92\text{kPa} = 11.98\text{kPa}$（符合要求）

（6）计算各分层 i 的沉降量 Δs_i。

从对应土层的压缩曲线上查出相应于某一分层 i 的平均自重应力（$\sigma_{c(i)} = p_{1i}$）和平均自重应力与平均附加应力之和（$\sigma_{c(i)} + \sigma_{z(i)} = p_{2i}$）对应的孔隙比 e_{1i} 和 e_{2i}，代入式（5-10a）计算该分层 i 的变形量 Δs_i 为

$$\Delta s_i = \frac{e_{2i} - e_{1i}}{1 + e_{1i}} h_i$$

式中 h_i——分层 i 的厚度。

例如，第②分层（即 $i = 2$），$h_{(2)} = 100\text{cm}$，$\sigma_{c(2)} = 26.5\text{kPa}$，从压缩曲线（Ⅰ）上查得 $e_{1(2)} = 0.914$；$\sigma_{c(2)} + \sigma_{z(2)} = (26.5 + 45.6)\text{kPa} = 72.1\text{kPa}$，从同一压缩曲线上查得 $e_{2(2)} = 0.873$，则

$$\Delta s_{(2)} = \left(\frac{0.914 - 0.873}{1 + 0.914} \times 100 \right)\text{cm} = 2.14\text{cm}$$

其余计算结果见表 5-4。

除用式（5-10a）计算 Δs_i 外，还可用式（5-10b）计算，例如，对于第②分层可得

$$\alpha_i = \alpha_{(2)} = \frac{e_{1(2)} - e_{2(2)}}{\sigma_{z(2)}} = \frac{0.914 - 0.873}{45.6\text{kPa}} = 0.090 \times 10^{-2} \text{kPa}^{-1}$$

$$\Delta s_{(2)} = \frac{\alpha_i}{1 + e_{1i}} \sigma_{z(i)} h_i = \frac{0.090 \times 10^{-2} \times 45.6 \times 100}{1 + 0.914}\text{cm} = 2.14\text{cm}$$

若用 α_{1-2} 计算，根据表 5-3 得

$$\Delta s_{(2)} = \frac{0.048 \times 10^{-2} \times 45.6 \times 100}{1 + 0.855}\text{cm} = 1.20\text{cm}$$

可见，用不同条件计算得到的压缩系数作参数计算 Δs_i 时，计算结果差别很大。

（7）计算基础中点总沉降量。将压缩层范围内各分层土的变形量 Δs_i 求和，即式（5-11），得基础总的最终沉降量 s 为

$$s = \sum_{i=1}^{n} \Delta s_i$$

式中 n——压缩层厚度内分层的总数。

本例中，以 $z_n = 7.2\text{m}$ 考虑，共有分层数 $n = 9$，所以从表 5-4 数据计算基础中点总沉降量为

$$S = \sum_{i=1}^{n} \Delta s_i = (1.02 + 2.14 + 2.40 + 1.23 + 0.46 + 0.38 + 0.29 + 0.21 + 0.21)\text{cm}$$
$$= 8.34\text{cm}$$

若 $z_n = 4.8\text{m}$，$n = 6$，得

$$s = \sum_{i=1}^{n} \Delta s_i = 7.63\text{cm}$$

6. 简单讨论

分层总和法计算沉降的优点是概念比较明确，计算过程及变形指标的选取比较简便，易

于掌握，还适合结合地基土层的不同变化给以分层分别计算。虽然实用上是以计算基础中点沉降代表基础的沉降，但是对于基础形状和计算点位置并无限制条件，只是根据应力计算的可能性决定。例如，计算荷载面积以外点的沉降可用角点法计算应力；计算基础倾斜时，只要分别求出基础两边缘角点的不同沉降值，再以基础宽度除沉降差值即可；在旧桥加宽时，为考虑加宽部分对原有墩台的附加影响，也可用角点法等。因此分层总和法在工程设计中得到广泛应用。

分层总和法存在的问题可从附加应力的计算与分布、指标选择以及压缩层厚度确定等方面来考虑。分层总和是用弹性理论求算地基中的竖向应力 σ_z，用单向压缩 $e\text{-}p$ 曲线求变形，这与实际地基受力情况有差异。对于变形指标，其试验条件决定了指标的结果，而使用中的选择又影响到计算结果，如，有的地基设计规范规定用 α_{1-2} 或 $E_{s(1-2)}$ 计算沉降，结果更为粗略。

压缩层厚度确定方法没有严格的理论依据，是半经验的方法，其正确性只能从工程实测中得到验证。研究表明，上述不同的确定压缩层厚度的方法，使计算结果相差 10% 左右。以上这些问题使沉降计算值与工程实测值不完全相符。多年来，改进分层总和法的研究结果表明，单纯从理论上去解决这些问题有困难，因此更多的是通过不同的工程对象的实测资料积累和对比，采用合适的经验修正系数来满足工程上的精度要求。实践表明，经过修正后的沉降量比较接近实测结果。

5.3.2　规范法计算最终沉降

JTG D63—2007《公路桥涵地基与基础设计规范》推荐的墩台基础最终沉降量，可按式（5-13）计算，即

$$\begin{cases} s = \psi_s s_0 = \psi_s \sum_{i=1}^{n} \dfrac{p_0}{E_{si}} (z_i \overline{\alpha}_i - z_{i-1} \overline{\alpha}_{i-1}) \\ p_0 = p - \gamma h \end{cases} \tag{5-13}$$

式中　　s——地基最终沉降量（mm）；

$\quad\quad s_0$——按分层总和法计算的地基沉降量（mm）；

$\quad\quad \psi_s$——沉降计算经验系数，根据地区沉降观测资料及经验确定，缺少降观测资料及经验数据时，可查表 5-5；

$\quad\quad n$——地基沉降计算深度范围内所划分的土层数，如图 5-14 所示；

$\quad\quad p_0$——对应于荷载长期效应组合时的基础底面处附加压应力（kPa）；

$\quad\quad E_{si}$——基础底面下第 i 层土的压缩模量（MPa），应取土的"自重压应力"至"土的自重压应力与附加压应力之和"的压应力段计算；

z_i，z_{i-1}——基础底面至第 i 层土，第 $i\text{-}1$ 层土底面的距离（m）；

$\overline{\alpha}_i$，$\overline{\alpha}_{i-1}$——基础底面计算点至第 i 层土，第 $i\text{-}1$ 层土底面范围内平均附加压应力系数，可按表 5-6 取用；

$\quad\quad p$——基底压应力（kPa），当 $z/b > 1$ 时，p 采用基底平均压应力，当 $z/b \leqslant 1$ 时，p 按压应力图形采用距最大压应力点 $b/4 \sim b/3$ 处的压应力（对梯形图形，前后端压应力差值较大时，可采用上述 $b/4$ 处的压应力值，反之，则采用上述 $b/3$ 处的压应力值），其中 b 为矩形基础宽度；

$\quad\quad h$——基底埋置深度（m），当基础受水流冲刷时，从一般冲刷线算起，当基础不受

水流冲刷时，从天然地面算起，如位于挖方内，则由开挖后地面算起；

γ——h 范围内土的重度（kN/m³），基底为透水地基时水位以下取浮重度。

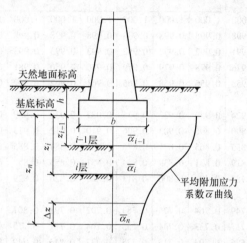

图 5-14　基底沉降计算分层示意图

表 5-5　沉降计算经验系数 ψ_s

基底附加压应力 \ 压缩模量 $\overline{E}_s$/MPa	2.5	4.0	7.0	15.0	20.0
$p_0 \geq [f_{a0}]$	1.4	1.3	1.0	0.4	0.2
$p_0 \leq 0.75 [f_{a0}]$	1.1	1.0	0.7	0.4	0.2

注：1. 表中 $[f_{a0}]$ 为地基承载力基本容许值。

　　2. 表中 $\overline{E}_s$ 为沉降计算范围内压缩模量的当量值，$\overline{E}_s = \sum A_i / \sum (A_i / E_{si})$，$A_i$ 为第 i 层土的附加压应力面积沿土层厚度的积分值。

地基沉降计算时设定计算深度 z_n，在 z_n 以上取 Δz 厚度，见表 5-7，其沉降量应符合

$$\Delta s_n \leq 0.025 \sum_{i=1}^{n} \Delta s_i \tag{5-14}$$

式中　Δs_n——在计算深度底面向上取厚度为 Δz 的土层的计算沉降量，Δz 如图 5-12 所示并按表 5-7 选用；

　　　Δs_i——在计算深度范围内，第 i 层土的计算沉降量。

已确定的计算深度下面，如仍有较软土层时，应继续计算。

基底中点下卧层附加压应力系数 α 按表 5-8 选用。

当无相邻荷载影响，基底宽度在 1～30m 范围内时，基底中心的地基沉降计算深度 z_n 也可按式（5-15）简化计算，即

$$z_n = b(2.5 - 0.4 \ln b) \tag{5-15}$$

式中　b——基础宽度（m）。

在计算深度范围内存在基岩时，z_n 可取至基岩表面；当存在较厚的坚硬黏土层，其孔隙比小于 0.5，压缩模量大于 50MPa，或存在较厚的密实砂卵石层，其压缩模量大于 80 MPa 时，z_n 可取至该土层表面。

表 5-6　矩形面积上均布荷载作用下中点平均附加压应力系数 $\bar{\alpha}$

z/b \ l/b	1.0	1.2	1.4	1.6	1.8	2.0	2.4	2.8	3.2	3.6	4.0	5.0	≥10.0
0.0	1.000	1.000	1.000	1.000	1.000	1.000	1.000	1.000	1.000	1.000	1.000	1.000	1.000
0.1	0.997	0.998	0.998	0.998	0.998	0.998	0.998	0.998	0.998	0.998	0.998	0.998	0.998
0.2	0.987	0.990	0.991	0.992	0.992	0.992	0.993	0.993	0.993	0.993	0.993	0.993	0.993
0.3	0.967	0.973	0.976	0.978	0.979	0.979	0.980	0.980	0.981	0.981	0.981	0.981	0.981
0.4	0.936	0.947	0.953	0.956	0.958	0.965	0.961	0.962	0.962	0.963	0.963	0.963	0.963
0.5	0.900	0.915	0.924	0.929	0.933	0.935	0.937	0.939	0.939	0.940	0.940	0.940	0.940
0.6	0.858	0.878	0.890	0.898	0.903	0.906	0.910	0.912	0.913	0.914	0.914	0.915	0.915
0.7	0.816	0.840	0.855	0.865	0.871	0.876	0.881	0.884	0.885	0.886	0.887	0.887	0.888
0.8	0.775	0.801	0.819	0.831	0.839	0.844	0.851	0.855	0.857	0.858	0.859	0.860	0.860
0.9	0.735	0.764	0.784	0.797	0.806	0.813	0.821	0.826	0.829	0.830	0.831	0.830	0.836
1.0	0.698	0.728	0.749	0.764	0.775	0.783	0.792	0.798	0.801	0.803	0.804	0.806	0.807
1.1	0.663	0.694	0.717	0.733	0.744	0.753	0.764	0.771	0.775	0.777	0.779	0.780	0.782
1.2	0.631	0.663	0.686	0.703	0.715	0.725	0.737	0.744	0.749	0.752	0.754	0.756	0.758
1.3	0.601	0.633	0.657	0.674	0.688	0.698	0.711	0.719	0.725	0.728	0.730	0.733	0.735
1.4	0.573	0.605	0.629	0.648	0.661	0.672	0.687	0.696	0.701	0.705	0.708	0.711	0.714
1.5	0.548	0.580	0.604	0.622	0.637	0.648	0.664	0.673	0.679	0.683	0.686	0.690	0.693
1.6	0.524	0.556	0.580	0.599	0.613	0.625	0.641	0.651	0.658	0.663	0.666	0.670	0.675
1.7	0.502	0.533	0.558	0.577	0.591	0.603	0.620	0.631	0.638	0.643	0.646	0.651	0.656
1.8	0.482	0.513	0.537	0.556	0.571	0.588	0.600	0.611	0.619	0.624	0.629	0.633	0.638
1.9	0.463	0.493	0.517	0.536	0.551	0.563	0.581	0.593	0.601	0.606	0.610	0.616	0.622
2.0	0.446	0.475	0.499	0.518	0.533	0.545	0.563	0.575	0.584	0.590	0.594	0.600	0.606
2.1	0.429	0.459	0.482	0.500	0.515	0.528	0.546	0.559	0.567	0.574	0.578	0.585	0.591
2.2	0.414	0.443	0.466	0.484	0.499	0.511	0.530	0.543	0.552	0.558	0.563	0.570	0.577
2.3	0.400	0.428	0.451	0.469	0.484	0.496	0.515	0.528	0.537	0.544	0.548	0.554	0.564
2.4	0.387	0.414	0.436	0.454	0.469	0.481	0.500	0.513	0.523	0.530	0.535	0.543	0.551
2.5	0.374	0.401	0.423	0.441	0.455	0.468	0.486	0.500	0.509	0.516	0.522	0.530	0.539
2.6	0.362	0.389	0.410	0.428	0.442	0.473	0.473	0.487	0.496	0.504	0.509	0.518	0.528
2.7	0.351	0.377	0.398	0.416	0.430	0.461	0.461	0.474	0.484	0.492	0.497	0.506	0.517
2.8	0.341	0.366	0.387	0.404	0.418	0.449	0.449	0.463	0.472	0.480	0.486	0.495	0.506
2.9	0.331	0.356	0.377	0.393	0.407	0.438	0.438	0.451	0.461	0.469	0.475	0.485	0.496
3.0	0.322	0.346	0.366	0.383	0.397	0.409	0.429	0.441	0.451	0.459	0.465	0.474	0.487
3.1	0.313	0.337	0.357	0.373	0.387	0.398	0.417	0.430	0.440	0.448	0.454	0.464	0.477
3.2	0.305	0.328	0.348	0.364	0.377	0.389	0.407	0.420	0.431	0.439	0.445	0.455	0.468
3.3	0.297	0.320	0.339	0.355	0.368	0.379	0.397	0.411	0.421	0.429	0.436	0.446	0.460
3.4	0.289	0.312	0.331	0.346	0.359	0.371	0.388	0.402	0.412	0.420	0.427	0.437	0.452
3.5	0.282	0.304	0.323	0.338	0.351	0.362	0.380	0.393	0.403	0.412	0.418	0.429	0.444
3.6	0.276	0.297	0.315	0.330	0.343	0.354	0.372	0.385	0.395	0.403	0.410	0.421	0.436
3.7	0.269	0.290	0.308	0.323	0.335	0.346	0.364	0.377	0.387	0.395	0.402	0.413	0.429
3.8	0.263	0.284	0.301	0.316	0.328	0.339	0.356	0.369	0.379	0.388	0.394	0.405	0.422
3.9	0.257	0.277	0.294	0.309	0.321	0.332	0.349	0.362	0.372	0.380	0.387	0.398	0.415

表 5-7　Δz 值

基底宽度 b/m	b≤2	2<b≤4	4<b≤8	b>8
Δz/m	0.3	0.6	0.8	1.0

表 5-8　基底中点下卧层附加压应力系数 α

z/b \ l/b	1.0	1.2	1.4	1.6	1.8	2.0	2.4	2.8	3.2	3.6	4.0	5.0	≥10.0 (条形)
0.0	1.000	1.000	1.000	1.000	1.000	1.000	1.000	1.000	1.000	1.000	1.000	1.000	1.000
0.1	0.980	0.984	0.986	0.987	0.987	0.988	0.988	0.989	0.989	0.989	0.989	0.989	0.989
0.2	0.960	0.968	0.972	0.974	0.975	0.976	0.976	0.977	0.977	0.977	0.977	0.977	0.977
0.3	0.880	0.899	0.910	0.917	0.920	0.923	0.925	0.928	0.928	0.929	0.929	0.929	0.929
0.4	0.800	0.830	0.848	0.859	0.866	0.870	0.875	0.878	0.879	0.880	0.880	0.881	0.881
0.5	0.703	0.741	0.765	0.781	0.791	0.799	0.810	0.812	0.814	0.816	0.817	0.818	0.818
0.6	0.606	0.651	0.682	0.703	0.717	0.727	0.737	0.746	0.749	0.751	0.753	0.754	0.755
0.7	0.527	0.574	0.607	0.630	0.648	0.660	0.674	0.685	0.690	0.692	0.694	0.697	0.698
0.8	0.449	0.496	0.532	0.558	0.578	0.593	0.612	0.623	0.630	0.633	0.636	0.639	0.642
0.9	0.392	0.437	0.473	0.499	0.520	0.536	0.559	0.572	0.579	0.584	0.588	0.592	0.596
1.0	0.334	0.378	0.414	0.441	0.463	0.482	0.505	0.520	0.529	0.536	0.540	0.545	0.550
1.1	0.295	0.336	0.369	0.396	0.418	0.436	0.462	0.479	0.489	0.496	0.501	0.508	0.513
1.2	0.257	0.294	0.325	0.352	0.374	0.392	0.419	0.437	0.449	0.457	0.462	0.470	0.477
1.3	0.229	0.263	0.292	0.318	0.339	0.357	0.384	0.403	0.416	0.424	0.431	0.440	0.448
1.4	0.201	0.232	0.260	0.284	0.304	0.321	0.350	0.369	0.383	0.393	0.400	0.410	0.420
1.5	0.180	0.209	0.235	0.258	0.277	0.294	0.322	0.341	0.356	0.366	0.374	0.385	0.397
1.6	0.160	0.187	0.210	0.232	0.251	0.267	0.294	0.314	0.329	0.340	0.348	0.360	0.374
1.7	0.145	0.170	0.191	0.212	0.230	0.245	0.272	0.292	0.307	0.317	0.326	0.340	0.355
1.8	0.130	0.153	0.173	0.192	0.209	0.224	0.250	0.270	0.285	0.296	0.305	0.320	0.337
1.9	0.119	0.140	0.159	0.177	0.192	0.207	0.233	0.251	0.263	0.278	0.288	0.303	0.320
2.0	0.108	0.127	0.145	0.161	0.176	0.189	0.214	0.233	0.241	0.260	0.270	0.285	0.304
2.1	0.099	0.116	0.133	0.148	0.163	0.176	0.199	0.220	0.230	0.244	0.255	0.270	0.292
2.2	0.090	0.107	0.122	0.137	0.150	0.163	0.185	0.208	0.218	0.230	0.239	0.256	0.280
2.3	0.083	0.099	0.113	0.127	0.139	0.151	0.173	0.193	0.205	0.216	0.226	0.243	0.269
2.4	0.077	0.092	0.105	0.118	0.130	0.141	0.161	0.178	0.192	0.204	0.213	0.230	0.258
2.5	0.072	0.085	0.097	0.109	0.121	0.131	0.151	0.167	0.181	0.192	0.202	0.219	0.249
2.6	0.066	0.079	0.091	0.102	0.112	0.123	0.141	0.157	0.170	0.184	0.191	0.208	0.239
2.7	0.062	0.073	0.084	0.095	0.105	0.115	0.132	0.148	0.161	0.174	0.182	0.199	0.234
2.8	0.058	0.069	0.079	0.089	0.099	0.108	0.124	0.139	0.152	0.163	0.172	0.189	0.228
2.9	0.054	0.064	0.074	0.083	0.093	0.101	0.177	0.132	0.144	0.155	0.163	0.180	0.218
3.0	0.051	0.060	0.070	0.078	0.087	0.095	0.110	0.124	0.136	0.146	0.155	0.172	0.208
3.2	0.045	0.053	0.062	0.070	0.077	0.085	0.098	0.111	0.122	0.133	0.141	0.158	0.190
3.4	0.040	0.048	0.055	0.062	0.069	0.076	0.088	0.100	0.110	0.120	0.128	0.144	0.184
3.6	0.036	0.042	0.049	0.056	0.062	0.068	0.080	0.090	0.100	0.109	0.117	0.133	0.175
3.8	0.032	0.038	0.044	0.050	0.056	0.062	0.072	0.082	0.091	0.100	0.107	0.123	0.166
4.0	0.029	0.035	0.040	0.046	0.051	0.056	0.066	0.075	0.084	0.090	0.095	0.113	0.158
4.2	0.026	0.031	0.037	0.042	0.048	0.051	0.060	0.069	0.077	0.084	0.091	0.105	0.150
4.4	0.024	0.029	0.034	0.038	0.042	0.047	0.055	0.063	0.070	0.077	0.084	0.098	0.144
4.6	0.022	0.026	0.031	0.035	0.039	0.043	0.051	0.058	0.065	0.072	0.078	0.091	0.137
4.8	0.020	0.024	0.028	0.032	0.036	0.040	0.047	0.054	0.060	0.067	0.072	0.085	0.132
5.0	0.019	0.022	0.026	0.030	0.033	0.037	0.044	0.050	0.056	0.062	0.067	0.079	0.126

注：l、b 为矩形基础边缘的长边和短边（m）；z 为基底至下卧层土面的距离（m）。

5.3.3　弹性理论方法计算最终沉降量

1. 基本概念

弹性理论方法假定地基为半无限的直线变形体，应用布辛尼斯克的竖向位移解答，即公式（4-22）在荷载作用面积范围内进行积分得到计算地基最终沉降量的表达式。

2. 计算公式

若在地基表面局部面积 F 上作用着分布荷载 $p(x,y)$，则计算地面上任一点的沉降可由式（4-22）积分而得

$$s = \frac{1-\mu^2}{\pi E_0} \iint_F \frac{p(x,y)\,\mathrm{d}F}{r} \tag{5-16}$$

式（5-16）的求解与基础刚度、形状、尺寸及计算点位置等因素有关。一般求解后可写成

$$s = \frac{pb\omega(1-\mu^2)}{E_0} \tag{5-17}$$

式中　　p——基础底面的平均压力；

　　　　b——矩形基础的宽度或圆形基础的直径；

　　μ，E_0——土的泊松比和变形模量；

　　　　ω——沉降影响系数，与基础刚度、形状和计算点位置等有关，可由表5-9查得。

表 5-9　沉降影响系数 ω

基 础 形 状		圆形	正方形	矩形（l/b）											
		—	1.0	1.5	2.0	3.0	4.0	5.0	6.0	7.0	8.0	9.0	10.0	100.0
柔性基础	ω_e	0.64	0.56	0.68	0.77	0.89	0.98	1.05	1.12	1.17	1.21	1.25	1.27	2.00
	ω_0	1.00	1.12	1.36	1.53	1.78	1.96	2.10	2.23	2.33	2.42	2.49	2.53	4.00
	ω_m	0.85	0.95	1.15	1.30	1.53	1.70	1.83	1.96	2.04	2.12	2.19	2.25	3.69
刚性基础	ω_r	0.79	0.88	1.08	1.22	1.44	1.61	1.72	—	—	—	—	2.12	3.40

注：ω_e 为柔性基础角点沉降系数；ω_0 为柔性基础中点沉降系数；ω_m 为柔性基础平均沉降系数；ω_r 为刚性基础均匀沉降系数。

5.2 节所述的载荷试验中计算载荷板下地基的变形便就是用弹性理论方法（即式5-7）。因为它所用的变形指标是变形模量 E_0，所以可以用载荷试验的资料代入式（5-7）反求 E_0。

弹性理论方法计算沉降的正确性，取决于 E_0 的选取。一般假定 E_0 沿深度变化。弹性理论方法的压缩层厚度理论上是无穷大的，这与实际不符，但由于其计算过程简便，所以常用于沉降的估算。

5.3.4　考虑不同变形阶段的沉降计算方法

这种计算方法认为，地基土在外力作用下的变形经历三种不同的阶段，表现为三种类型的变形特征，即瞬时变形 s_i、固结变形 s_c 以及次固结变形 s_s，如图 5-15 所示。地基的总变形量 s 为

$$s = s_i + s_c + s_s \tag{5-18}$$

（1）瞬时变形（瞬时沉降）s_i 在加载瞬间，土中孔隙水来不及排出，孔隙体积没有变化即土不产生体积变化，但是荷载使土产生剪切变形。所以瞬时变形计算是考虑了侧向变形的地基沉降计算，在实用上可以用弹性理论公式计算。

$$s_i = \frac{pb(1-\mu^2)}{E_i}\omega \tag{5-19}$$

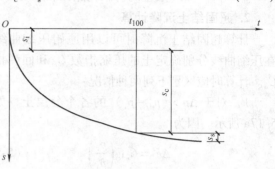

图 5-15 地基变形的三个阶段

式中符号除 E_i、μ 外均与式（5-17）同。由于这一变形阶段体积变化为零，所以取侧膨胀系数 $\mu = 0.5$；E_i 为弹性模量，应通过室内三轴不排水试验（详见第 6 章）求得，也可以近似采用 $E_i = (500 \sim 1000)C_u$ 估算，其中 C_u 是不排水抗剪强度。

（2）固结变形（固结沉降）s_c 即孔隙水排出，孔隙压力转换成有效应力，土体逐渐压密产生的体积压缩变形。计算方法可用分层总和法或者按斯开普顿（Skempton）建议的式（5-20）计算，即

$$s_c = \sum_{i=1}^{n} \frac{\alpha_i}{1+e_{1i}}\sigma_{1i}\left[A + \frac{\sigma_{3i}}{\sigma_{1i}}(1-A)\right]h_i \tag{5-20}$$

式中 σ_1，σ_3——地基中某分层 i 的附加最大和最小主应力；

　　　A——孔隙压力系数（详见第 6 章）；

其余符号意义同式（5-10）。

（3）次固结变形（次固结沉降）s_s 这一变形阶段是在土中孔隙水完全排出，土固结已经结束以后发生的变形。目前认为这是土骨架黏滞蠕变所致。其变形量为

$$s_s = \sum_{i=1}^{n} \frac{C_{\alpha i}}{1+e_{1i}}\lg\left(\frac{t_2}{t_1}\right)h_i \tag{5-21}$$

式中 $C_{\alpha i}$——第 i 分层土的次固结系数，由试验确定；

　　　t_1，t_2——排水固结所需的时间以及计算次固结所需的时间。

这种计算方法对黏性土地基较为合适，对于砂性土地基，由于砂土渗水性强，固结完成快，瞬时沉降与固结沉降是分不开的，故不适合用此方法估算。

5.3.5 用原位压缩曲线计算地基最终沉降量

1. 正常固结土层沉降计算

正常固结土的特点是 $p_c = \gamma z$（p_c 是前期固结压力，z 是土层表面以下某点的深度），如图 5-16 所示。计算正常固结黏土沉降 s_{nc} 的分层总和法公式为

$$s_{nc} = \sum_{i=1}^{n} \frac{h_i}{1+e_{0i}}\left[C_{cfi}\lg\left(\frac{p_{1i}+\Delta p_i}{p_{1i}}\right)\right] \tag{5-22}$$

式中 C_{cfi}——第 i 分层的原始压缩曲线的压缩指数；

　　　p_{1i}——第 i 层土自重应力的平均值（kPa）；

　　　Δp_i——第 i 层土附加应力的平均值（kPa）；

e_{0i}、h_i——第 i 层土的初始孔隙比和厚度。

2. 超固结土沉降计算

计算超固结土沉降时可以用原始压缩曲线和在压缩曲线分别确定土的压缩指数 C_{cf} 和回弹指数 C_e。计算时应区别下列两种情况:

1) 对于 $\Delta p > (p_c - p_1)$ 的各个分层土,如图 5-17a 所示。因为

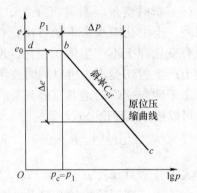

图 5-16　正常固结土的原位 $e\text{-}\lg p$ 曲线

$$\Delta e' = C_e \lg\left(\frac{p_c}{p_1}\right) \tag{5-23}$$

$$\Delta e'' = C_{ef} \lg\left(\frac{p_1 + \Delta p}{p_c}\right) \tag{5-24}$$

所以

$$s_{oc(n)} = \sum_{i=1}^{n} \frac{h_i}{1 + e_{0i}} \left[C_{ei} \lg\left(\frac{p_{ci}}{p_{1i}}\right) + C_{efi} \lg\left(\frac{p_{1i} + \Delta p_i}{p_{ci}}\right) \right] \tag{5-25}$$

式中　n——压缩层中 $\Delta p > p_c - p_1$ 时的分层数;

　　　C_{ei}——第 i 层的回弹指数;

　　　p_{ci}——第 i 层的前期固结压力。

其他符号同式 (5-22)。

2) 对于 $\Delta p < (p_c - p_1)$ 的各分层土,如图 5-17b 所示。因为

$$\Delta e = C_{ei} \lg\left(\frac{p_1 + \Delta p}{p_1}\right) \tag{5-26}$$

所以

$$s_{oc(m)} = \sum_{i=1}^{m} \frac{h_i}{1 + e_{0i}} \left[C_{ei} \lg\left(\frac{p_{1i} + \Delta p_i}{p_{1i}}\right) \right] \tag{5-27}$$

式中　m——压缩层中具有 $\Delta p \leqslant p_c - p_1$ 时的分层数。

其他符号意义同式 (5-25)。

超固结地基土的总沉降 s_{oc} 为上述两部分之,即

$$s_{oc} = s_{oc(n)} + s_{oc(m)} \tag{5-28}$$

3. 欠固结土的沉降计算

欠固结土的特点是 $p_c < p_1 = \gamma z$,因此它的沉降不仅包括由地基附加应力所引起的沉降,而且包括由于在原有自重应力作用下固结还未达到稳定而继续在 $(p_c - p_1)$ 作用下发生固结所引起的那一部分沉降在内,如图 5-18 所示。因为

$$\Delta e' = C_{ef} \lg\left[\frac{p_c + (p_1 - p_c)}{p_c}\right] \tag{5-29}$$

$$\Delta e'' = C_{ef} \lg\left[\frac{p_c + (p_1 - p_c) + \Delta p}{p_c + (p_1 - p_c)}\right] \tag{5-30}$$

所以

$$s_{uc} = \sum_{i=1}^{n} \frac{h_i}{1 + e_{0i}} \left[C_{cfi} \lg\left(\frac{p_{1i} + \Delta p_i}{p_{ci}}\right) \right] \tag{5-31}$$

式中符号同式 (5-25)。

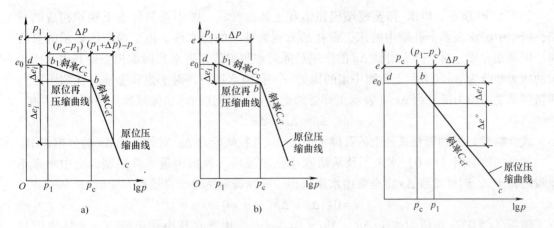

图 5-17　超固结土的原位 $e\text{-}\lg p$ 曲线　　　　图 5-18　欠固结土的原位 $e\text{-}\lg p$ 曲线

5.4　沉降与时间的关系

第 5.2 节的最终沉降量计算只是地基沉降问题的一个方面，其另一个方面是沉降随时间的变化的问题，要解决这一问题，需要了解土的固结理论。土的固结包括土中孔隙压力分布、变形随时间变化以及固结度估算等内容。计算地基土的变形将为控制变形量的发展，特别是了解施工期的沉降以采取预防事故的措施提供依据，并为合理地预留施工超高、控制加荷速率与强度增长相适应等工程要求提供依据；而孔隙水压力的计算是地基与边坡稳定性分析所需要的基本资料。

5.4.1　饱和土体压缩时土骨架和孔隙水压力的分担作用

第 4.6 节已经介绍了土的有效应力原理，并得到其表达式 [式 (4-49)]。为了便于阐述饱和土的固结理论，用如图 5-19 所示水-弹簧模型，说明土的有效应力原理——饱和土压缩时土骨架和孔隙水压力的分担作用。

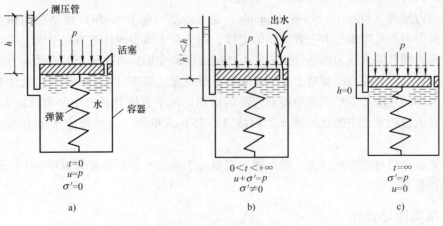

图 5-19　水-弹簧模型

如图 5-19 所示，以水-弹簧模型模拟饱和土体的性状。图中弹簧代表土颗粒构成的骨架，模型中的水表示土孔隙中的水，带孔活塞则表征土的透水性。由于模型所表示的只有固、液两相介质，对于外力增量 Δp 的作用只能是水与弹簧二者来共同承担。设其中水所承担的压力部分为 Δu（表示土孔隙中水的压力——孔隙水压力，对于饱和土简称孔隙压力），弹簧所承受的压力部分为 $\Delta \bar{\sigma}$（表示土骨架的受力——粒间应力）。按照静力平衡条件，有

$$\Delta p = \Delta \bar{\sigma} + \Delta u \tag{5-32}$$

式（5-32）的物理意义是土的孔隙水压力 Δu 与粒间应力 $\Delta \bar{\sigma}$ 对外荷载 Δp 的分担作用。

如果加荷瞬间（$t=0$）水来不及从活塞小孔中流出（模拟因透水性限制，土中水来不及瞬间排出），则外荷载 Δp 将全部由水来承担，而弹簧不受力（自然也无变形），有

$$t=0: \ \Delta u = \Delta p, \ \Delta \bar{\sigma} = 0$$

随后（$t>0$），在压力水头 $\Delta h = \Delta u / \gamma_w = \Delta p / \gamma_w$ 作用下水从小孔中流出（土体渗流过程），水压下降，Δu 减小。如果外荷载 Δp 是一次施加后便不再卸去而且保持常量，即外荷总应力不变，按式（5-32）有

$$t>0 \ （或 t_2 = t_1）: \ \Delta u < \Delta p, \ \Delta \bar{\sigma} = \Delta p - \Delta u > 0$$

即弹簧受力而且压缩变形，因而活塞下降，模拟了土骨架由于逐渐承受外荷载 Δp 的一部分而且产生孔隙体积的压缩。此后，只要小孔是畅通的，Δp 又不变，则模型中水流出及弹簧的受力压缩将继续下去直至弹簧全部承受外力 Δp，而 $\Delta u \to 0$，即

$$t \to \infty: \ \Delta u \to 0, \ \Delta \bar{\sigma} = \Delta p$$

此时，因无压力水头，模型中水停止流出，活塞沉降稳定，模拟土中渗流结束，土体变形稳定，在 Δp 这一级外荷载作用下，土体固结过程完成。如果再加下一级荷载，又重新发生上述压力分担传递的过程直至沉降再次稳定为止。

很明显，由于在这一固结过程中 Δp 是个常量，因此按式（5-32），$\Delta \bar{\sigma}$ 与 Δu 只是在量的方面相互转换。在土力学中粒间应力 $\Delta \bar{\sigma}$ 称为有效应力（意指对于土体变形有效），孔隙水压力 Δu 与有效应力 $\Delta \bar{\sigma}$ 的分担与转换作用是土的有效应力原理的基本概念和内容。为方便，式（5-32）常写成一般的全量形式，即

$$p = u + \bar{\sigma} \tag{5-33}$$

式（5-33）是有效应力原理的数学表达式。

有效应力原理（Effective Stress Principle）是太沙基（K. Terzaghi）建立的饱和土体中总应力、有效应力和孔隙水压力三者关系的定律，即饱和土体中的任意方向平面上受到的总应力由有效应力和孔隙水压力两部分组成，土体的强度和变形只取决于土的有效应力。

实践证明，有效应力原理对土力学发展有重要意义。自 20 世纪 20 年代由太沙基提出以来，在土力学的强度与变形问题中得到广泛的应用。由于直接测量土中的有效应力很困难，因此主要是通过测定土中的孔隙水压力再按（5-33）式推算，这样孔隙水压力的研究也得到发展。

孔隙水压力也称超静水压力，这是因为它是由于施加外力 p 引起的相对于土中原有的静水压力的增量而言。

5.4.2　单向固结理论

单向固结理论即是太沙基一维渗流固结理论（Terzaghi, Theory of One-dimensional Consolidation），是指太沙基（K. Terzaghi）建立的饱和土体在侧限（一维）压缩情况下，受荷载作用后超静孔隙水压力消散规律的理论。

1. 单向固结微分方程

如图 5-20a 所示的土层，其边界条件是土层顶部为排水砂层，底面是不透水层，荷载是无限均布的。由于土层厚度远小于荷载面积尺度，所以土中附加应力图形近似矩形分布。但是孔隙水压力 u、有效应力 $\bar{\sigma}$ 是坐标 z 和时间 t 的函数，即

$$u = u(z,t) \tag{5-34}$$

起始孔隙压力

$$u_0(z,t=0) = p \tag{5-35}$$

基本假定：

1）土中水只沿竖向运动，在如图 5-20 所示条件下，设黏土层以下为不透水层，水由下向上渗流，而且渗流符合达西定律，渗透系数 k 是常数。

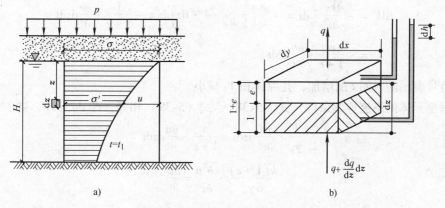

a)　　　　　　　　　　　　　　　　b)

图 5-20　饱和黏土层的固结计算

2）相对于土的孔隙，土中水和土固体颗粒都是不可压缩的，土的变形仅是孔隙体积压缩，土的压缩符合式（5-2）压缩定律。

3）土完全饱和，土的体积压缩与土孔隙中排出的水量相等，而且压缩变形速率取决于土中水的渗流速率。

根据基本假定建立固结微分方程。

（1）单元体的渗流条件（根据假定 1）　如图 5-20b 所示，根据达西定律，渗流速度为

$$v = kI$$

导致渗流的压力水头 h 是由于外荷载产生的孔隙压力 u，即

$$h(z,t) = \frac{u(z,t)}{\gamma_w}$$

式中　γ_w——水的重度。

在任意时刻 t 的水头梯度 I 为

$$I = \frac{\partial h}{\partial z} = \frac{1}{\gamma_w} \frac{\partial u}{\partial z}$$

所以

$$v = kI = \frac{k}{\gamma_w} \frac{\partial u}{\partial z} \tag{5-36}$$

（2）单元体的变形条件（根据假定2） 对式（5-3）取微分形式有 $\mathrm{d}e = -a \cdot \mathrm{d}\overline{\sigma}$。根据式（5-33）以及总应力 p 是常量的条件，变形随时间变化是

$$\frac{\partial e}{\partial t} = -a \frac{\partial \overline{\sigma}}{\partial t} = -a \frac{\partial(p-u)}{\partial t} = a \cdot \frac{\partial u}{\partial t} \tag{5-37}$$

（3）单元体的渗流连续条件（根据假定3)） 如图 5-20b 所示，在时间间隔 $\mathrm{d}t$ 内，在孔隙水压力水头作用下，从单元体底面流进和顶面流出的水量差值 $\mathrm{d}q$ 为

$$\mathrm{d}q = q - \left(q + \frac{\partial q}{\partial z}\mathrm{d}z\right) = \frac{-\partial q}{\partial z}\mathrm{d}z = -\frac{\partial}{\partial z}(v \cdot 1 \cdot \mathrm{d}t)\mathrm{d}z$$

因为单元体的面积等于1，由式（5-36）得

$$\mathrm{d}q = -\frac{\partial q}{\partial z}\mathrm{d}z = -\frac{\partial v}{\partial z}\mathrm{d}z\mathrm{d}t = -\frac{k}{\gamma_{\mathrm{w}}} \cdot \frac{\partial^2 u}{\partial z^2}\mathrm{d}z\mathrm{d}t \tag{5-38}$$

在同一时间间隔 $\mathrm{d}t$ 中，单元体体积的变化 $\mathrm{d}V$ 为

$$\mathrm{d}V = -\frac{\partial V_{\mathrm{v}}}{\partial t} \cdot \mathrm{d}t = -\frac{\partial}{\partial t}\left(\frac{e}{1+e} \cdot 1 \cdot \mathrm{d}z\right)\mathrm{d}t = -\frac{1}{1+e} \cdot \frac{\partial e}{\partial t}\mathrm{d}z\mathrm{d}t$$

$$= -\frac{a}{1+e} \cdot \frac{\partial u}{\partial t}\mathrm{d}z\mathrm{d}t \tag{5-39}$$

式中，负号表示随时间 t 的增加，孔隙体积 V_{v} 减小。

根据单元体的渗流连续条件，式（5-38）、式（5-39）相等，即 $\mathrm{d}q = \mathrm{d}V$，则

$$\frac{k}{\gamma_{\mathrm{w}}} \cdot \frac{\partial^2 u}{\partial z^2}\mathrm{d}z\mathrm{d}t = \frac{a}{1+e} \cdot \frac{\partial u}{\partial t}\mathrm{d}z\mathrm{d}t$$

$$\frac{k(1+e)}{\alpha\gamma_{\mathrm{w}}} \cdot \frac{\partial^2 u}{\partial z^2} = \frac{\partial u}{\partial t} \tag{5-40}$$

或

$$C_{\mathrm{v}}\frac{\partial^2 u}{\partial z^2} = \frac{\partial u}{\partial t} \tag{5-41}$$

$$C_{\mathrm{v}} = \frac{k(1+e)}{a\gamma_{\mathrm{w}}} \tag{5-42}$$

式中 C_{v}——土的竖向固结系数（m^2/s，下角标 v 表示竖向渗流固结），由室内固结（压缩）试验确定；

k，a，e——土的渗透系数、压缩系数和孔隙比。

式（5-41）即为单向固结微分方程，也称为太沙基一维固结微分方程。有关土的物理力学性质的参数 k、a、e 均取作常数。但是实际上它们都随有效应力 $\overline{\sigma}$ 的增加而略有变化，所以为简化计算，常取室内试验中土样固结前后的平均值。这一方程不但适用于起始孔隙压力 $u = p = $ 常量的情况，而且也适用于其他情况。不仅适用于单面排水的边界条件，而且也适用于双面排水的边界条件。

2. 单向固结微分方程的求解

单向固结微分方程式（5-41）是典型的热传导微分方程，在高等数学中有相应的求解方法。下面主要根据土层的实际边界条件求解。

1）土层为单面排水，起始孔隙压力为线性分布，如图 5-21 所示。坐标原点取在黏土层顶面，土层排水面的起始孔隙压力为 p_1，不透水面的起始孔隙压力为 p_2，令两者的比值为

$\alpha = \dfrac{p_1}{p_2}$，深度 z 处的起始孔隙压力 p_z 为

$$p_z = p_2 + (p_1 - p_2)\frac{H - z}{H} = p_2\left[1 + (\alpha - 1)\frac{H - z}{H}\right]$$

$$(5\text{-}43)$$

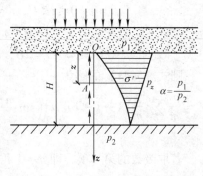

图 5-21　单面排水

如图 5-21 所示，求解的起始条件和边界条件为

$$\begin{cases} t = 0: \ 0 \leqslant z \leqslant H, \ u = p_z \\ 0 < t \leqslant \infty: \ z = H, \ \dfrac{\partial u}{\partial z} = 0 \\ 0 < t \leqslant \infty: \ z = 0, \ u = 0 \end{cases}$$

则式 (5-41) 的解为

$$u = \frac{4p_2}{\pi^2}\sum_{m=1}^{\infty}\frac{1}{m^2}\left[m\pi\alpha + 2(-1)^{\frac{m-1}{2}}(1 - \alpha)\right]e^{-\frac{m^2\pi^2}{4}T_v}\cdot\sin\frac{m\pi z}{2H} \qquad (5\text{-}44)$$

式中　m——正奇数 ($m = 1, 3, 5, \cdots$)；

　　　e——自然对数的底，$e = 2.7182$；

　　　H——土层厚度，也是孔隙水的最大渗径；

　　　T_v——时间因数

$$T_v = C_v t / H^2 \qquad (5\text{-}45)$$

在实用中常取级数的第一项值，即 $m = 1$，得

$$u = \frac{4p_2}{\pi^2}\left[\alpha(\pi - 2) + 2\right]\left(\sin\frac{\pi z}{2H}\right)\cdot e^{-\frac{\pi^2}{4}T_v} \qquad (5\text{-}46)$$

① 当起始孔隙压力分布为矩形时，如图 5-22a 所示，一般称为 "0" 型，其解以 $\alpha = 1$ 代入式 (5-46) 得

$$u = \frac{4p}{\pi}\left(\sin\frac{\pi z}{2H}\right)\cdot e^{-\frac{\pi^2}{4}T_v} \qquad (5\text{-}47)$$

② 当起始孔隙压力分布为三角形时，如图 5-22b 所示，一般称为 "1" 型，其解以 $\alpha = 0$ 代入式 (5-46) 得

$$u = \frac{8}{\pi^2}p\left(\sin\frac{\pi z}{2H}\right)\cdot e^{-\frac{\pi^2}{4}T_v} \qquad (5\text{-}48)$$

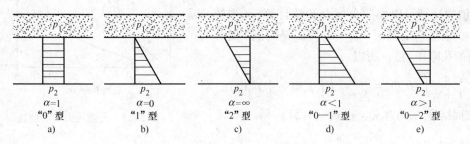

图 5-22　几种起始孔隙压力分布图

2) 土层为双面排水时，如图 5-23 所示。坐标原点取在黏性土层顶面，令土层厚度为 $2H$。求解的边界条件为

$$\begin{cases} t = 0 : \ 0 \leqslant z \leqslant H, \ u = p_z \\ 0 < t \leqslant \infty : \ z = 0, \ u = 0 \\ 0 < t \leqslant \infty : \ z = 2H, \ u = 0 \end{cases}$$

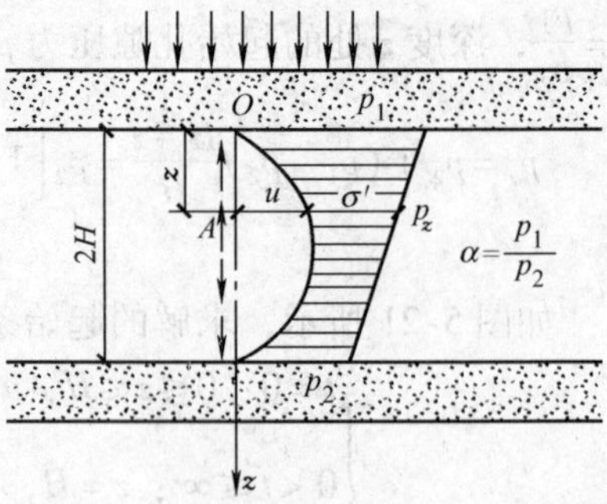

则式 (5-41) 的解为

$$u = \frac{p_2}{\pi} \sum_{m=1}^{\infty} \frac{2}{m} [1 - (-1)^m \alpha] \left(\sin \frac{m\pi(2H-z)}{2H} \right) \cdot e^{-\frac{m^2\pi^2}{4}T_v}$$

(5-49)

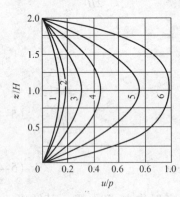

图 5-23　双面排水

若取级数的第一项, 即 $m = 1$ 得

$$u = \frac{2p_2}{\pi} (1 + \alpha) \left(\sin \frac{\pi(2H-z)}{2H} \right) \cdot e^{-\frac{\pi^2}{4}T_v} \quad (5\text{-}50)$$

如图 5-24 所示为按式 (5-50), 并令 $\alpha = 1$ 时计算所得的曲线, 是对称的抛物线。

如图 5-25 所示为某工程实测孔隙压力结果。由此可以判断理论计算的可靠程度。

曲线号	1	2	3	4	5	6
T_v	0.92	0.80	0.60	0.40	0.20	0.05

图 5-24　超静水压力分布曲线

3. 固结度计算

地基土层在某一压力作用下, 经过时间 t 所产生的变形量 s_t 与地层的最终变形量 s 之比, 称为土层的固结度 (Degree of Consolidation), 即

$$U_t = \frac{s_t}{s} \quad (5\text{-}51)$$

固结度 U_t 可用百分数表示, 也可以用小数表示。s 值的计算可以参照分层总和法计算, s_t 取决于土中的有效应力值 $\overline{\sigma}_z = p_z - u_{zt}$ (u_{zt} 是时间 t 时深度 z 处的孔隙压力), 所以

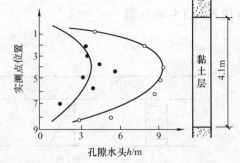

图 5-25　孔隙压力实测曲线

$$s_t = \frac{a}{1 + e_1} \int_0^H \overline{\sigma}_z \mathrm{d}z = \frac{a}{1 + e_1} \left(\int_0^H p_z \mathrm{d}z - \int_0^H u_{zt} \mathrm{d}z \right)$$

按固结度 U_t 的意义, 由式 (5-51) 得

$$U_t = 1 - \frac{\int_0^H u_{zt} \mathrm{d}z}{\int_0^H p_z \mathrm{d}z} \quad (5\text{-}52)$$

根据式 (5-52), 参照图 5-21, 固结度 U_t 的另一种表达方法为

$$U_t = \frac{\text{有效应力图形面积}}{\text{总应力(起始孔隙压力)图形面积}}$$

$$U_t = 1 - \frac{\text{孔隙水压力图形面积}}{\text{总应力(起始孔隙压力)图形面积}}$$

1）土层为单面排水时，将式（5-43）、式（5-46）代入式（5-52）得

$$U_t = 1 - \frac{\dfrac{4p_2}{\pi^2}[\alpha(\pi - 2) + 2] \cdot e^{-\frac{\pi^2}{4}T_v} \int_0^H \sin\dfrac{\pi z}{2H} dz}{p_2 \int_0^H \left[1 + (\alpha - 1)\dfrac{H - z}{H}\right] dz}$$

$$= 1 - \frac{\left(\dfrac{\pi}{2}\alpha - \alpha + 1\right)}{1 + \alpha} \cdot \frac{32}{\pi^3} \cdot e^{-\frac{\pi^2}{4}T_v} \tag{5-53}$$

若起始孔隙水压力分布图形为矩形，如图 5-22a 所示，即为"0"型时，令 $\alpha = 1$ 代入式（5-53）得其固结度表达式

$$U_0 = 1 - \frac{8}{\pi^2} \cdot e^{-\frac{\pi^2}{4}T_v} \tag{5-54a}$$

研究表明，当 $U_t < 0.6$ 时，U_t 与 $\sqrt{T_v}$ 近似呈线性关系，近似表示为

$$U_0 = 1.128\sqrt{T_v} \tag{5-54b}$$

$$\text{或} \quad T_v = \frac{\pi}{4}U_0^2 \tag{5-54c}$$

当 $U_t > 0.6$ 时，则按公式（5-54a）计算。

若起始孔隙水压力分布图形为三角形，如图 5-22b 所示，即"1"型时，将 $\alpha = 0$ 代入式（5-53）得其固结度表达式

$$U_1 = 1 - \frac{32}{\pi^3} \cdot e^{-\frac{\pi^2}{4}T_v} \tag{5-55}$$

不同 α 值时的固结度 U_t 可按式（5-53）计算，也可利用式（5-54）及式（5-55）求得的 U_0 及 U_1，按式（5-56）计算，即

$$U_t = \frac{2\alpha U_0 + (1 - \alpha)U_1}{1 + \alpha} \tag{5-56}$$

根据式（5-53）可以得到不同 α 值时，固结度 U_t 与时间因数 T_v 间的关系。

从式（5-53）知，当其他条件相同时，达到某一固结度的时间，只取决于时间因数 $T_v = C_v t/H^2$。因此，若有两个性质相同的土层，其渗径分别为 H_1 和 H_2，则它们达到同一固结度所需的时间为 t_1 及 t_2 与渗径之间的关系为

$$\frac{t_1}{H_1^2} = \frac{t_2}{H_2^2} \tag{5-57}$$

式（5-57）表明，当其他条件相同时，按照理论计算达到同样固结度的时间 t 与最大渗径 H 的平方成正比。

2）土层为双面排水时，如图 5-23 所示，将式（5-43）、式（5-50）代入式（5-52）得

$$U_t = 1 - \frac{\int_0^{2H} u_{zt} dz}{\int_0^{2H} p_z dz}$$

$$= 1 - \frac{\dfrac{2p_2}{\pi}(1 + \alpha) \cdot e^{-\frac{\pi^2}{4}T_v} \int_0^{2H} \sin \dfrac{\pi(2H - z)}{2H} dz}{p_2 \int_0^{2H} [1 + (\alpha - 1)] \dfrac{(H - z)}{H} dz}$$

$$= 1 - \frac{8}{\pi^2} \cdot e^{-\frac{\pi^2}{4}T_v} = U_0 \tag{5-58}$$

从式 (5-58) 可以看出，双面排水的土层，不论其起始孔隙压力分布图形如何（即 α 为任何值时），只要将土层厚度取为 $2H$，则其固结度 U_t 的计算公式与土层单面排水时的 U_0 相同。

【例 5-2】　设厚度为 10m 的黏土层的边界条件如图 5-26 所示，上下层面处均为排水砂层，地面上作用着无限均布荷载 $p = 196.2\mathrm{kPa}$。已知黏土层的孔隙比 $e_1 = 0.900$，渗透系数 $k = 2.0\mathrm{cm}/$年 $= 6.3 \times 10^{-8}\mathrm{cm/s}$，压缩系数 $a = 0.025 \times 10^{-2}\mathrm{kPa}^{-1}$。试求：（1）加荷一年后的地基沉降量。（2）加荷后历时多久，黏土层的固结度达到 90%？

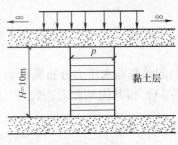

图 5-26　例 5-2 图

解： 先求在外荷载作用下地基的总沉降量。由于是无限荷载，所以土层中的附加应力分布不随深度变化，如图 5-26 所示，$\sigma_z = p = 196.2\mathrm{kPa}$，令 $H_1 = \dfrac{H}{2} = 5\mathrm{m}$。

$$s = \frac{a}{1 + e_1} \sigma_z H = \left(\frac{0.025 \times 10^{-2}}{1.9} \times 196.2 \times 1000\right)\mathrm{cm} = 25.8\mathrm{cm}$$

由已知土性指标可算出黏土层的固结系数 C_v 为

$$C_v = \frac{k(1 + e_1)}{a\gamma_w} = \frac{6.3 \times 10^{-8} \times 1.9 \times 10^2}{0.025 \times 9.81 \times 10^{-2}}\mathrm{cm^2/s} = 4.88 \times 10^{-3}\mathrm{cm^2/s} = 4.88 \times 10^{-7}\mathrm{m^2/s}$$

加荷历时一年的时间因数为

$$T_v = \frac{C_v t}{H_1^2} = \frac{4.88 \times 10^{-7} \times 365 \times 86400}{25} = 0.616$$

由 T_v 根据式 (5-58) 有

$$U_t = 1 - \frac{8}{\pi^2} \cdot e^{-\frac{\pi^2}{4}T_v} = 1 - \frac{8}{\pi^2} \times 2.7182^{-\frac{\pi^2}{4} \times 0.616} = 0.822$$

按式 (5-51) 计算加荷一年后的地基沉降量

$$s_t = s \cdot U_t = (25.8 \times 0.822)\mathrm{cm} = 21.21\mathrm{cm}$$

当 $U_t = 90\%$ 时，根据式 (5-58)，计算得 $T_v = 0.848$。则

$$t = \frac{T_v H_1^2}{C_v} = \frac{0.848 \times 25}{4.88 \times 10^{-7}}\mathrm{s} = 4.34 \times 10^7\mathrm{s} = 1.38 \text{ 年}$$

即该土层在加荷 1.38 年后固结度可达到 90%。

4. 固结系数 C_v 的确定

地基土层的固结计算中，固结系数 C_v 是一个控制性指标，式 (5-41) 表明，C_v 与固结

过程中孔隙压力消散的速率 $\dfrac{\partial u}{\partial t}$ 成正比。固结系数越大，土体内孔隙水排出越快，因此，确定土的固结系数 C_v 是计算固结排水速率和固结度大小的关键。

固结系数 C_v 可根据式（5-42），用其他土的性质指标（如 k，a 等）计算，这是一种间接测定 C_v 的方法。另一种是直接通过室内试验结果确定。

C_v 测定方法是应用室内压缩试验结果求得，其一是时间平方根法；另一是时间对数法。

（1）时间平方根法　将理论公式（5-54）U_t-T_v 关系式绘成 U_t-$\sqrt{T_v}$ 图，如图 5-27a 所示。在固结度 $U_t < 0.6$ 之前，U_t-$\sqrt{T_v}$ 呈直线关系，可用 $T_v = \dfrac{\pi}{4}U_t^2$ 或者 $U_t = 1.128\sqrt{T_v}$ 近似表达，这就是式（5-54b、c）。现若将该直线延长到 $U_t = 0.9$，其对应的 $\sqrt{T_v} = \sqrt{\dfrac{\pi}{4} \times 0.90} = 0.798$。用式（5-54a）可算出 $U_t = 0.9$ 时，$\sqrt{T_v} = \sqrt{0.848} = 0.920$，即 U_t-T_v 理论曲线在 $U_t = 0.9$ 时所对应的横坐标值。两个横坐标之比为 $0.920/0.798 = 1.15$。

据此，将某级压力下固结试验的数据绘成测微表读数 d 与 $\sqrt{t}$ 的关系曲线，如图 5-27b 所示，曲线的前部分呈直线关系。将该直线延长线交于纵轴得 $t = 0$ 时的读数 d_0（它与试验开始时的读数 d_i 不完全重合），从 d_0 点做另一直线使其斜率等于试验曲线直线部分斜率的 1.15 倍，它交曲线于 a 点。按如图 5-27a 所示的概念，a 点所对应的时间即为土样达到 90% 固结度时所对应的平方根值 $\sqrt{t_{90}}$。但 $U_t = 0.9$ 时的 $T_v = 0.848$，所以根据式（5-45），代入相应数据可得

$$C_v = \frac{0.848 H^2}{t_{90}} \tag{5-59}$$

式中　H——土中孔隙水的最大渗径。

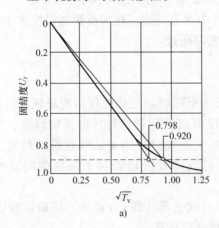
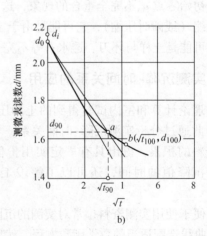

图 5-27　时间平方根曲线

（2）时间对数法　这一方法有 t_{50} 与 t_{33} 之分，此处仅对 t_{50} 方法进行简介。在某一级压力下，在半对数坐标系统中，以测微表读数 d 为纵坐标，时间 t 的对数为横坐标，绘制 d-$\lg t$ 曲线，如图 5-28 所示。该曲线前面部分近似抛物线段，后面部分近似一倾斜直线段，而中段是一近似直线段的过渡段，且有一反弯点。一般认为，曲线中后段的切线汇交点 c 所对应的时间代表固结度 $U_t = 100\%$ 时的时间 t_{100}（此时读数为 d_{100}）。由于假定 U_t-T_v 理论曲线正

确，所以试验开始时初读数 d_i 与理论曲线开始点 d_0 将不完全吻合。为此，必须推求正确的初始读数 d_0。在 d-$\lg t$ 曲线的抛物线段内，任选一时间 t_1，及其对应的测微表读数 d_1；再取时间 $t_2 = \frac{1}{4}t_1$，得其读数 d_2，则第一次的初读数 $d_{01} = 2d_2 - d_1$。如此，依同样方法求得 d_{02}，d_{03}，等，然后取其平均值即得所求的理论曲线零点 d_0。

当 $U_t = 50\%$ 时，对应时间为 t_{50}，测微表读数 d_{50}，取 $d_{50} = \frac{1}{2}(d_0 + d_{100})$，此时，$T_v = 0.197$。根据式（5-45），代入有关数据可得

$$C_v = \frac{0.197H^2}{t_{50}} \tag{5-60}$$

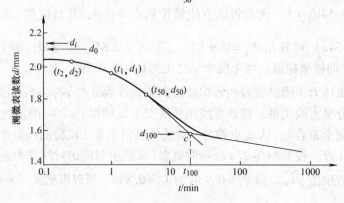

图 5-28　时间对数曲线

上述确定固结系数 C_v 的两种方法中，所作的试验曲线都出现试验开始时读数 d_i 与 $t = 0$ 时的曲线初始零点 d_0 不完全重合的现象，这正是理论与实际土体之间的差异之一。$d_i - d_0$ 称为初始压缩（或瞬时压缩），它可能是由于土样中含有气泡，在加荷瞬间很快被压缩或挤出所致，也可能是土样与环刀、透水石等不完全密贴所致。

5.4.3　实测沉降-时间关系的应用

通过理论计算和室内试验得到的土的压缩变形随时间变化往往与现场观测资料不完全符合，因此通过分析实测沉降-时间关系，不仅可以验证理论计算的正确程度，还可以通过实测资料的积累，得出具有一定实用价值的变形规律，用于估计建筑物最终沉降量和达到这一沉降值的时间，还可以了解竣工以后沉降发展趋势对上部结构的安全使用的影响。

为了便于使用实测资料，常对实测的沉降-时间关系（即 s_t-t 曲线）采取经验估算方法，即为 s_t-t 曲线选配适当的数学函数方程，然后再进行运算。

实测 s_t-t 关系的拟合曲线较多，如指数曲线法，双曲线法以及沉降、时间倒数法等。

在工程实践中，根据实测的沉降与时间资料表明，饱和黏性土的地基沉降与时间的实测关系大多数呈双曲线或对数曲线。

1. 双曲线法

当把 s_t-t 曲线的起点改在 $t_0 = \frac{1}{2}T_0$ 处时（T_0 为施工期），则沉降曲线接近于双曲线，可

近似地用双曲线方程表示，如图 5-29 所示，即

$$s_t - s_0 = (s_\infty - s_t)\frac{(t - t_0)}{\alpha + (t - t_0)} \qquad (5\text{-}61)$$

或

$$s'_t = s'_\infty \frac{t'}{\alpha + t'} \qquad (5\text{-}62)$$

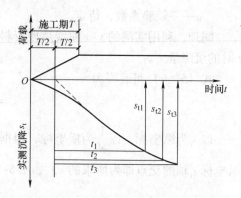

图 5-29　实测沉降-时间关系曲线

式中　s_t——某一时间 t 时的沉降值；

　　　s_∞——地基的最终（稳定）沉降量；

　　　t_0——施工期 T_0 一半的时间，即 $t_0 = \frac{1}{2}T_0$；

　　　α——综合反映地基固结性能的待定系数；

　　　s_0——对应于 t_0 时的实测沉降值；

　　　s'_t——$s'_t = s_t - s_0$；

　　　s'_∞——$s'_\infty = s_\infty - s_0$；

　　　t'——$t' = t - t_0$。

根据式（5-62）得

$$\frac{t'}{s'_t} = \frac{t'}{s'_\infty} + \frac{\alpha}{s'_\infty} \qquad (5\text{-}63\text{a})$$

或

$$\frac{t'}{s'_t} = a + bt' \qquad (5\text{-}63\text{b})$$

这是一个 $\frac{t'}{s'_t}$-t' 关系的直线方程。

式中　a——$a = \dfrac{\alpha}{s'_\infty}$；

　　　b——$b = \dfrac{1}{s'_\infty}$。

做图得直线，如图 5-30 所示，直线斜率为 b，直线在纵轴 $\dfrac{t'}{s'_t}$ 上的截距为 a，得

$$s'_\infty = \frac{1}{b}$$

$$s_\infty = s'_\infty + s_0 \qquad (5\text{-}64)$$

$$\alpha = a \cdot s'_\infty \qquad (5\text{-}65)$$

在工程实践中，实测的沉降-时间关系以及由此推算得到的 s_∞，还被用来反算地基土的变形模量。一般认为通过建筑物长期观测资料反求地基土的变形模量比较符合实际情况，在反算地基土的变形模量时，可以利用各种沉降计算公式，应用较多的是用弹性理论计算变形公式，式中的沉降值便是实测推求得到的最终沉降 s_∞。反求所得的变形模量是地基压缩层范围内各土层的变形模量的综合平均值。若要确定各个土层的变形模量，需专门埋设分层沉降观测标，对各土层的变形进行观测以及分别推算其最终沉降量。

2. 对数曲线法

$$s_t = (1 - e^{-at})s \qquad (5\text{-}66)$$

式中　e——自然对数的底；

a——经验系数，待定。

同理，利用实测的 s_t-t 曲线后段资料，可求得地基最终沉降量 s 值，并可推算任意时间 t 时的沉降量 s_t。

式（5-66）可改写为

$$s_t = \left[1 - \left(\frac{1}{e^t} \right)^a \right] s \tag{5-67}$$

以 s_t 为纵坐标，以 $\frac{1}{e^t}$ 为横坐标，根据实测资料绘制 s_t-$\frac{1}{e^t}$ 关系曲线，该曲线的延长线与纵坐标 s_t 轴的交点即为所求的 s，如图 5-31 所示。

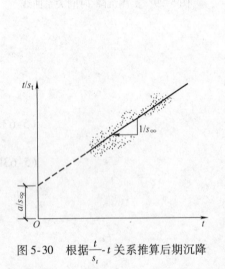

图 5-30　根据 $\frac{t}{s_t}$-t 关系推算后期沉降

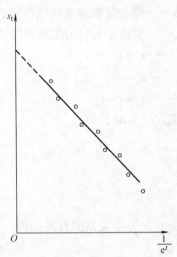

图 5-31　根据 s_t-$\frac{1}{e^t}$ 关系推算后期沉降

实践表明，饱和黏性土和单向固结理论计算的固结过程，接近土样在侧限压缩试验中的固结过程，但与实测沉降-时间关系出入较大。如，上海地区实测沉降速度比计算值快得多，只有当基础面积很大，压缩土层厚度小于基础宽度的一半时，才接近于单向固结条件。土的复杂性和土的指标在固结过程中的变化等都有影响。此外，工程上还会遇到二维或三维固结问题、非饱和土的固结问题以及饱和密实黏土的固结问题等。

习　题

5-1　某饱和黏土试样在压缩仪中进行压缩试验，该土样原始高度为 20mm，面积为 30mm²，土样与环刀总质量为 175.6g，环刀质量 58.6g。当荷载由 $p_1 = 100$kPa 增加至 $p_2 = 200$kPa 时，在 24h 内土样的高度由 19.31mm 减少至 18.76mm。该试样土粒比重为 2.74，试验结束后烘干土样，称得干土质量为 91g。试求：

（1）与 p_1 及 p_2 对应的孔隙比 e_1 及 e_2。

（2）a_{1-2} 及 $E_{s(1-2)}$，并判断该土的压缩性。

5-2　用弹性理论公式分别计算如图 5-32 所示的矩形基础在下列两种情形下中点 A、角点 B 及边缘点 C 的沉降量和基底平均沉降量。已知地基土的变形模量 $E_0 = 5.6$MPa，泊松比 $\mu = 0.4$，重度 $\gamma = 19.8$kN/m³。两种情况为：（1）基础是完全柔性的。（2）基础是绝对刚性的。

5-3　如图 5-33 所示的矩形基础，底面尺寸为 4m×2.5m，基础埋深 1m，地下水位位于基底高程，地基土的物理指标如图 5-33 所示，室内压缩试验结果见表 5-10。试用分层总和法计算基础中点沉降。

表 5-10　习题 5-3 压缩试验 e-p 关系

土层	p/kPa				
	0	50	100	200	300
粉质黏土	0.942	0.889	0.855	0.807	0.773
淤泥质黏土	1.045	0.925	0.891	0.848	0.823

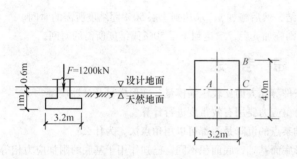

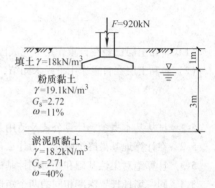

图 5-32　习题 5-2 图　　　　　　　　　图 5-33　习题 5-3 图

5-4　某黏土试样压缩试验数据见表 5-11 要求：

（1）确定前期固结压力 p_c。

（2）求压缩指数 C_c。

（3）若该土样是从图 5-34 所示的土层在地表下 11m 深处采得，则当地表瞬时施加 100kPa 无穷分布荷载时，试计算黏土层的最终压缩量。

表 5-11　习题 5-4 压缩试验 e-p 关系

p/kPa	0	12.5	25	50	100
e	1.060	1.024	0.989	1.079	0.952
p/kPa	200	400	800	1600	3200
e	0.913	0.835	0.725	0.617	0.501

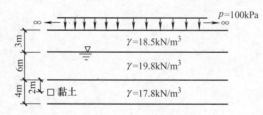

图 5-34　习题 5-4 图

5-5　如图 5-35 所示厚度为 8m 的黏土层，上下层面均为排水砂层。已知黏土层孔隙比 $e_0 = 0.8$，压缩系数 $a = 0.25\text{MPa}^{-1}$，渗透系数 $k = 6.3 \times 10^{-8}\text{cm/s}$，地表瞬时施加一无限分布均布荷载 $p = 180\text{kPa}$。试求：

（1）加荷半年后地基的沉降。（2）黏土层达到 50% 固结度所需的时间。

5-6　厚度为 6m 的饱和黏土层，其下为不可压缩的不透水层。已知黏土层的竖向固结系数 $C_v = 4.5 \times 10^{-3}\text{cm}^2/\text{s}$，$\gamma = 16.8\text{kN/m}^3$。黏土层上为薄透水砂层，地表瞬时施加无穷均布荷载 $p = 120\text{kPa}$。要求：

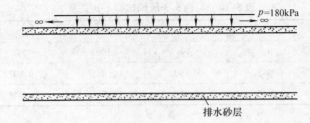

图 5-35 习题 5-5 图

（1）若黏土层已经在自重作用下完成固结，然后施加 p，求达到土层 50% 固结度所需的时间。

（2）若黏土层在自重作用下尚未固结，则施加 p 后，求达到土层 50% 固结度所需的时间。

思 考 题

5-1 试从基本概念、计算公式及适用条件等几方面比较压缩模量、变形模量及弹性模量。

5-2 在计算地基最终沉降时，为什么自重应力要用有效重度进行计算？

5-3 计算绝对柔性基础和绝对刚性基础某点的沉降是否都可以用角点法，为什么？

5-4 同一场地埋置深度相同的两个矩形底面基础，底面积不同，已知作用于基底的附加应力相等，基础的长宽比相等，试分别用弹性理论法和分层总和法分析哪个基础最终沉降量大？

5-5 地下水位升降对建筑物沉降有何影响？

5-6 一维渗流固结中，渗流路径 H、压缩模量压 E_s 及渗透系数 k 分别对固结时间有何影响，为什么？

5-7 不同的无限均布荷载骤然作用于某一黏土层，要达到同一固结度，所需的时间有无区别？

5-8 在一维渗流固结中，土层达到同一固结度所需的时间与土层厚度的平方成正比。该结论的前提条件是什么？

第6章 土的抗剪强度

【学习目标】 理解土的抗剪强度的概念及其在工程上应用，总应力强度指标与有效应力强度指标的概念以及二者区别；掌握极限平衡理论，土中应力极限平衡状态的判断，土抗剪强度指标试验方法及不同排水条件下抗剪强度指标的应用；了解孔隙压力系数的概念，抗剪强度的影响因素。

【导读】 土是以固体颗粒为主的分散体，颗粒是岩块或岩屑，本身强度很高，但粒间联结较弱。因此，土的强度问题表现为土粒间的错动、剪切以至于破坏。所以，研究土的强度主要是指土的抗剪强度。目前对土的抗剪强度问题的分析研究和应用，绝大部分把土体作为刚塑性体，与变形问题分开考虑。当讨论土的强度时，只考虑给定一种破坏准则而不进一步分析或计算所产生的变形大小，即前面所讨论的地基变形是把变形控制在强度破坏之前的范围内，而不考虑破坏或极限应力。本章主要介绍土的强度理论、常规试验方法及试验过程中土样的排水固结条件对强度指标的影响。

6.1 土的强度及其工程意义

建筑物由于地基土变形原因引起的事故，一类是沉降过大，或差异沉降过大造成的；另一类是由于土体的强度破坏而引起的。当土中某点由外力所产生的剪应力达到土的抗剪强度，土体的一部分相对于另一部分的发生了移动时，便认为该点发生了剪切破坏。工程实践和室内试验都验证了土受剪产生破坏与土的强度有关。土体强度的工程问题主要有三方面：①土作为材料构成的土工构筑物的稳定问题。如路堤、土坝等填方边坡及天然土坡，路堤边坡太陡时，要发生滑坡，如图6-1a所示。滑坡就是边坡上的一部分土体相对于路堤发生剪切破坏。②土作为工程构筑物的环境问题，即土压力问题。如，挡土墙、地下结构等由于承受过大的侧向土压力会导致挡土结构滑动、倾覆以及土体滑动等破坏，如图6-1b所示。③土作为建筑物地基的承载力问题。地基土承受过大的荷载作用时，也会出现部分土体沿着某一滑动面挤出，导致建筑物严重下陷，甚至倾倒，如图6-1c所示。

从事故的灾害性来说，强度问题比沉降问题要严重得多。而土体的破坏通常都是剪切破坏，研究土的强度特性，就是研究土的抗剪强度特性。

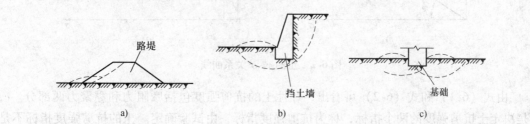

图6-1 土的强度问题

土是否达到剪切破坏状态，除了取决于土本身的性质外，还与所受的应力组合有关。这种破坏时的应力组合关系称为破坏准则。土的破坏准则是一个十分复杂的问题，目前还没有一个适用于土的理想破坏准则，被认为比较能拟合试验结果且为生产实践所广泛采用的破坏准则是摩尔-库仑准则。

土的抗剪强度是土的主要力学性质之一，主要依靠室内试验和原位测试确定，不同的试验仪器、试验方法及条件对土的抗剪强度有很大影响。

6.2　土的强度理论与强度指标

6.2.1　抗剪强度

土的抗剪强度（Shear Strength of Soil）是指土体抵抗剪切破坏的极限能力，其数值等于剪切滑动面上的极限剪应力。

1776 年，法国的库仑（Coulomb）通过一系列砂土剪切试验，提出砂土的抗剪强度可表达为滑动面上法向应力的线性函数，如图 6-2a 所示，即

$$\tau_f = \sigma \tan\varphi \tag{6-1}$$

式中　τ_f——土的抗剪强度（kPa）；

σ——滑动面上的法向应力（kPa）；

φ——土的内摩擦角（Internal Friction Angle of Soil）（°）。

由式（6-1）可知，无黏性土的抗剪强度不但决定于内摩擦角的大小，而且还随作用于剪切面上的法向应力的增加而增加。内摩擦角的大小与无黏性土的密实度、土颗粒大小、形状、粗糙程度、矿物成分以及粒径级配等因素有关。

随后，库仑根据黏性土的试验结果，如图 6-2b 所示，又提出了更为普遍的抗剪强度表达式

$$\tau_f = c + \sigma \tan\varphi \tag{6-2}$$

式中　c——土的黏聚力（Cohesion of Soil）（kPa）。

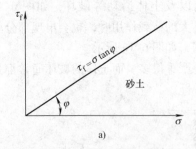
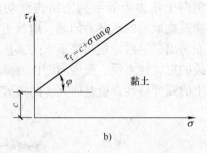

图6-2　土的 τ_f-σ 关系曲线

由式（6-1）和式（6-2）可看出，黏性土的抗剪强度包括摩阻力和黏聚力两部分。c，φ 是决定土抗剪强度的两个指标，称为抗剪强度指标，由试验确定。土的抗剪强度指标不是定值，它受许多因素的影响而变化，尤其是试验时的排水条件，即同一种土在不同排水条件下进行试验，可以得出不同 c，φ 值。因此库仑公式中的 c，φ 实际上只是表示在各种不同情

况下的抗剪强度参数。

6.2.2 摩尔-库仑破坏准则——极限平衡理论

1. 摩尔-库仑破坏理论

摩尔-库仑强度准则（Mohr- Coulomb Strength Criterion）是根据摩尔（Mohr）和库仑（Coulomb）理论归纳发展的土抗剪强度理论。土中某剪切面上的抗剪强度是作用于该面上的正应力的单调递增函数，二者在一定应力范围内呈线性关系。

摩尔继续库仑的早期研究工作，提出材料的破坏是剪切破坏的理论，认为在破裂面上，法向应力 σ 与抗剪强度 τ_f 之间存在着函数关系，即

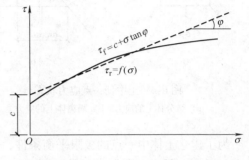

$$\tau_f = f(\sigma) \tag{6-3}$$

图 6-3　摩尔破坏包线

这个函数所定义的曲线，如图 6-3 所示，称为摩尔破坏包线，或抗剪强度包线。试验证明，一般的土，在应力变化范围不很大的情况下，摩尔破坏包线可以用库仑强度公式（6-1）、式（6-2）表示，即土的抗剪强度与法向应力成线性函数的关系。这种以库仑公式作为抗剪强度公式，根据剪应力是否达到抗剪强度作为破坏标准的理论称为摩尔-库仑破坏理论。

2. 摩尔-库仑破坏准则——极限平衡条件

如果可能发生剪切破坏面的位置已经确定，只要算出作用于该面上的应力（包括剪应力和正应力），就可以判别剪切破坏是否发生。但是在实际问题中，可能发生剪切破坏的平面一般不能预先确定。土体中的应力分析只能计算各点垂直于坐标轴平面上的应力（正应力和剪应力）或各点的主应力，故尚无法直接判定土单元体是否破坏。因此，需要进一步研究如何直接用主应力表示摩尔-库仑理论，这就是摩尔-库仑破坏准则，也称土的极限平衡条件。一点的应力状态分析一般采用材料力学的摩尔应力圆方法表示。

根据材料力学得知，作用于微分土体上的最大主应力 σ_1，最小主应力 σ_3 与微分土体中任一斜截面上的法向应力 σ，剪应力 τ 之间存在下列关系（图6-4）

$$\begin{cases} \sigma = \dfrac{1}{2}(\sigma_1 + \sigma_3) + \dfrac{1}{2}(\sigma_1 - \sigma_3)\cos 2\alpha \\ \tau = \dfrac{1}{2}(\sigma_1 - \sigma_3)\sin 2\alpha \end{cases} \tag{6-4}$$

式（6-4）消去 α，则可得到

$$\left(\sigma - \frac{\sigma_1 + \sigma_3}{2}\right)^2 + \tau^2 = \left(\frac{\sigma_1 - \sigma_3}{2}\right)^2 \tag{6-5}$$

由式（6-5）可以看出，在 σ-τ 坐标平面内，土单元体的应力状态的轨迹将是一个圆，圆心落在 σ 轴上，与坐标原点的距离为 $(\sigma_1 + \sigma_3)/2$，半径为 $(\sigma_1 - \sigma_3)/2$，该圆就称为摩尔应力圆，如图6-5所示。某土单元体的摩尔应力圆一经确定，则该单元土体的应力状态也就确定了。

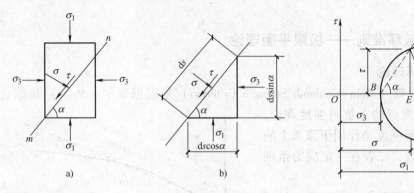

图 6-4　土中任一点应力状态
a）微分体上的应力　b）隔离体上的应力

图 6-5　摩尔应力圆

为了建立土体中一点的极限平衡条件，可将抗剪强度包线与摩尔应力圆画在同一坐标系内，如图 6-6 所示。它们之间的关系有三种：①整个摩尔应力圆位于抗剪强度包线的下方（圆Ⅰ），说明通过该点的任意平面上的剪应力都小于土的抗剪强度，因此不会发生剪切破坏。②摩尔应力圆与抗剪强度包线相割（圆Ⅲ）。说明该点某些平面上的剪应力已经超过土的抗剪强度，事实上该应力圆所代表的应力

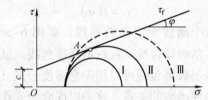

图 6-6　摩尔圆与抗剪强度包线之间的关系

状态不存在，因为在此之前，该点早已沿某一平面剪切破坏。③摩尔应力圆与抗剪强度包线相切（圆Ⅱ），切点为 A 点，说明在 A 点所代表的平面上，剪应力正好等于土的抗剪强度，即该点处于极限平衡状态，圆Ⅱ称为极限应力圆。根据极限应力圆与抗剪强度包线之间的几何关系，就可建立土的极限平衡条件。

设土体中某点剪切破坏时破裂面与大主应力的作用面成 α 角，如图 6-7a 所示，则该点处于极限平衡状态时的摩尔圆如图 6-7b 所示，将抗剪强度线延长与 σ 轴相交于 B 点，由直角三角形 ABO_1 可得

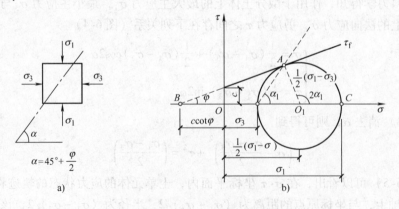

图 6-7　土体中某一点达到极限平衡状态时的摩尔圆
a）微元体破裂面　b）极限平衡状态时的摩尔圆

$$\sin\varphi = \frac{\overline{AO_1}}{\overline{BO_1}} = \frac{\dfrac{\sigma_1 - \sigma_3}{2}}{\dfrac{\sigma_1 + \sigma_3}{2} + c \cdot \cot\varphi} \tag{6-6}$$

化简式（6-6）并通过三角函数间的变换关系，可得到土的极限平衡条件为

$$\sigma_1 = \sigma_3 \tan^2\left(45° + \frac{\varphi}{2}\right) + 2c \cdot \tan\left(45° + \frac{\varphi}{2}\right) \tag{6-7}$$

$$\sigma_3 = \sigma_1 \tan^2\left(45° - \frac{\varphi}{2}\right) - 2c \cdot \tan\left(45° - \frac{\varphi}{2}\right) \tag{6-8}$$

由直角三角形 ABO_1 外角与内角的关系可得

$$2\alpha = 90° + \varphi$$

即

$$\alpha = 45° + \frac{\varphi}{2} \tag{6-9}$$

因此，破裂面与大主应力的作用面的夹角为 $\left(45° + \dfrac{\varphi}{2}\right)$。

对同一种土的一组试样，若用几种周围压力 σ_3 做一组三轴剪力试验，在 τ-σ 坐标上绘出相应的极限应力圆，这些圆的公切线就是摩尔破坏包线。摩尔破坏包线与 σ 轴的夹角就是内摩擦角 φ，与 τ 轴的截距就是土的黏聚力 c。这就是用三轴剪切试验测定土的抗剪强度指标的理论依据。

从式（6-7）、式（6-8）以及图 6-7 可以看出：

1）判断土体中一点是否处于极限平衡状态，必须同时掌握大、小主应力以及土的抗剪强度指标的大小及其关系，即式（6-7）、式（6-8）所表述的极限平衡条件。

2）土体剪切破坏时的破裂面不是发生在最大剪应力的作用面（$\alpha = 45°$）上，而是发生在与大主应力的作用面成 $\alpha = 45° + \dfrac{\varphi}{2}$ 角的平面上。

3）如果同一种土有几个试样在不同的大、小主应力组合下受剪切破坏，则在 τ-σ 图上可得到几个摩尔极限应力圆，这些应力圆的公切线就是其强度包线，这条包线实际上是一条曲线，但在实用上常做直线处理以简化分析。

【例 6-1】　某土样内摩擦角 $\varphi = 24°$，黏聚力 $c = 20\text{kPa}$，承受大、小主应力分别为 $\sigma_1 = 450\text{kPa}$，$\sigma_3 = 150\text{kPa}$，试判断该土样是否达到极限平衡状态。

解：（1）由极限平衡条件式（6-7）得

$$\sigma_1 = \sigma_3 \tan^2\left(45° + \frac{\varphi}{2}\right) + 2c \cdot \tan\left(45° + \frac{\varphi}{2}\right)$$

$$\sigma_1 = 150\text{kPa} \times \tan^2\left(45° + \frac{24°}{2}\right) + 2 \times 20\text{kPa} \times \tan\left(45° + \frac{24°}{2}\right) = 417\text{kPa} < 450\text{kPa}$$

已知大主应力 $\sigma_1 = 450\text{kPa}$，比土的极限平衡条件 σ_1 计算值大，说明土样的摩尔应力圆已超过土的抗剪强度包线，所以该土样已破坏。

（2）由极限平衡条件式（6-8），得小主应力的计算值为

$$\sigma_3 = \sigma_1 \tan^2\left(45° - \frac{\varphi}{2}\right) - 2c \cdot \tan\left(45° - \frac{\varphi}{2}\right)$$

$$\sigma_3 = 450\text{kPa} \times \tan^2\left(45° - \frac{24°}{2}\right) - 2 \times 20\text{kPa} \times \tan\left(45° - \frac{24°}{2}\right) = 164\text{kPa} > 150\text{kPa}$$

已知小主应力 $\sigma_3 = 150\text{kPa}$，比土的极限平衡条件 σ_3 计算值小，说明土样的摩尔应力圆已超过土的抗剪强度包线，所以该土样已破坏。

如果用图解法，则会得到摩尔应力圆与强度包线相割的结果。

【例 6-2】 某土样内摩擦角 $\varphi = 30°$，黏聚力 $c = 20\text{kPa}$。若作用在土样上的大、小主应力分别为 $\sigma_1 = 350\text{kPa}$，$\sigma_3 = 150\text{kPa}$，问该土样是否破坏？若小主应力为 $\sigma_3 = 100\text{kPa}$，该土样能经受的大主应力为多少？

解： 破裂面与大主应力的作用面成 $\left(45° + \frac{\varphi}{2}\right)$ 的夹角

$$\alpha = 45° + \frac{\varphi}{2} = 45° + \frac{30°}{2} = 60°$$

$$\sigma = \frac{1}{2}(\sigma_1 + \sigma_3) + \frac{1}{2}(\sigma_1 - \sigma_3)\cos 2\alpha$$

$$= \frac{1}{2} \times (350 + 150)\text{kPa} + \frac{1}{2} \times (350 - 150)\text{kPa} \times \cos(2 \times 60°)$$

$$= 200\text{kPa}$$

$$\tau = \frac{1}{2}(\sigma_1 - \sigma_3)\sin 2\alpha$$

$$= \frac{1}{2} \times (350 - 150)\text{kPa} \times \sin(2 \times 60°)$$

$$= 86.6\text{kPa}$$

$$\tau_f = c + \sigma\tan\varphi = 20\text{kPa} + 200\text{kPa} \times \tan 30° = 135.5\text{kPa} > \tau = 86.6\text{kPa}$$

该土样是不会破坏的。

$$\sigma_1 = \sigma_3\tan^2\left(45° + \frac{\varphi}{2}\right) + 2c \cdot \tan\left(45° + \frac{\varphi}{2}\right)$$

$$= 100\text{kPa} \times \tan^2\left(45° + \frac{30°}{2}\right) + 2 \times 20\text{kPa} \times \tan\left(45° + \frac{30°}{2}\right) = 369.3\text{kPa}$$

6.3　土的抗剪强度指标试验方法

土的抗剪强度指标 c、φ，是土体的重要力学性质指标，通常是通过土工试验确定。室内试验常用的方法有直接剪切试验、三轴剪切试验；现场原位测试的方法有十字板剪切试验和大型直剪试验。

6.3.1　土的直剪试验

直剪试验所使用的仪器称为直剪仪，按加荷方式的不同，直剪仪可分为应变控制式和应力控制式两种。前者是以等速水平推动试样产生位移并测定相应的剪应力；后者则是对试样分级施加水平剪应力，同时测定相应的位移。目前常用的是应变控制式直剪仪，其主要优点是可以测出土的峰值强度和终值强度。

应变式直剪仪如图 6-8 所示，主要由剪力盒、垂直和水平加荷系统及量测系统等部分组成。剪力盒分上、下盒，上、下盒通过量力环固定于仪器架上，下盒放在可沿滚珠槽滑动的底座上，底座与蜗轮蜗杆推动系统相连。试验时将试样放在剪切盒内，上下各放置一块透水石，通过垂直加荷系统施加垂直压力 P，然后均匀转动手轮，通过推

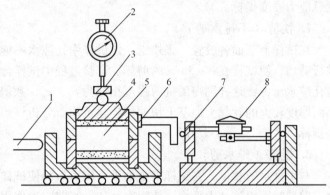

图 6-8　应变式直剪仪

1—推动座　2—垂直位移百分表　3—垂直加荷框架　4—活塞
5—试样　6—剪力盒　7—测力计　8—测力百分表

进蜗杆施加水平力 T，推动下盒和底座前进，使试样沿上、下盒间的接触面剪切，剪力由量力环测定，试样的剪切变形根据手轮的转动数及量力环中测微机读数计算。当试样剪坏时，由测得的水平力 T_{max} 计算土的抗剪强度 $\tau_f = T_{max}/A$，其中，A 为试样的剪切面积。此时相应于剪切面的垂直应力为 $\sigma = P/A$。

重复做 3～5 个相同试样，施加不同垂直压力 P_i，测得试样剪坏时的剪力 T_{maxi}，计算 σ_i 和 τ_{fi}。法向应力 σ_i 和土的抗剪强度 τ_{fi} 之间的关系曲线，如图 6-9a 所示。

根据每个试样的测量结果，绘制剪应力 τ_i 和剪切位移 δ_i 之间的关系曲线，如图 6-9b 所示。

试验证明，当法向压力变化不大时，σ_i-τ_{fi} 关系近似一直线，可用直线方程式表示。

直剪试验设备简单，直观，操作简便，但有如下不足：

1）剪切面被限制于上下盒接触面处，它并不一定是试样中抗剪强度最低的薄弱面。

2）由于受剪切盒边界影响，试样剪应力分布不均匀，边缘处应力集中，而且在剪切时上下盒错开，受剪面变小，垂直荷重出现偏心，这些因素无法在分析中考虑。

3）难于控制与测定剪切过程中孔隙水压力的变化。

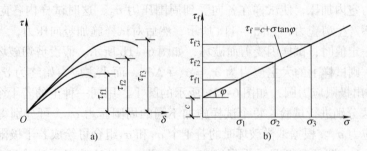

图 6-9　直剪试验结果

a）剪应力—剪位移关系　b）抗剪强度—法向应力关系

由于直剪试验中孔隙水压力消散程度会影响土的抗剪强度指标试验值，因此利用直剪仪测定土的抗剪强度指标时，只能通过控制试样在垂直荷重下的固结程度及剪切速率，近似模

拟实际工程中土体内孔隙水压力消散程度，使测得的抗剪强度指标能够比较符合实际情况。直剪试验分为快剪、固结快剪及慢剪三种不同试验条件，并可得到相应的三种不同固结程度的总应力强度指标。

1. 快剪（不排水剪）

在试样上下面各放置一张蜡纸，使试样中孔隙水不能排出。对试样施加垂直压力后立即进行剪切，使试样在 3～5min 内剪坏。试验过程中试样含水量基本不变，因而试样中有较高的孔隙水压力，这样测得的抗剪强度指标为 c_q、φ_q，数值较小。这种情况相当于在透水性很小而厚度较大的软黏土地基上快速修建建筑物。分析该建筑物地基时，应采用快剪的抗剪强度指标。

2. 慢剪（排水剪）

与不排水剪相反，在试样上施加垂直压力后，使试样充分固结，即使孔隙水压力充分消散。剪切时缓慢施加水平力，使得在每加一级剪应力作用下，试样内孔隙水压力均能全部消散，直至剪坏，所得的抗剪强度指标为 c_s、φ_s。它可用于地基透水性较好、施工速度又较慢的建筑工程地基稳定性分析。

3. 固结快剪（固结不排水剪）

在试验时，施加垂直压力后，使试样充分固结，即使孔隙水压力充分消散，然后快速施加剪力，在 3～5min 内使试样剪坏。就是在垂直压力作用下，试样中孔隙水压已全部消散，但在剪切时所产生的孔隙水压力没有消散，所测得的抗剪强度指标为 c_{cq}、φ_{cq}，它们可用于验算水库水位骤降时土坝边坡稳定安全系数，或分析使用期的地基稳定性问题。

上述三种不同试验条件所得的抗剪强度总应力指标是不同的，一般慢剪所得的值最大，固结快剪所得的值居中，快剪所得的值最小，它们的 c 值也不同，选用这些指标时应遵循与实际工程土体工作条件相一致的原则，对具体问题进行切合实际情况的分析。

6.3.2　土的三轴剪切试验

三轴剪切试验是测定土的抗剪强度的一种较为完善的方法，其主要设备为三轴剪切仪或三轴压缩仪，如图 6-10 所示。三轴剪切仪由压力室、轴向加荷系统、施加周围压力系统、孔隙水压力量测系统等组成。试验时，将土切成圆柱体套在橡胶膜内，放在密封的压力室中，然后向压力室内加压，使试样在各向受到周围压力 σ_3，这时试样内各向的三个主应力都相等，因此不产生剪应力，如图 6-11a 所示，然后对试样施加竖向压力，当竖向主应力逐渐增大并达到一定值时，试样因受剪而破坏，如图 6-11b 所示。假设剪切破坏时竖向压应力的增量为 $\Delta\sigma_1$，则试样上的大主应力为 $\sigma_1 = \sigma_3 + \Delta\sigma_1$，而小主应力始终为 σ_3，根据破坏时的 σ_1 和 σ_3 可画出极限应力圆，如图 6-11c 所示的圆 I。用同一种土的若干个试样（3 个以上）按上述方法分别进行试验，每个试样施加不同的周围压力 σ_3，可分别得出各自在剪切破坏时的大主应力 σ_1。根据试样破坏时的若干个 σ_1 和 σ_3 组合可绘成若干极限应力圆，如图 6-11c 所示的圆 I、圆 II 和圆 III。根据摩尔-库仑理论，做这些极限应力摩尔圆的公切线，即为土的抗剪强度包线，通常可近似为一条直线。该直线与横坐标的夹角即为土的内摩擦角，直线在纵坐标的截距即为土的黏聚力。

对应于直接剪切试验的快剪、固结快剪和慢剪试验，三轴剪切试验按剪切前的固结程度和剪切时的排水条件，可分为以下三种试验方法：

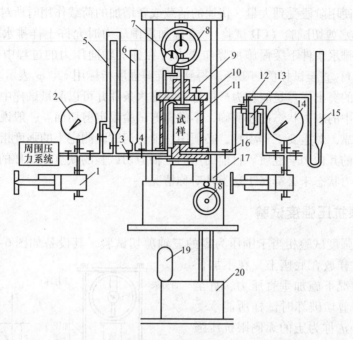

图 6-10　三轴剪切仪

1—调压筒　2—周围压力表　3—周围压力阀　4—排水阀　5—体变管　6—排水管　7—变形量表　8—量力环
9—排气管　10—轴向加压设备　11—压力室　12—量筒阀　13—零位指示器　14—孔隙压力表　15—量筒
16—孔隙压力阀　17—离合器　18—手轮　19—电动机　20—变速箱

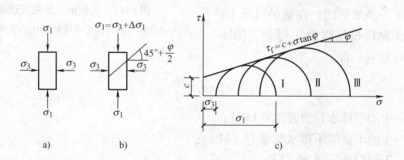

图 6-11　三轴剪切试验原理

a）试样受周围压力　b）破坏时试样的主应力　c）摩尔破坏包线

（1）不固结不排水剪切试验（UU 试验）　试样在施加周围压力和随后施加竖向压力直至剪切破坏的整个过程中都不允许土中水排出，试验自始至终关闭排水阀门。这样从开始加载直至试样剪坏，土中含水量始终保持不变，孔隙水压力也不可能消散。这种试验方法所对应的实际工程条件相当于饱和软黏土快速加载时的应力状况，得到的抗剪强度指标用 c_u、φ_u 表示。

（2）固结不排水剪切试验（CU 试验）　在施加周围压力的过程中，打开排水阀门，允许土样排水固结，待土样排水固结完成后再关闭阀门，施加竖向压力，直至试样在不排水条件下发生剪切破坏。由于不排水，试样在剪切过程中没有任何体积变形。若要在受剪过程中量测孔隙水压力，则要打开试样与孔隙水压力量测系统间的管路阀门。得到的抗剪强度指标用 c_{cu}、φ_{cu} 表示。

固结不排水剪切试验是经常要做的工程试验，它适用的实际工程条件是一般正常固结土层在工程竣工或使用阶段受到大量、快速的活载或新增加的荷载作用时所对应的受力情况。

（3）固结排水剪切试验（CD 试验）　在施加周围压力时允许土样排水固结，待土样固结稳定后，再在排水条件下缓慢施加竖向压力（在施加轴向压力的过程中使试样的孔隙压力始终保持为零），直至试样剪切破坏。得到的抗剪强度指标用 c_d、φ_d 表示。

三轴剪切仪的突出优点是能较为严格地控制排水条件并可以测量试样中孔隙水压力的变化，而且，试样中的应力状态比较明确，不像直剪试验限定剪切面。一般说来，三轴剪切试验的结果比较可靠，对重要工程项目，必须用三轴剪切试验测定土的强度指标。三轴剪切仪还可用于测定土的其他力学性质。目前通用的三轴剪切试验的缺点是试样的主应力 $\sigma_2 = \sigma_3$，而实际土体的受力状态未必都属于这类轴对称情况。

6.3.3　无侧限抗压强度试验

无侧限抗压强度试验相当于围压为零的三轴剪切试验，其设备如图 6-12a 所示。试验时，将圆柱形试样放在底座上，在不加任何侧向压力的情况下施加垂直压力，直至试样剪切破坏。剪切破坏时试样所能承受的最大轴向压力 q_u 称为土的无侧限抗压强度。由于侧向压力等于零，只能得到一个极限应力圆（见图 6-12b），因此难以作出破坏包线，而对于正常固结的饱和黏性土，根据其三轴不固结不排水试验的结果的破坏包线趋近于一条水平线，在这种情况下就可以根据无侧限抗压强度 q_u 得到土的不固结不排水强度 c_u，即

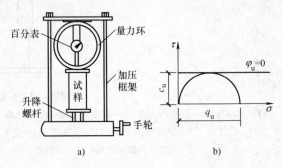

图 6-12　无侧限抗压强度试验
a）无侧限抗压强度试验设备　b）摩尔破坏包线

$$c_u = \tau_f = \frac{q_u}{2} \qquad (6\text{-}10)$$

式中　τ_f——土的不排水抗剪强度（kPa）；
　　　c_u——土的不固结不排水黏聚力（kPa）；
　　　q_u——无侧限抗压强度（kPa）。

无侧限抗压强度还常用来测定土的灵敏度 S_t。将试验后土样刮去抹有凡士林的部分，添补部分相同土样，包以薄橡皮布，用手反复搓捏，破坏其天然结构，搓成圆柱状，放入重塑筒内，挤成圆柱状试样，测试重塑土的无侧限抗压强度 q_0，则灵敏度为

$$S_t = \frac{q_u}{q_0} \qquad (6\text{-}11)$$

式中　q_u——原状土的无侧限抗压强度（kPa）；
　　　q_0——重塑土的无侧限抗压强度（kPa）。

根据灵敏度的大小，可将饱和黏性土分为：低灵敏土（$1 < S_t \leqslant 2$）、中灵敏土（$2 < S_t \leqslant 4$）和高灵敏土（$S_t > 4$）。土的灵敏度越高，其结构性越强，受扰动后土的强度降低就越多。黏性土受扰动而强度降低的性质，一般对工程建设不利，如在基坑开挖过程中，因施工可能造成土的扰动而使地基强度降低。

6.3.4　十字板剪切试验

当地基为软黏土，取原状土困难，为避免在取土、运送、保存与制备土样过程中扰动而影响试验成果的可靠性，采用原位测试抗剪强度的方法，即十字板剪切试验。十字板剪切仪是工程应用比较广泛且使用方便的原位测试仪器，通常用于饱和黏性土的原位不排水强度试验，特别适用于均匀饱和软黏土。因为这种土在取样和制作试样过程中不可避免地会受到扰动而破坏其天然结构，致使室内试验测得的强度明显低于原位土强度。十字板剪切仪的构造如图6-13所示。试验时先将套管打到预定的深度，并将套管内的土清除，然后将十字板装在钻杆的下端，通过套管压入土中，压入深度为750mm，再由地面上的扭力设备对钻杆施加扭矩，使埋在土中的十字板扭转，直至土样剪切破坏。破坏面为十字板旋转所形成的圆柱面。

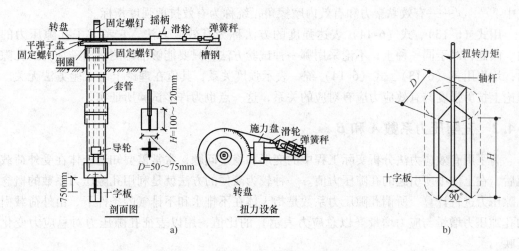

图 6-13　十字板剪切仪
a）十字板剪切仪的构造　b）十字板剪切原理

若剪切破坏时所施加的扭矩为 M，则 M 与剪切破坏圆柱面（包括侧面和上下面）上土的抗剪强度所产生的抵抗力矩相等。根据这一关系，可得土的抗剪强度 τ_f（假定侧面和上下顶面的抗剪强度值相等）

$$\tau_f = \frac{2M}{\pi D^2 (H + D/3)} \tag{6-12}$$

式中　H、D——十字板的高度和直径。

由于十字板剪切试验是直接在原位进行试验，对土体扰动较小，故被认为是比较能反映土体原位强度的测试方法，但如果在软土层中夹有薄层粉细砂或粉土，则十字板剪切试验结果就可能会偏大，使用时必须谨慎。

6.4　有效应力原理在强度问题中的应用

6.4.1　有效抗剪强度指标

上述由直剪试验及三轴剪切试验得到的土的强度指标，都是用试验时施加的总应力求得的，即在公式 $\tau_f = c + \sigma \tan\varphi$ 中，σ 是用总应力值。因此，求得的强度指标 c、φ 是总应力指标，这种分析方法称为总应力法。但由前面的讨论可以看到，同一种土施加的总应力虽然相同，若试验方法不同，或者说控制的排水条件不同，所得强度指标就不相同。因此，土的抗剪强度与总应力之间没有唯一的对应关系。

由土的有效应力原理知，剪切试验时即使总应力 σ 相同，若排水条件不同，则土中有效应力 $\bar{\sigma}$ 也不同。

根据有效应力原理 $\sigma = \bar{\sigma} + u$，试验时量测土样破坏时的孔隙水压力，可以算出此时的有效应力，因而可以用有效应力与抗剪强度的关系表达试验成果。即

$$\tau_f = c' + (\sigma - u)\tan\varphi' \tag{6-13}$$

或

$$\tau_f = c' + \bar{\sigma}\tan\varphi' \tag{6-14}$$

式中　c'、φ'——有效黏聚力和有效内摩擦角，统称为有效抗剪强度指标。

用式（6-13）、式（6-14）表达强度的方法称为有效应力法。它考虑了孔隙压力的影响。因此，对于同一种土，不论采用哪一种试验方法，只要能够准确测量出破坏时的孔隙压力，均可用式（6-13）、式（6-14）统一表示强度关系，其值在理论上与试验方法无关。即理论上抗剪强度与有效应力应有对应的关系，这一点也为许多试验所证实。

6.4.2　孔隙压力系数 A 和 B

为了用有效应力法分析实际工程中的变形和稳定问题，常常需要知道土体在受外荷载作用后，在土体中所引起的孔隙压力值。一种较为简便的方法就是利用孔隙压力系数的概念对孔隙压力进行计算。所谓孔隙压力系数是指土体在不排水和不排气的条件下，由外荷载引起的孔隙压力增量与应力增量（以总应力表示）的比值，用以表征孔隙压力对总应力变化的反映。

在常规三轴试验中，试样在原位受到的大、小主应力是分两个加荷阶段来实现的，即先使试样受周围压力增量 $\Delta\sigma_3$，然后在周围压力不变的条件下施加大、小主应力增量之差 $(\Delta\sigma_1 - \Delta\sigma_3)$（即附加轴向压力 q）。若试验在不排水条件下进行，则等向压缩应力增量 $\Delta\sigma_3$ 和偏差应力增量 $(\Delta\sigma_1 - \Delta\sigma_3)$ 的施加必将分别引起超孔隙水压力增量 Δu_1 和 Δu_2，如图6-14所示。

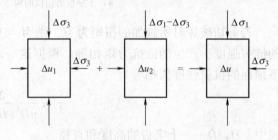

图6-14　不排水剪切试验中的孔隙水压力

于是，超孔隙水压力的总增量为

$$\Delta u = \Delta u_1 + \Delta u_2 \tag{6-15}$$

把 Δu_1 与 $\Delta\sigma_3$ 之比定义为孔隙应力系数 B，即

$$B = \frac{\Delta u_1}{\Delta\sigma_3} \tag{6-16}$$

而把 Δu_2 与 $(\Delta\sigma_1 - \Delta\sigma_3)$ 之比定义为孔隙压力系数 $\bar{A}$，即

$$\bar{A} = \frac{\Delta u_2}{\Delta\sigma_1 - \Delta\sigma_3} \tag{6-17}$$

把式（6-16）和式（6-17）代入式（6-15），得

$$\Delta u = B\Delta\sigma_3 + \overline{A}(\Delta\sigma_1 - \Delta\sigma_3) = B\left[\Delta\sigma_3 + \frac{\overline{A}}{B}(\Delta\sigma_1 - \Delta\sigma_3)\right]$$

令 $A = \dfrac{\overline{A}}{B}$，则

$$\Delta u = B\left[\Delta\sigma_3 + A(\Delta\sigma_1 - \Delta\sigma_3)\right] \tag{6-18}$$

式中　B——孔隙应力系数，表示单位等向压力增量所引起的孔隙应力增量。对于完全饱和土，孔隙完全被水充满，可以认为 $B = 1.0$，$\Delta u_1 = \Delta\sigma_3$；对于干土，孔隙中全部为空气，空气的压缩性很大，可认为 $B = 0$；对于部分饱和土，B 介于 $0 \sim 1$ 之间。

　　A——孔隙应力系数，对于饱和土，因为 $B = 1.0$，所以

$$A = \frac{\Delta u_2}{\Delta\sigma_1 - \Delta\sigma_3} \tag{6-19}$$

　　孔隙应力系数 A 表示饱和土体在单位偏差应力增量（$\Delta\sigma_1 - \Delta\sigma_3$）作用下所产生的孔隙应力增量，可用来反映土体剪切过程中的胀缩特性，是土的一个重要力学指标。孔隙应力系数 A 的大小，对于弹性体是常量，$A = 1/3$；对于土体则不是常量，它取决于偏差应力增量（$\Delta\sigma_1 - \Delta\sigma_3$）所引起的体积变化，其变化范围很大，主要与土的类型、状态、过去所受的应力历史和应力状况以及加载过程中所产生的应变量等因素有关。在试验过程中 A 是变化的，可以利用三轴剪切试验测定。如果 $A < 1/3$，属于剪胀土，如密实砂和超固结黏性土；如果 $A > 1/3$，则属于剪缩土，如较松的砂和正常固结黏性土等。

　　在实际工程问题中更为关心是土体在剪损时的孔隙应力系数 A_f，故常在试验中监测土样剪坏时的孔隙应力系数 A_f，相应的强度为 $(\sigma_1 - \sigma_3)_f$，所以对于饱和土由式（6-19）可得

$$A_f = \frac{u_f}{(\sigma_1 - \sigma_3)_f} \tag{6-20}$$

　　表 6-1 是斯开普顿等根据试验资料建议的 A 值，可以在变形计算和稳定性分析中作为参考。

表 6-1　孔隙压力系数 A 参考值

土类	A（用于计算地基沉降）	土类	A_f（用于计算土体破坏）
很松的细砂	2.0 ~ 3.0	高灵敏度软黏土	>1
灵敏性黏土	1.5 ~ 2.5	正常固结黏土	0.5 ~ 1
正常固结黏土	0.7 ~ 1.3	超固结黏土	0.25 ~ 0.5
轻度超固结黏土	0.3 ~ 0.7	严重超固结黏土	0 ~ 0.25
严重超固结黏土	-0.5 ~ 0		

　　在三轴不排水剪切试验中，各加荷阶段的超孔隙水应力增量 Δu_1 和 Δu_2 可实测，因而孔隙应力系数 B 和 $\overline{A}$ 或 A 按式（6-16）和式（6-19）很容易求得。在常规三轴试验中，$\Delta\sigma_3$ 保持不变，所以在不固结阶段，Δu_1 不变，因而 B 为定值。在固结不排水剪切试验中，尽管允许试样在 $\Delta\sigma_3$ 下固结稳定，使试样在受剪前的超孔隙水压力 Δu_1 逐渐消散为零，但在允许消散之前，仍能测得 Δu_1，算出 B 值。它是判断试样是否完全饱和的有用指标，特别是当测定土的有效应力强度指标时，通常要求 B 接近 1。另一方面，试样受剪过程中，$(\Delta\sigma_1 - \Delta\sigma_3)$ 是不断变化的，故 Δu_2 是变化的，因而孔隙压力系数 $\overline{A}$ 或 A 也是变化的。在饱和土的固结不

排水剪切试验中，剪破时的孔隙压力系数 A_f 将随试样超固结比的增加而从正值减小到负值。

6.5 关于土的抗剪强度影响因素的讨论

影响土抗剪强度的因素很多，归纳起来，主要有土的性质（如，土的颗粒组成、原始密度、黏性土的触变性等）和应力状态（如，前期固结压力、应力路径等）两个方面。

6.5.1 土的矿物成分、颗粒形状和级配的影响

对于黏性土主要是矿物成分的影响。不同的黏土矿物具有不同的晶格构造，它们的稳定性、亲水性和胶体特性各不相同，因而对黏性土的抗剪强度（主要是对黏聚力）产生显著的影响。一般来说，黏性土的抗剪强度随着黏粒和黏土矿物含量的增加而增大，或者说随着胶体活动性的增强而增大。

对于砂性土主要是颗粒的形状、大小及级配的影响。一般来说，在土的颗粒级配中，粗颗粒越多、形状越不规则、表面越粗糙，则其内摩擦角越大，因而其抗剪强度也越高。

6.5.2 含水量的影响

含水量的增高一般将使土的抗剪强度降低。这种影响主要表现在两个方面：一方面是水分在较粗颗粒之间起着润滑作用，使摩阻力降低；另一方面是黏土颗粒表面结合水膜的增厚使原始黏聚力减小。但试验研究表明，砂土在干燥状态时的内摩擦角 φ 与饱和状态时的内摩擦角 φ 的差别很小（仅 $1° \sim 2°$），即含水量对砂土的抗剪强度影响很小。对于黏性土，含水量对抗剪强度有重大影响。如图 6-15 所示为黏性土在相同的法向应力 σ 下的不排水抗剪强度随含水量的增高而急剧下降的情况。

6.5.3 土的密度的影响

一般来说，土的密度越大，其抗剪强度就越高。对于粗颗粒土（如砂性土）来说，密度越大则颗粒之间的咬合作用越强，因而摩阻力就越大；对于细颗粒土（黏性土）来说，密度越大意味着颗粒之间的距离越小，水膜越薄，因而黏聚力也就越大。

如图 6-16 所示的试验结果表明，当其它条件相同时，黏性土的抗剪强度随着密度的增大而增大。

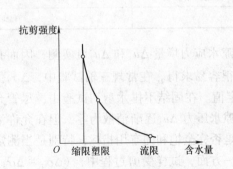

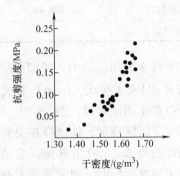

图 6-15 含水量对黏土抗剪强度的影响　　图 6-16 粉质黏土的抗剪强度与干密度的关系

如图 6-17 所示是不同密实程度的同一种砂土在相同周围压力 σ_3 下受剪时的应力-应变关系的体积变化。从图中可见，紧砂的剪应力随着剪应变的增加而很快增大到某个峰值，而后逐渐减小，最后趋于某一稳定的终值，其体积变化开始时稍有减小，随后不断增加（呈剪胀性）；而松砂的剪应力随着剪应变的增加则较缓慢地增大，不出现峰值，其体积在受剪时相应减小（呈剪缩性）。所以，在实际允许较小剪应变的条件下，紧砂的抗剪强度显然大于松砂。

6.5.4　黏性土触变性的影响

黏性土的强度会因受扰动而削弱，但经过静置又可得到一定程度的恢复。黏性土的这一特性称为触变性，如图 6-18 所示。一方面，由于黏性土具有触变性，故在黏性土地基中进行钻探取样时，若土样受到明显地扰动，则试样就不能反映其天然强度，土的灵敏度越大，这种影响就越显著。如，在灵敏度较高的黏性土地基中开挖基坑，地基土会因施工扰动而发生强度削弱。黏性土的触变性对强度的影响是值得注意的。另一方面，当扰动停止后，黏性土的强度又会随时间而逐渐增长。如，在黏性土中进行打桩时，桩侧土因受到扰动而导致强度降低，但在停止打桩以后，土的强度则逐渐恢复，桩的承载力也随之逐渐增加，这种现象是土的触变性影响强度的表现。

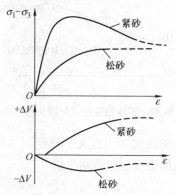

图 6-17　砂土受剪时的应力-应变及体变关系　　　图 6-18　黏性土触变过程中抗剪强度与时间的关系

6.5.5　土的应力历史的影响

土的受压过程所造成的受力历史状态，对土体强度的试验结果也有影响。如图 6-19 所示是不同的压缩曲线与相应的强度包线。曲线 A、B、C 分别为初始压缩曲线、卸荷曲线以及再压缩曲线，相应地，A_s 表示正常固结土的强度包线，B_s、C_s 均为超固结土的强度包线。对于卸荷点 a' 来说，B 和 C 两曲线上的各点，如 b、c，均处于超固结状态，A、B、C 曲线上 a、b、c 三点在 A_s、B_s、C_s 曲线上将分别找到对应的强度位置。从图 6-19 可见，a、b、c 三点的垂直压力 p 虽然相同，但因应力历史不同，b 点的强度大于 c 点的强度，更大于 a 点的强度，A_s、B_s、C_s 三曲线的强度参数 c、φ 显然也各不相同。

在实用上常把 B_s、C_s 统一用一条直线 $a'b'$ 代替，表示卸荷-再压缩过程的强度包线，如图 6-20 所示。对于正常固结土，其自重压力 p_0 等于前期固结压力 p_c，因此在室内试验中，

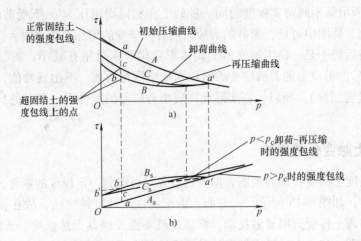

图 6-19　应力历史对土体强度的影响

当所加压力 $p > p_c$ 时，强度包线就是 A_s，其延长线可能通过坐标原点；而当 $p < p_c$ 时，土则

处于超固结状态，强度包线属于卸荷-再压缩曲
线，所对应的直线包线 $\overline{a'b'}$ 可能是一条不通过
坐标原点的直线。所以，考虑了应力历史影响
的强度包线实际上应是两条直线组成的折线，
其间有一个转折点，如图 6-20 中的虚线①、②
以及 c 点。c 点所对应的竖向压力是前期固结压
力。由此可见，通常用直线来表示的库仑强度
包线只是一种近似的结果，有的研究结果认为
这样的简化处理所带来的累计误差大约可达

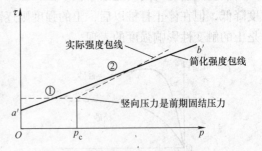

图 6-20　实际强度包线与简化强度包线

15%，因此在测试土的抗剪强度时，对第一个试样施加的固结压力宜大于前期固结压力 p_c，
尤其是在对深层土进行试验的时候，对于固结压力的施加更应引起特别注意。

习　题

6-1　对一组土样进行直接剪切试验，对应于各竖向荷载 P，土样在破坏状态时的水平剪力 T 见表 6-2，
若剪力盒的平面面积等于 $30cm^2$，试求该土的抗剪强度指标。

表 6-2　直接剪切试验数据

竖向荷载 P/N	水平剪力 T/N
50	78.2
100	84.2
150	92.0
200	99.0
250	106.2
300	112.0

6-2　对一组 3 个饱和黏性土试样，进行三轴固结不排水剪切试验，3 个土样分别在 $\sigma_3 = 100kPa$、

200kPa、300kPa 下进行固结，而剪切破坏时的大主应力分别为 $\sigma_1 = 205kPa$、385kPa、570kPa，同时测得剪破时的孔隙水压力依次为 $u = 63kPa$、110kPa、150kPa。试用作图法求该饱和黏性土的总应力强度指标 c_{cu}、φ_{cu} 和有效应力强度指标 c'、φ'。

6-3　某土样黏聚力 $c = 20kPa$、内摩擦角 $\varphi = 26°$，承受 $\sigma_1 = 450kPa$、$\sigma_3 = 150kPa$ 的应力，试分别用数学解析法和图解法判断该土样是否达到极限平衡状态。

6-4　一组砂土的直剪试验，当 $\sigma = 250kPa$，$\tau_f = 100kPa$ 时，试用应力圆求土样剪切面处大、小主应力的方向。

6-5　某原状土样三轴固结不排水剪切试验数据见表 6-3，试求孔隙应力系数 A、B。

表 6-3　三轴固结不排水剪切试验数据　　　　　　　　　　单位：kPa

土　　样	σ_3	u_1	$(\sigma_1 - \sigma_3)_f$	u_2
1	100	80	390	-65
2	200	180	510	-85
3	300	285	920	-166

思　考　题

6-1　试比较直剪试验和三轴剪切试验的土样的应力状态有什么不同？

6-2　试比较直剪试验中的三种方法相互间的主要异同点。

6-3　试用库仑定律和摩尔应力圆原理说明，当 σ_1 不变，而 σ_3 变小时土可能破坏；反之，当 σ_3 不变，而 σ_1 变大时土也可能破坏的现象。

6-4　根据孔隙应力系数 A、B 的物理意义，说明三轴不固结不排水和三轴固结不排水试验方法求 A、B 的区别。

6-5　试从应力状态角度说明通常进行三轴固结不排水试验时，先施加等向固结压力 σ_3 是否合理，为什么？

6-6　试根据有效应力原理在强度问题中应用的基本概念，分析三轴剪切试验的三种不同试验方法中，土样孔隙水压力和含水量变化的情况。

第7章　土压力计算

【学习目标】　了解影响土压力的因素；掌握土压力的概念、类型及产生的条件，静止土压力计算方法；掌握朗肯土压力理论假设条件及计算方法；掌握库仑土压力理论的假设条件、数值解法；了解库尔曼图解法；理解朗肯土压力理论与库仑土压力理论的异同及各自的适用范围；掌握车辆荷载引起的土压力的计算。

【导读】　在土木工程中，挡土结构是一种常用的结构物。例如，桥梁工程中的桥台，除了承受桥梁荷载外，还抵挡台后填土压力；道路工程中穿越边坡而修筑的挡土墙，基坑工程中的支挡结构，隧道工程中的衬砌以及码头、水闸等工程中采用的各种形式的挡土结构等，如图7-1所示。

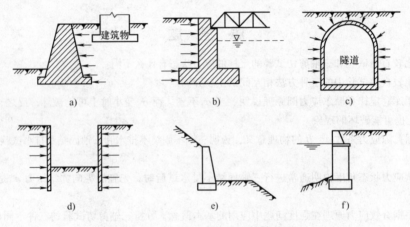

图7-1　各种形式的挡土结构物

这些挡土结构都承受来自它们与土体接触面上的侧向压力作用，土压力就是这些侧向压力的总称。因此，土压力是设计挡土结构物断面及验算其稳定性的主要荷载。

土压力的计算是以土体极限平衡理论为依据。设计挡土墙的一个关键问题是确定作用在墙背上土压力的性质、大小、方向和作用点。要求所设计的挡土墙不发生滑动（包括深层滑动和表层滑移），不发生倾覆，不产生过大的沉降并且节约工程量、材料和投资。

7.1　土压力的类型

试验表明，土压力的大小受较多因素影响，主要有：①填土的性质。包括填土的重度、含水量、内摩擦角、黏聚力的大小及填土表面的形状（水平、向上倾斜、向下倾斜）等。②挡土墙的形状、墙背的光滑程度和结构形式。③挡土墙的位移方向和位移量。在影响土压力的诸多因素中，墙体位移条件是最主要的因素。墙体位移的方向和位移量决定着所产生的土压力性质和大小。根据墙身位移情况，作用在墙背上的土压力可分为静止土压力、主动土压力和被动土压力。

7.1.1 静止土压力

当挡土墙具有足够的截面，并且建立在坚实的地基（如，岩基）上，墙在墙后填土的推力作用下，不产生任何移动转动时，如图 7-2a 所示，墙后土体没有破坏，处于弹性平衡状态，这时，作用于墙背上的土压力称为静止土压力。作用在每延米挡土墙上静止土压力的合力用 E_0（kN/m）表示，静止土压力强度用 p_0（kPa）表示。

7.1.2 主动土压力

如果墙基可以变形，墙在土压力作用下产生离开填土方向的移动或绕墙根的转动时，如图 7-2b 所示，墙后土体因侧面所受限制的放松而有下滑的趋势。为阻止其下滑，土内潜在滑动面上剪应力增加，从而使作用在墙背上的土压力减小。当墙的移动或转动达到某一数值时，滑动面上的剪应力等于抗剪强度，墙后土体达到主动极限平衡状态，发生一般为曲线形的滑动面 AC，这时作用在墙上的土压力达到最小值，称为主动土压力。作用在每延米挡土墙上主动土压力的合力用 E_a（kN/m）表示，主动土压力强度用 p_a（kPa）表示。

7.1.3 被动土压力

当挡土墙在外力作用下向着填土方向移动或转动时（如，拱桥桥台），墙后土体受到挤压，有上滑的趋势，如图 7-2c 所示。为阻止其上滑，土内剪应力反向增加，使得作用在墙背上的土压力加大，直到墙的移动量足够大时，滑动面上的剪应力等于抗剪强度，墙后土体达到被动极限平衡状态，土体发生向上滑动，滑动面为曲面 AC，这时作用在墙上的土压力达到最大值，称为被动土压力。作用在每延米挡土墙上被动土压力的合力用 E_p（kN/m）表示，被动土压力强度用 p_p（kPa）表示。

以上三种土压力中主动土压力最小，被动土压力最大，静止土压力居于两者之间。在相同条件下，三种不同性质的土压力之间有如下关系

$$E_a < E_0 < E_p$$

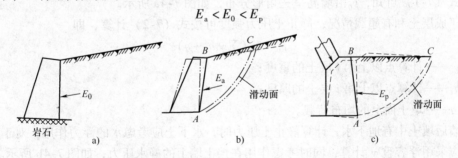

图 7-2　作用在挡土墙上的三种土压力

a）静止土压力　b）主动土压力　c）被动土压力

实际上，土压力是挡土结构与土体相互作用的结果，大部分情况下，土压力均介于主动土压力和被动土压力之间。在影响土压力大小及其分布的诸因素中，挡土结构物的位移是关键因素，如图 7-3 所示为土压力与挡土结构位移间的关系。从图中可以看出，当土建筑物后达到被动土压力所需的位移远大于导致主动土压力所需的位移。

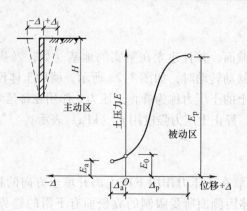

图 7-3　挡土墙墙身位移与土压力的关系

7.2　静止土压力计算

当挡土墙绝对不动时，墙后土体中的应力状态相当于自重下的应力状态。此种应力状态下土体处于弹性平衡。在岩石地基上的重力式挡土墙，或上、下端有顶、底板固定的重力式挡土墙，实际变形极小，就会产生这种土压力。这时，墙后土体应处于侧限压缩应力状态，与土的自重应力状态相同，因此，可用第 4 章计算自重应力的方法确定静止土压力的大小。

7.2.1　静止土压力强度及分布

墙背后 z 深度处的土压力强度按式 (7-1) 计算，即

$$p_0 = K_0 \sigma_{cz} = K_0 \gamma z \tag{7-1}$$

式中　K_0——侧压力系数，也称为静止土压力系数。

由式 (7-1) 可知，p_0 沿墙高呈三角形分布，如图 7-4a 所示。

对于成层土和有超载情况，静止土压力强度可按式 (7-2) 计算，即

$$p_0 = K_0 \left(\sum \gamma_i h_i + q \right) \tag{7-2}$$

式中　γ_i——计算点以上第 i 层土的重度；

　　　h_i——计算点以上第 i 层土的厚度；

　　　q——填土面上的均布荷载。

若墙后填土中有地下水，计算静止土压力时，水下土应考虑水的浮力作用，对于透水性好的土应采用浮容重 γ' 计算，同时考虑作用在挡土墙上的静水压力，如图 7-4b 所示。

7.2.2　总静止土压力

若墙高为 H，则作用于单位长度墙上的总静止土压力为

$$E_0 = \frac{1}{2} K_0 \gamma H^2 \tag{7-3}$$

E_0 作用点应在墙高的 1/3 处，如图 7-4a 所示。

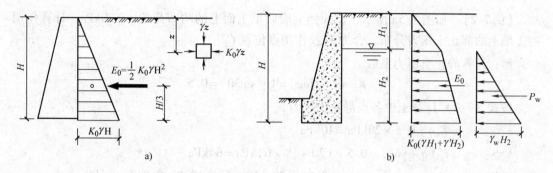

图 7-4　静止土压力的分布
a) 均质土时　b) 有地下水时

7.2.3　静止土压力系数

静止土压力系数 K_0 理论上为 $\dfrac{\mu}{1-\mu}$，其中，μ 为土体的泊松比。实际 K_0 由试验确定，可由常规三轴仪或应力路径三轴仪测得，在原位可用自钻式旁压仪测得。在缺乏试验资料时，可用下述经验公式估算，也可参考表 7-1 的经验值。

正常固结土压力系数的计算公式分别为：

砂性土

$$K_0 = 1 - \sin\varphi'$$

黏性土

$$K_0 = 0.95 - \sin\varphi'$$

超固结土

$$K_0 = OCR^{0.5}(1 - \sin\varphi')$$

式中　φ'——土的有效内摩擦角；

　　　OCR——土的超固结比。

表 7-1　静止土压力系数 K_0

土的种类及状态	碎石土	砂土	粉土	粉质黏土			黏土		
				坚硬	可塑	软塑~流塑	坚硬	可塑	软塑~流塑
K_0	0.18~0.25	0.25~0.33	0.33	0.33	0.43	0.53	0.33	0.53	0.72

7.2.4　静止土压力应用

一般地下室外墙、岩基上挡土墙和拱座均按静止土压力计算。

【例 7-1】　地下室外墙高 $H = 6\text{m}$，墙后填土的重度 $\gamma = 18.5\text{kN/m}^3$，土的有效内摩擦角 $\varphi' = 30°$，黏聚力为零。试计算作用在挡土墙上的土压力。

解：对地下室外墙，可按静止土压力公式计算单位长度墙体上的土压力，即

$$E_0 = \frac{1}{2}K_0\gamma H^2 = \frac{1}{2} \times (1 - \sin30°) \times 18.5 \times 6^2 \text{kN/m}$$

$$= 166.5\text{kN/m}$$

【例7-2】 如图7-5a所示，已知挡土墙后填土面上的均布荷载 $q = 20\text{kPa}$，计算作用挡土墙上的静止土压力分布、合力 E_0 及作用点位置 C_0。

解： 计算静止土压力系数

$$K_0 = 1 - \sin\varphi' = 1 - \sin 30° = 0.5$$

按式（7-2）计算土中各点静止土压力 p_0

a 点：$p_{0a} = K_0 q = 0.5 \times 20\text{kPa} = 10\text{kPa}$

b 点：$p_{0b} = K_0(q + \gamma h_1) = 0.5 \times (20 + 18 \times 6)\text{kPa} = 64\text{kPa}$

d 点：$p_{0d} = K_0(q + \gamma h_1 + \gamma' h_2) = 0.5 \times [20 + 18 \times 6 + (18.9 - 9.81) \times 4]\text{kPa}$

$\qquad = 82.2\text{kPa}$

静止土压力的合力 E_0 为

$$E_0 = \frac{1}{2}(p_{0a} + p_{0b})h_1 + \frac{1}{2}(p_{0b} + p_{0d})h_2$$

$$= \left[\frac{1}{2}(10 + 64) \times 6 + \frac{1}{2}(64 + 82.2) \times 4\right]\text{kN/m} = (222 + 292.4)\text{kN/m}$$

$$= 514.4\text{kN/m}$$

E_0 作用的位置 C_0 为

$$C_0 = \frac{1}{E_0}\left[p_{0a}h_1\left(\frac{h_1}{2} + h_2\right) + \frac{1}{2}(p_{0b} - p_{0a})h_1\left(h_2 + \frac{h_1}{3}\right) + p_{0b} \times \frac{h_2^2}{2} + \frac{1}{2}(p_{0d} - p_{0b}) \times \frac{h_2^2}{3}\right]$$

$$= \left\{\frac{1}{514.4} \times \left[6 \times 10 \times 7 + \frac{1}{2} \times 54 \times 6 \times \left(4 + \frac{6}{3}\right) + 64 \times \frac{4^2}{2} + \frac{1}{2}(82.2 - 64) \times \frac{4^2}{3}\right]\right\}\text{m}$$

$$= \left\{\frac{1}{514.4} \times [420 + 972 + 512 + 48.5]\right\}\text{m} = \frac{1952.5}{514.4}\text{m} = 3.80\text{m}$$

作用在墙上的静水压力合力为

$$W = \frac{1}{2}\gamma_w h_2^2 = \left(\frac{1}{2} \times 9.81 \times 4^2\right)\text{kN/m} = 78.5\text{kN/m}$$

静止土压力 p_0 及水压力的分布如图7-5b所示。

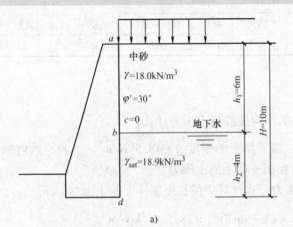

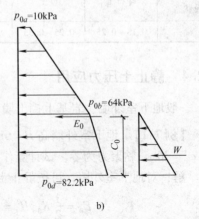

a)   b)

图7-5　例7-2图

7.3　朗肯土压力理论

朗肯土压力理论是土压力计算中两个著名的古典土压力理论之一，由英国学者朗肯（William John Macquom Rankine）在 1857 提出，是根据半空间应力状态和土的极限平衡条件得出的一种土压力计算方法。由于其概念明确，方法简便，至今仍被广泛应用。

朗肯土压力理论（Rankine's Earth Pressure Theory）用于求解刚性挡土墙墙背竖直、光滑，墙后地面水平，假设墙后土体为刚塑性体，当挡土墙位移、墙后土体达极限平衡状态时的墙背土压力。

7.3.1　基本原理

朗肯研究自重应力作用下，半无限土体内各点的应力从弹性平衡状态发展为极限平衡状态的应力条件，提出计算挡土墙土压力的理论，其分析方法如下。

如图 7-6a 所示具有水平表面的半无限土体。当土体静止不动时，深度 z 处土单元体的应力为 $\sigma_z = \gamma z$，$\sigma_x = K_0 \gamma z$，该点的应力状态如图 7-6g 所示应力圆 I。若以某一竖直光滑面 AB 代表挡土墙墙背，用以代替 AB 左侧的土体而不影响右侧土体中的应力状态，如图 7-6b、c 所示，则当面 AB 向外平移时，右侧土体中的水平应力 σ_x 将逐渐减小，而 σ_z 保持不变，如图 7-6d 所示，因此应力圆的直径逐渐增大。当侧向位移至 $A'B'$，其位移已足够大，以致应力圆与土体的抗剪强度包线相切，如图 7-6g 所示应力圆 II，表示土体达到主动极限平衡状态。这时 $A'B'$ 后面的土体进入破坏状态，如图 7-6e 所示，土体中的抗剪强度已全部发挥出

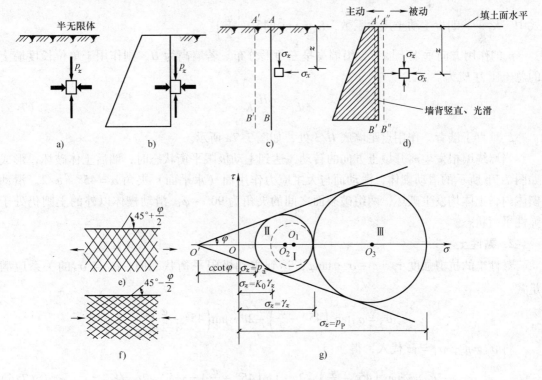

图 7-6　朗肯主动与被动状态

来，使得作用在墙上的土压力 σ_x 达到最小值，即为主动土压力 p_a。

相反，若 AB 面在外力作用下向着填土方向移动，挤压土体，如图7-6d所示，σ_x 将逐渐增加，土中剪应力最初减小，后来又逐渐反向增大，直至剪应力增加到土的抗剪强度时，应力圆又与强度包线相切，达到被动极限平衡状态，如图7-6g所示的圆Ⅲ。这时，作用在 AB 面上的土压力达到最大值，即为被动土压力 p_P。土体破坏后，如图7-6f所示，即使 $A''B''$ 面再继续移动，土压力也不会进一步增大。

以上两种极限平衡状态又称朗肯主动状态和朗肯被动状态。朗肯土压力理论一般情况的适用条件为：①挡土墙墙背垂直；②墙后填土表面水平；③挡土墙墙背光滑，没有摩擦力因而没有剪应力，即墙背为主应力面。

7.3.2 朗肯主动土压力计算

根据前述分析可知，当墙后填土达到主动极限平衡状态时，作用于任意 z 深度处土单元上的竖直应力 $\sigma_z = \gamma z$，应是大主应力 σ_1，而作用在墙背的水平向土压力 p_a 应是小主应力 σ_3。因此，利用第5章所述的极限平衡条件下 σ_1 与 σ_3 的关系，即可直接求出主动土压力的强度 p_a。

1. 无黏性土

已知土的抗剪强度为 $\tau_f = \sigma \cdot \tan\varphi$，根据极限平衡条件式 $\sigma_3 = \sigma_1 \cdot \tan^2(45° - \varphi/2)$，将 $\sigma_3 = p_a$，$\sigma_1 = \gamma z$ 代入，可得

$$p_a = \gamma z \tan^2\left(45° - \frac{\varphi}{2}\right) = \gamma z K_a \tag{7-4}$$

式中 K_a——朗肯主动土压力系数，$K_a = \tan^2\left(45° - \frac{\varphi}{2}\right)$。

p_a 的作用方向垂直于墙背，沿墙高呈三角形分布。若墙高为 H，则作用于单位长度墙上的总土压力 E_a 为

$$E_a = \frac{\gamma H^2}{2} K_a \tag{7-5}$$

E_a 垂直于墙背，作用点距墙底 $H/3$ 处，如图7-7a所示。

当墙绕墙根发生离开填土方向的转动，达到主动极限平衡状态时，墙后土体破坏，形成如图7-7b所示的滑动楔体，滑动面与大主应力作用面（水平面）夹角 $\alpha = 45° + \varphi/2$。滑动楔体内，土体均发生破坏，两组破裂面之间的夹角为 $90° - \varphi$。滑动楔体以外的土则仍处于弹性平衡状态。

2. 黏性土

黏性土的抗剪强度 $\tau_f = c + \sigma \cdot \tan\varphi$，达到主动极限平衡状态时，$\sigma_1$ 与 σ_3 的关系应满足式

$$\sigma_3 = \sigma_1 \tan^2\left(45° - \frac{\varphi}{2}\right) - 2c \cdot \tan\left(45° - \frac{\varphi}{2}\right)$$

将 $\sigma_3 = p_a$，$\sigma_1 = \gamma z$ 代入，得

$$p_a = \gamma z \tan^2\left(45° - \frac{\varphi}{2}\right) - 2c \cdot \tan\left(45° - \frac{\varphi}{2}\right) = \gamma z K_a - 2c\sqrt{K_a} \tag{7-6}$$

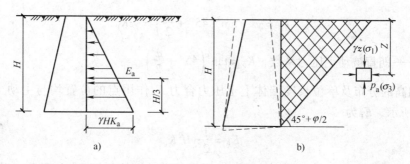

图 7-7 无黏性土主动土压力

a）主动土压力分布 b）墙后破裂面形状

式（7-6）说明，黏性土的主动土压力由两部分组成，第一项为土重力产生的土压力 $\gamma z K_a$，是正值，随着深度呈三角形分布；第二项为黏性土 c 引起的土压力 $2c\sqrt{K_a}$，是负值，起减少土压力的作用，其值是常量，不随深度变化，如图 7-8a 所示，两项之和使得墙后土压力在 z_0 深度以上出现负值，即拉应力，但实际上墙和填土之间没有抗拉强度，故拉应力的存在会使填土与墙背脱开，出现 z_0 深度的裂缝，如图 7-8b 所示。因此，在 z_0 以上可以认为土压力为零；z_0 以下，土压力强度按三角形 abc 分布。z_0 可由式（7-6），令 $p_a = 0$ 求出，即

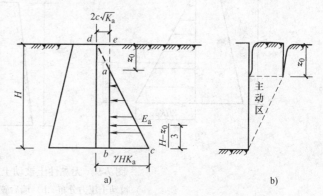

图 7-8 黏性土主动土压力

a）主动土压力分布 b）墙后裂缝

$$\gamma z_0 K_a - 2c\sqrt{K_a} = 0$$

$$z_0 = \frac{2c}{\gamma\sqrt{K_a}} \tag{7-7}$$

总主动土压力 E_a 应为三角形 abc 的面积，即

$$E_a = \frac{1}{2}\gamma H^2 K_a - 2cH\sqrt{K_a} + \frac{2c^2}{\gamma} \tag{7-8}$$

E_a 作用点则位于墙底以上 $(H - z_0)/3$ 处。

7.3.3 朗肯被动土压力计算

若挡土墙在外力作用下推向填土，使墙后土体达到被动极限平衡状态时，水平压力比竖直压力大，此时竖直应力 $\sigma_z = \gamma z$ 应为小主应力 σ_3，作用在墙背的水平土压力 p_P 应为大主应力 σ_1。

1. 无黏性土

根据极限平衡条件 $\sigma_1 = \sigma_3 \cdot \tan^2\left(45° + \dfrac{\varphi}{2}\right)$，代入 $p_P = \sigma_1$，$\gamma z = \sigma_3$，可得

$$p_P = \gamma z \cdot \tan^2\left(45° + \frac{\varphi}{2}\right) = \gamma z K_P \tag{7-9}$$

式中　K_P——朗肯被动土压力系数，$K_P = \tan^2\left(45° + \frac{\varphi}{2}\right)$。

p_P沿墙高的分布及单位长度墙体上土压力合力E_P作用点的位置均与主动土压力相同，如图7-9a所示，E_P为

$$E_P = \frac{1}{2}\gamma H^2 K_P \tag{7-10}$$

到达极限平衡状态时，墙后土体破坏，形成的滑动楔体如图7-9b所示，滑动面与小主应力作用面（水平面）之间的夹角$\alpha = 45° - \varphi/2$，两组破裂面之间的夹角则为$90° + \varphi$。

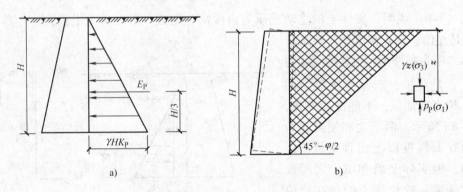

图 7-9　无黏性土被动土压力

a) 被动土压力分布　b) 墙后破裂面形状

2. 黏性土

将$p_P = \sigma_1$，$\gamma z = \sigma_3$代入极限平衡条件$\sigma_1 = \sigma_3 \cdot \tan^2(45° + \varphi/2) + 2c \cdot \tan(45° + \varphi/2)$，可得黏性土作用于挡土墙墙背上的被动土压力强度$p_P$为

$$p_P = \gamma z \tan^2\left(45° + \frac{\varphi}{2}\right) + 2c \cdot \tan\left(45° + \frac{\varphi}{2}\right)$$

$$= \gamma z K_P + 2c\sqrt{K_P} \tag{7-11}$$

由式（7-11）可知，黏性土的被动土压力也由两部分组成，叠加后，其压力强度p_P沿墙高呈梯形分布如图7-10所示。总被动土压力为

$$E_P = \frac{1}{2}\gamma H^2 K_P + 2cH\sqrt{K_P} \tag{7-12}$$

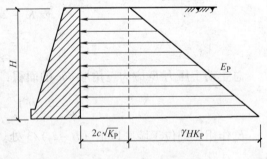

图 7-10　黏性土被动土压力分布

E_P的作用方向垂直于墙背，作用点位于梯形面积重心上。

【例 7-3】　某重力式挡土墙，墙高 5m，墙背垂直光滑，墙后填无黏性土，填土面水平，填土性质指标如图7-11所示。求作用于挡土墙上的静止、主动及被动土压力的大小及分布。

解： （1）计算土压力系数 K。

静止土压力系数，近似取 $\varphi' = \varphi$，则

$$K_0 = 1 - \sin\varphi' = 1 - \sin40° = 0.357$$

主动土压力系数

$$K_a = \tan^2\left(45° - \frac{\varphi}{2}\right) = \tan^2(45° - 20°) = 0.217$$

被动土压力系数

$$K_P = \tan^2\left(45° + \frac{\varphi}{2}\right) = \tan^2(45° + 20°) = 4.599$$

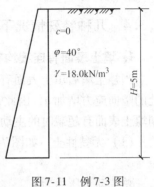

图 7-11　例 7-3 图

（2）计算墙底处土压力强度。

静止土压力

$$p_0 = \gamma H K_0 = (18 \times 5 \times 0.357)\text{kPa} = 32.13\text{kPa}$$

主动土压力

$$p_a = \gamma H K_a = (18 \times 5 \times 0.217)\text{kPa} = 19.53\text{kPa}$$

被动土压力

$$p_P = \gamma H K_P = (18 \times 5 \times 4.599)\text{kPa} = 413.91\text{kPa}$$

（3）计算单位长度墙上的总土压力 E

静止土压力

$$E_0 = \frac{1}{2}\gamma H^2 K_0 = \left(\frac{1}{2} \times 18 \times 5^2 \times 0.357\right)\text{kN/m} = 80.3\text{kN/m}$$

主动土压力

$$E_a = \frac{1}{2}\gamma H^2 K_a = \left(\frac{1}{2} \times 18 \times 5^2 \times 0.217\right)\text{kN/m} = 48.8\text{kN/m}$$

被动土压力

$$E_P = \frac{1}{2}\gamma H^2 K_P = \left(\frac{1}{2} \times 18 \times 5^2 \times 4.599\right)\text{kN/m} = 1034.8\text{kN/m}$$

三者比较可以看出 $E_P > E_0 > E_a$。

（4）土压力强度分布如图 7-12 所示。

（5）总土压力作用点均在距墙底 $H/3 = 5\text{m}/3 = 1.67\text{m}$ 处。

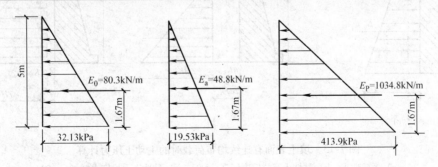

图 7-12　例 7-3 土压力强度分布

7.3.4 几种特殊情况下的朗肯土压力计算

1. 填土表面有连续均布荷载时朗肯土压力计算

当挡土墙后填土表面有连续均布荷载 q 作用时，如图 7-13a 所示，计算时相当于深度 z 处的竖向应力增加 q，因此，只要将式（7-4）和式（7-6）中的 γz 代之以（$q + \gamma z$），就得到填土表面有超载时的主动土压力强度计算公式。

（1）无黏性土　如图 7-13a 所示。主动土压力强度为

$$p_a = (q + \gamma z)K_a \tag{7-13}$$

总主动土压力为

$$E_a = \frac{1}{2}\gamma H^2 K_a + qHK_a \tag{7-14}$$

E_a 作用点距离墙底

$$h = \frac{2p_1 + p_2}{3(p_1 + p_2)}H \tag{7-15}$$

（2）黏性土　如图 7-13b、c 所示。主动土压力强度为

$$p_a = (q + \gamma z)K_a - 2c\sqrt{K_a} \tag{7-16}$$

拉力区高度

$$z_0 = \frac{2c}{\gamma\sqrt{K_a}} - \frac{q}{\gamma} \tag{7-17}$$

总主动土压力为

$z_0 > 0$：

$$E_a = \frac{1}{2}\big[\gamma H K_a - (2c\sqrt{K_a} - qK_a)\big](H - z_0) \tag{7-18}$$

$z_0 < 0$：

$$E_a = \frac{1}{2}\gamma H^2 K_a + qHK_a - 2cH\sqrt{K_a} \tag{7-19}$$

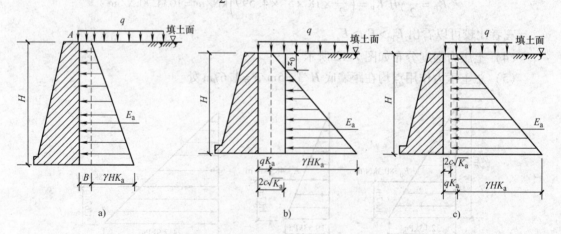

图 7-13　填土表面有连续均布荷载时的主动土压力计算

a）无黏性土　b）黏性土有拉应力区（$z_0 > 0$）　c）黏性土无拉应力区（$z_0 < 0$）

当挡土墙后填土表面有连续均布荷载 q 作用时，被动土压力的计算如下：

（1）无黏性土　如图 7-14a 所示，被动土压力强度为

$$p_a = (q + \gamma z) K_P \tag{7-20}$$

总被动土压力为

$$E_a = \frac{1}{2} \gamma H^2 K + qHK_a \tag{7-21}$$

（2）黏性土　如图 7-14b 所示，被动土压力强度为

$$p_a = (q + \gamma z) K_P - 2c \sqrt{K_P} \tag{7-22}$$

总被动土压力为

$$E_a = \frac{1}{2} \gamma H^2 K_P + qHK_P - 2cH \sqrt{K_P} \tag{7-23}$$

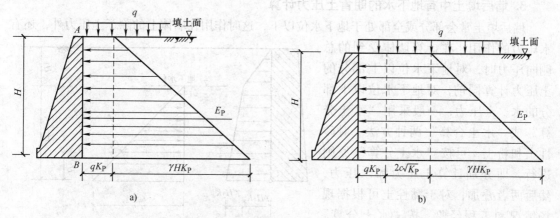

图 7-14　填土表面有连续均布荷载时的被动土压力计算
a）无黏性土　b）黏性土

若填土表面上为局部荷载，如图 7-15 所示，主动土压力计算时，从荷载的两端点 O 及 O' 点作两条辅助线 $\overline{OC}$ 和 $\overline{O'D}$，它们都与水平面成 $45° + \dfrac{\varphi}{2}$ 角度，认为 C 点以上和 D 点以下的土压力不受地面荷载的影响，C、D 之间的土压力按均布荷载计算，AB 墙面上的土压力如图 7-15 阴影部分所示。

2. 成层填土中的朗肯土压力计算

如图 7-16 所示挡土墙后填土为成层土，仍可按式（7-4）和式（7-6）计算主动土压力。但应注意在土层分界面上，由于两层土的抗剪强度指标不同，其传递由于自重引起的土压力作用不同，土压力的分布有突变，如图 7-16 所示。其计算方法如下：

a 点：$p_{a1} = -2c_1 \sqrt{K_{a1}}$。

b 点上（在第一层土中）：$p'_{a2} = \gamma_1 h_1 K_{a1} - 2c_1 \sqrt{K_{a1}}$。

b 点下（在第二层土中）：$p''_{a2} = \gamma_1 h_1 K_{a2} - 2c_2 \sqrt{K_{a2}}$。

c 点：$p_{a3} = (\gamma_1 h_1 + \gamma_2 h_2) K_{a2} - 2c_2 \sqrt{K_{a2}}$。

其中，$K_{a1} = \tan^2(45° - \varphi_1/2)$，$K_{a2} = \tan^2(45^2 - \varphi_2/2)$，其余符号意义如图 7-16 所示。

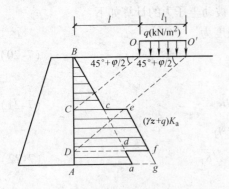

图7-15 局部荷载作用下主动土压力计算

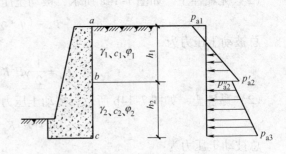

图7-16 成层土的主动土压力计算

3. 墙后填土中有地下水的朗肯土压力计算

墙后填土常会部分或全部处于地下水位以下，这时作用在墙体上的除了土压力外，还有水压力的作用，在计算墙体受到的总侧向压力时，对地下水位以上部分的土压力计算同前，对地下水位以下部分的水、土压力，一般采用"水土分算"或"水土合算"两种方法。对砂性土和粉土，可按"水土分算"原则进行，即分别计算土压力和水压力，然后两者叠加；对于黏性土可根据现场情况和工程经验，按"水土分算"或"水土合算"方法进行。

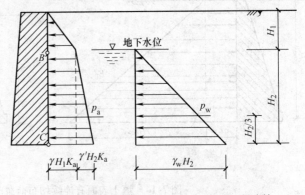

图7-17 地下水位以下砂性土主动土压力计算

（1）水土分算法　水土分算法采用有效重度 γ' 计算土压力，按静水压力计算水压力，然后将两者叠加为总的侧向压力。如图7-17所示砂性土，其主动土压力计算公式为

$$p_{aB} = \gamma H_1 K_a \tag{7-24}$$

$$p_{aC} = \gamma H_1 K_a + \gamma' H_2 K_a \tag{7-25}$$

$$p_{wC} = \gamma_w H_2 \tag{7-26}$$

$$E_a = \frac{1}{2}\gamma H_1^2 K_a + \gamma H_1 H_2 K_a + \frac{1}{2}\gamma' H_2^2 K_a \tag{7-27}$$

$$P_w = \frac{1}{2}\gamma_w H_2^2 \tag{7-28}$$

$$E = E_a + P_w \tag{7-29}$$

同理，对于黏性土水下部分

$$p_a = \gamma' H K_a' - 2c' \sqrt{K_a'} + \gamma_w h_w \tag{7-30}$$

式中　γ'——土的有效重度（kN/m³）；

K_a'——按有效应力强度指标计算的主动土压力系数，$K_a' = \tan^2(45° - \varphi'/2)$；

c'——有效黏聚力（kPa）；

φ'——有效内摩擦角（°）；

γ_w——水的重度（kN/m^3）；

h_w——从墙底起算的地下水位高度（m）。

在实际使用时，式（7-24）~式（7-30）中有效强度指标 c'，φ' 常用总应力强度指标 c，φ 代替。

（2）水土合算法　对地下水位下的黏性土，也可用土的饱和重度 γ_{sat} 计算总的水土压力，即

$$p_a = \gamma_{sat}HK_a - 2c\sqrt{K_a} \tag{7-31}$$

式中　γ_{sat}——土的饱和重度，地下水位下可近似采用天然重度；

K_a——按总应力强度指标计算的主动土压力系数 $K_a = \tan^2\left(45° - \dfrac{\varphi}{2}\right)$；

其他符号意义同前。

【例7-4】　挡土墙高 5m，墙背直立、光滑，墙后填土表面水平，共分两层，各层土的物理力学指标如图 7-18a 所示，挡土墙后填土表面作用着连续均布荷载，试绘朗肯主动土压力分布图，并计算合力。

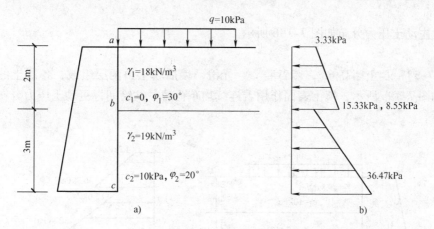

图 7-18　例 7-4 图

解： a 点，第一层顶面：

$$p_{a0} = (\gamma_1 z + q)\tan^2\left(45° - \frac{\varphi_1}{2}\right) = 10\,\text{kPa} \times \tan^2\left(45° - \frac{30°}{2}\right) = 3.33\,\text{kPa}$$

b 点，第一层底面：

$$p_{a1} = (\gamma_1 h_1 + q)\tan^2\left(45° - \frac{\varphi_1}{2}\right) = (18 \times 2 + 10)\,\text{kPa} \times \tan^2\left(45° - \frac{30°}{2}\right) = 15.33\,\text{kPa}$$

第二层顶面：

$$p'_{a1} = (\gamma_1 h_1 + q)\tan^2\left(45° - \frac{\varphi_2}{2}\right) - 2c_2\tan\left(45° - \frac{\varphi_2}{2}\right)$$

$$= (18 \times 2 + 10)\,\text{kPa} \times \tan^2\left(45° - \frac{20°}{2}\right) - 2 \times 10\,\text{kPa} \times \tan\left(45° - \frac{20°}{2}\right)$$

$$= 22.55\,\text{kPa} - 14.00\,\text{kPa} = 8.55\,\text{kPa}$$

c 点，第二层底面：

$$p_{a2} = (\gamma_1 h_1 + \gamma_2 h_2 + q)\tan^2\left(45° - \frac{\varphi_2}{2}\right) - 2c_2 \cdot \tan\left(45° - \frac{\varphi_2}{2}\right)$$

$$= (18 \times 2 + 19 \times 3 + 10)\text{kPa} \times \tan^2\left(45° - \frac{20°}{2}\right) - 2 \times 10\text{kPa} \times \tan\left(45° - \frac{20°}{2}\right)$$

$$= 103 \times 0.49 - 14.00 = 36.47\text{kPa}$$

主动土压力为

$$E_a = \left[\frac{1}{2} \times (3.33 + 15.33) \times 2 + \frac{1}{2}(8.55 + 36.47) \times 3\right]\text{kN/m}$$

$$= (18.66 + 67.57)\text{kN/m} = 86.23\text{kN/m}$$

E_a 作用点与墙脚距离为

$$C_1 = \frac{1}{86.23\text{kN/m}} \times \left(3.33 \times 2 \times 4 + \frac{1}{2} \times 12 \times 2 \times \left(\frac{2}{3} + 3\right) + 8.55 \times 3 \times 1.5 + \frac{1}{2} \times 27.92 \times 3 \times 1\right)\text{kPa}$$

$$= \frac{1}{86.23}\text{kN/m} \times (26.64 + 44 + 38.475 + 41.88)\text{kPa}$$

$$= 1.75\text{m}$$

朗肯主动土压力分布如图 7-18b 所示。

【例7-5】 挡土墙高 6m，墙背直立、光滑，墙后填土由两层组成，各层土的物理力学指标如图 7-19a 所示，填土表面作用着连续均布荷载，试绘朗肯主动土压力分布图，并计算合力。

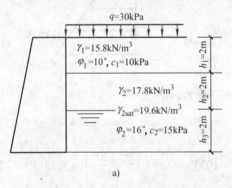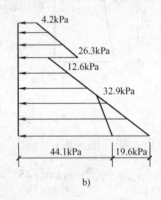

图 7-19 例 7-5 图

解： （1）计算土压力系数 K。

$$K_{a1} = \tan^2\left(45° - \frac{\varphi}{2}\right) = \tan^2(45° - 5°) = 0.70$$

$$K_{a2} = \tan^2\left(45° - \frac{\varphi}{2}\right) = \tan^2(45° - 8°) = 0.57$$

（2）计算主动土压力强度。

$z = 0$：

$$p_a = qK_{a1} + \gamma z K_{a1} - 2c_1\sqrt{K_{a1}} = 30\text{kPa} \times 0.70 + 0 - 2 \times 10\text{kPa} \times \sqrt{0.70} = 4.2\text{kPa}$$

$z = 2\text{m}$：

$$p_{a1} = qK_{a1} + \gamma_1 h_1 K_{a1} - 2c_1\sqrt{K_{a1}} = (30 \times 0.70 + 15.8 \times 2 \times 0.70 - 2 \times 10 \times \sqrt{0.70})\text{kPa} = 26.3\text{kPa}$$

$$p'_{a1} = qK_{a2} + \gamma_1 h_1 K_{a2} - 2c_2\sqrt{K_{a2}} = (30 \times 0.57 + 15.8 \times 2 \times 0.57 - 2 \times 15 \times \sqrt{0.57})\text{kPa} = 12.6\text{kPa}$$

$z = 4\text{m}$：

$$p_{a2} = qK_{a2} + (\gamma_1 h_1 + \gamma_2 h_2)K_{a2} - 2c_2\sqrt{K_{a2}}$$

$$= [30 \times 0.57 + (15.8 \times 2 + 17.8 \times 2) \times 0.57 - 2 \times 15 \times \sqrt{0.57}]\text{kPa} = 32.9\text{kPa}$$

$z = 6\text{m}$：

$$p_{a3} = qK_{a2} + (\gamma_1 h_1 + \gamma_2 h_2 + \gamma'_3 h_3)K_{a2} - 2c_2\sqrt{K_{a2}}$$

$$= [30 \times 0.57 + (15.8 \times 2 + 17.8 \times 2 + 9.8 \times 2) \times 0.57 - 2 \times 15 \times \sqrt{0.57}]\text{kPa} = 44.1\text{kPa}$$

（3）计算单位长度墙上的总土压力 E_a。

$$E_a = \frac{1}{2}(p_a + p_{a1})h_1 + \frac{1}{2}(p'_{a1} + p_{a2})h_2 + \frac{1}{2}(p_{a2} + p_{a3})h_3$$

$$= \left[\frac{1}{2} \times (4.2 + 26.3) \times 2 + \frac{1}{2}(12.6 + 32.9) \times 2 + \frac{1}{2} \times (32.9 + 44.1) \times 2\right]\text{kN/m}$$

$$= 153.0\text{kN/m}$$

（4）墙体所受的水压力为

$$p_w = \gamma_w h_3 = (9.8 \times 2)\text{kPa} = 19.6\text{kPa}$$

总水压力

$$P_w = \frac{1}{2}\gamma_w h_3^2 = \left(\frac{1}{2} \times 9.8 \times 2^2\right)\text{kPa} = 19.6\text{kN/m}$$

整个墙体所受的侧向压力为

$$E = (153.0 + 19.6)\text{kN/m} = 172.6\text{kN/m}$$

挡土墙主动土压力分布如图 7-19b 所示。

7.4　库仑土压力理论

1776 年，法国的库仑（C. A. Coulomb）根据墙后土楔处于极限平衡状态时的力系平衡条件，提出了另一种土压力分析方法，称为库仑土压力理论，它适用于各种填土面和不同的墙背条件，其方法简便，并有足够的计算精度，因而在工程设计中得到广泛应用。

库仑土压力理论（Coulomb's Earth Pressure Theory）是指刚性挡土墙移动达到极限平衡状态时，假设墙后土体为刚塑性体，沿某一斜面发生滑动破坏，利用楔体力平衡原理求出作用于墙背的土压力。

7.4.1　库仑理论基本原理

1. 公式推导的出发点

库仑理论与朗肯理论相比较有两点区别。第一，挡土墙及填土的边界条件。库仑理论考虑的挡土墙，墙背可以倾斜，如倾角为 α；墙背可以粗糙，与填土之间存在摩擦力，如摩擦角为 δ；墙后填土面可以有倾角 β，如图 7-20 所示。第二，库仑理论不是从研究墙后土体中一点的应力状态出发，求出作用在墙背上的土压力强度 p，而是从考虑墙后某个滑动楔体的整体平衡条件出发，直接求出作用在墙背上的总土压力 E。

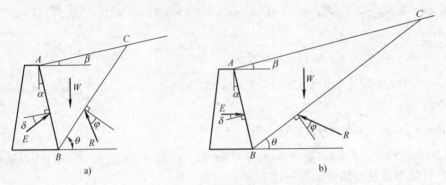

图 7-20　库仑土压力理论

a）主动应力状态　b）被动应力状态

2. 假设条件

库仑土压力公式最早是从填土为无黏性土条件得出的，研究中做了如下基本假设：

（1）平面滑裂面假设　当墙向前或向后移动，使墙后填土达到破坏时，填土将沿两个平面同时下滑或上滑；一个是墙背 AB 面，另一个是土体某一滑动面 BC，BC 与水平面成 θ 角。平面滑裂面假设是库仑理论的最主要假设，库仑在当时已认识这一假定与实际情况不符，但它可使计算工作大大简化，在一般情况下精度能满足工程的要求。

（2）刚体滑动假设　将破坏土楔 ABC 视为刚体，不考虑滑动楔体内部的应力和变形条件。

（3）楔体 ABC 整体处于极限平衡状态　在 AB 和 BC 滑动面上，抗剪强度均已充分发挥，即滑动面上的剪应力 τ 均已达抗剪强度 τ_f。

3. 取滑动楔体 ABC 为隔离体进行受力分析

假设滑动土楔自重为 W，下滑时受到墙面给予的支撑反力 E（其反方向就是土压力），和土体支承反力 R，则

1）根据楔体整体处于极限平衡状态的条件，可得知 E、R 的方向。反力 R 的方向与 BC 面的法线夹角为 φ（土的内摩擦角）；反力 E 的方向则应与墙背 AB 面的法线夹角为 δ。当土体处于主动状态时，为阻止楔体下滑，R、E 在法线的下方；被动状态时，为阻止楔体被挤而向上滑动，R、E 在法线的上方，如图 7-20 所示。

2）根据楔体应满足静力平衡力三角形闭合的条件，可知 E、R 的大小，如图 7-21 所示。

3）求极值，找出真正滑裂面，从而得出作用在墙背上的总主动土压力 E_a 和被动土压力 E_p。

图 7-20 中的 BC 面是任意假设的，不一定就是真正的破坏面。为了找出土中真正的滑裂面，可假定不同 θ 角的几个滑裂面，分别算出维持各个滑裂楔体保持极限平衡时的土压力 E。

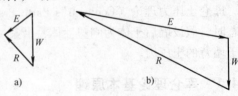

图 7-21　求 E 值的力三角形

a）主动状态　b）被动状态

其中，对于主动状态来说，要求 E 最大的滑裂面，是最容易下滑的面，因而也是真正的滑裂面，其他的面都不会滑裂；对于被动状态来说，则应是需要 E 最小的滑裂面是最容易上滑的面，也就是真正的滑裂面。总之二者都是求极值的问题，利用 $dE/d\theta = 0$ 的条件，即可求得作用于挡土墙上的总土压力 E_a 或 E_P。

7.4.2　库仑主动土压力计算（数解法）

1. 无黏性土的主动土压力

设挡土墙如图 7-22a 所示，墙高为 H，墙后为无黏性填土。当墙向前移动时，BC 面为其潜在的滑动面，与水平面夹角为 θ。取土楔 ABC 为隔离体，根据静力平衡条件作用于隔离体 ABC 上的力 W、E、R 组成力的闭合三角形如图 7-22b 所示。根据几何关系可知，W 与 E 之间的夹角 $\psi = 90° - \delta - \alpha$，其中 δ 和 α 为已知量，故 ψ 为常数；W 与 R 之间的夹角，按图 7-22a 的几何关系应为 $\theta - \varphi$。利用正弦定律可得

$$\frac{E}{\sin(\theta - \varphi)} = \frac{W}{\sin[180° - (\theta - \varphi + \psi)]}$$

则

$$E = \frac{W\sin(\theta - \varphi)}{\sin(\theta - \varphi + \psi)} \tag{7-32}$$

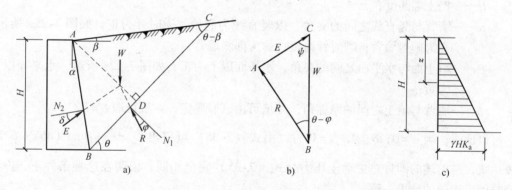

图 7-22　库仑主动土压力计算图

由于式（7-32）中的土楔自重 W 也是 θ 的函数，故当 φ 和 ψ 为定值时，E 就只是 θ 的单值函数，即 $E = f(\theta)$。令 $dE/d\theta = 0$，用数解法解出 θ，再代回式（7-32），即得出作用于墙背上的总主动土压力 E_a 的大小。

由图 7-22a 知

$$W = \frac{1}{2}\overline{AD} \cdot \overline{BC} \cdot \gamma$$

$$\overline{AD} = \overline{AB} \cdot \sin(90° + \alpha - \theta) = H \cdot \frac{\cos(\alpha - \theta)}{\cos\alpha}$$

$$\overline{BC} = \overline{AB} \cdot \frac{\sin(90° + \beta - \alpha)}{\sin(\theta - \beta)} = H \cdot \frac{\cos(\beta - \alpha)}{\cos\varepsilon \cdot \sin(\theta - \beta)}$$

所以

$$W = \frac{1}{2}\gamma H^2 \cdot \frac{\cos(\alpha - \theta)\cos(\beta - \alpha)}{\cos^2\alpha\sin(\theta - \beta)} \tag{7-33}$$

将式（7-33）代入式（7-32）得

$$E = \frac{W\sin(\theta - \varphi)}{\sin(\theta - \varphi + \psi)} = \frac{1}{2}\gamma H^2 \cdot \frac{\cos(\alpha - \theta)\cos(\beta - \alpha) \cdot \sin(\theta - \varphi)}{\cos^2\alpha\sin(\theta - \beta) \cdot \sin(\theta - \varphi - \alpha - \delta)} \tag{7-34}$$

式中　γ，H，α，β，δ，φ——常数。

E 随滑动面 BC 的倾角 θ 而变化，当 $\theta = 90° + \alpha$ 时，$W = 0$，则 $E = 0$；当 $\theta = \varphi$ 时，R 与 W 重合，则 $E = 0$。因此当 θ 在 $90° + \alpha$ 和 φ 之间变化时，E 将有一个极大值，这个极大值 E_{max} 即为所求的主动土压力 E_a。

令 $\dfrac{\mathrm{d}E}{\mathrm{d}\theta} = 0$，解得 θ，代入式（7-34），得库仑主动土压力表达式为

$$E_a = \frac{1}{2}\gamma H^2 K_a \tag{7-35}$$

其中

$$K_a = \frac{\cos^2(\varphi - \alpha)}{\cos^2\alpha \cdot \cos(\alpha + \delta)\left[1 + \sqrt{\dfrac{\sin(\varphi + \delta) \cdot \sin(\varphi - \beta)}{\cos(\alpha + \delta) \cdot \cos(\alpha - \beta)}}\right]^2} \tag{7-36}$$

式中　K_a——库仑主动土压力系数。可以看出，K_a 只与 α、β、δ、φ 有关，而与 γ、H 无关，
　　　　　因而可制成相应表格，供计算时查用，当 $\beta = 0$ 时，K_a 可由表7-2查得；

　　　γ，φ——墙后填土的重度与内摩擦角；

　　　H——挡土墙高度；

　　　α——墙背与竖直线之间的夹角，以竖直线为起始，逆时针为正，如图7-22a 所示，
　　　　　称为俯斜墙背；顺时针为负，称为仰斜墙背；

　　　β——填土面与水平面之间的夹角，水平面以上为正，如图7-22a 所示，水平面以下
　　　　　为负；

　　　δ——墙背与填土之间的摩擦角，其值可由试验确定，一般可取 $\delta = \varphi/2$。

可以证明，当 $\alpha = 0$，$\delta = 0$，$\beta = 0$ 时，由式（7-35）可得出 $E_a = \dfrac{1}{2}\gamma H\tan^2(45° - \varphi/2)$ 的表达式，与前述的朗肯总主动土压力公式（7-35）完全相同，说明在这种条件下，库仑理论与朗肯理论的结果一致。

关于土压力强度沿墙高的分布形式，可通过对式（7-35）求导得出，即

$$p_{az} = \frac{\mathrm{d}E_a}{\mathrm{d}z} = \frac{\mathrm{d}}{\mathrm{d}z}\left(\frac{1}{2}\gamma z^2 K_a\right) = \gamma z K_a \tag{7-37}$$

式（7-37）说明 p_{az} 沿墙高呈三角形分布，如图7-22c 所示。值得注意的是，这种分布形式只表示土压力大小，并不代表实际作用于墙背上的土压力方向。土压力合力 E_a 的作用方向仍在墙背法线上方，并与法线成 δ 角或与水平面成 $\alpha + \delta$ 角，如图7-23a 所示；E_a 作用点在距墙底 $H/3$ 处，如图7-23b 所示。

作用在墙背上的主动土压力 E_a 可以分解为水平分力 E_{ax} 和竖直分力 E_{ay}，即

$$E_{ax} = E_a\cos(\alpha + \delta) = \frac{1}{2}\gamma H^2 K_a\cos(\alpha + \delta)$$

$$E_{ay} = E_a\sin(\alpha + \delta) = \frac{1}{2}\gamma H^2 K_a\sin(\alpha + \delta)$$

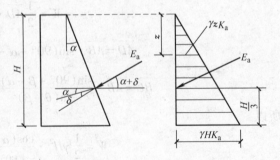

图7-23　库仑主动土压力强度分布

E_{ax}，E_{ay} 都是线性分布的。

为了计算滑动楔体（也称破坏棱体）的长度 AC，需求得最危险滑动面 BC 的倾角 θ。若填土面 AC 面是水平面，即 $\beta=0$ 时，根据 $dE/d\theta=0$ 求得 θ 的计算公式为

墙背俯斜（$\alpha>0$）时，

$$\cot\theta = -\tan(\varphi+\delta+\alpha) + \sqrt{[\cot\varphi+\tan(\varphi+\delta+\alpha)][\tan(\varphi+\delta+\alpha)-\tan\alpha]} \quad (7\text{-}38)$$

墙背仰斜（$\alpha<0$）时，

$$\cot\theta = -\tan(\varphi+\delta-\alpha) + \sqrt{[\cot\varphi+\tan(\varphi+\delta-\alpha)][\tan(\varphi+\delta-\alpha)+\tan\alpha]} \quad (7\text{-}39)$$

墙背垂直（$\alpha=0$）时，

$$\cot\theta = -\tan(\varphi+\delta) + \sqrt{\tan(\varphi+\delta)[\cot\varphi+\tan(\varphi+\delta)]} \quad (7\text{-}40)$$

表 7-2　$\beta=0$ 时库仑主动土压力系数 K_a

墙背倾斜情况			填土与墙背摩擦角 $\delta/$ (°)	不同摩擦角的主动土压力系数 K_a					
				土的内摩擦角 $\varphi/$ (°)					
		$\alpha/$ (°)		20	25	30	35	40	45
仰斜		-15	$\frac{1}{2}\varphi$	0.357	0.274	0.208	0.156	0.114	0.081
			$\frac{2}{3}\varphi$	0.346	0.266	0.202	0.153	0.112	0.079
		-10	$\frac{1}{2}\varphi$	0.385	0.303	0.237	0.184	0.139	0.104
			$\frac{2}{3}\varphi$	0.375	0.295	0.232	0.180	0.139	0.104
		-5	$\frac{1}{2}\varphi$	0.415	0.334	0.268	0.214	0.168	0.131
			$\frac{2}{3}\varphi$	0.406	0.327	0.263	0.211	0.138	0.131
竖直		0	$\frac{1}{2}\varphi$	0.447	0.367	0.301	0.246	0.199	0.160
			$\frac{2}{3}\varphi$	0.438	0.361	0.297	0.244	0.200	0.162
俯斜		$+5$	$\frac{1}{2}\varphi$	0.482	0.404	0.338	0.282	0.234	0.193
			$\frac{2}{3}\varphi$	0.450	0.398	0.335	0.282	0.236	0.197
		$+10$	$\frac{1}{2}\varphi$	0.520	0.444	0.378	0.322	0.273	0.230
			$\frac{2}{3}\varphi$	0.514	0.439	0.377	0.323	0.277	0.237
		$+15$	$\frac{1}{2}\varphi$	0.564	0.489	0.424	0.368	0.318	0.274
			$\frac{2}{3}\varphi$	0.559	0.486	0.425	0.371	0.325	0.284
		$+20$	$\frac{1}{2}\varphi$	0.615	0.541	0.476	0.463	0.370	0.325
			$\frac{2}{3}\varphi$	0.611	0.540	0.479	0.474	0.381	0.340

2. 无黏性土的被动土压力

设挡土墙如图 7-24a 所示，若挡土墙在外力下推向填土，当墙后土体达到极限平衡状态时，假定滑动面是通过墙脚的两个平面 AB 和 BC。取土楔 ABC 为隔离体，根据静力平衡条件，作用于隔离体 ABC 上的力 W、E、R 组成力的闭合三角形如图 7-24b 所示。由正弦定律可得

$$\frac{E}{\sin(\theta+\varphi)} = \frac{W}{\sin(90°+\alpha-\delta-\theta-\varphi)}$$

$$E = \frac{W\sin(\theta+\varphi)}{\sin(90°+\alpha-\delta-\theta-\varphi)}$$

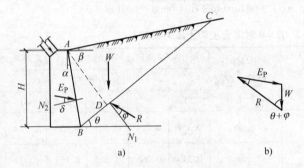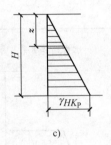

图 7-24　库仑被动土压力计算

对于被动状态，需要 E 最小的滑裂面最容易上滑，也是求极值的问题。

令 $\mathrm{d}E/\mathrm{d}\theta = 0$，用同样的方法可得出总被动土压力 E_P，$E_\mathrm{P} = E_{\min}$。

$$E_\mathrm{P} = \frac{1}{2}\gamma H^2 K_\mathrm{P} \tag{7-41}$$

其中

$$K_\mathrm{P} = \frac{\cos^2(\varphi+\alpha)}{\cos^2\alpha \cdot \cos(\alpha-\delta)\left[1 - \sqrt{\dfrac{\sin(\varphi+\delta)\cdot\sin(\varphi+\beta)}{\cos(\alpha-\delta)\cdot\cos(\alpha-\beta)}}\right]^2} \tag{7-42}$$

式中　K_P——库仑被动土压力系数；

其他符号意义同前，见图 7-24a。

被动土压力强度 p_{az} 沿墙也呈三角形分布，如图 7-24c 所示。合力 E_P 作用方向在墙背法线下方，与法线成 δ 角，与水平面成 $\delta-\alpha$ 角，如图 7-25a 所示，作用点距墙底 $H/3$ 处，如图 7-25b 所示。

由式（7-41）知，库仑被动土压力强度 p_P 沿墙高为直线分布。

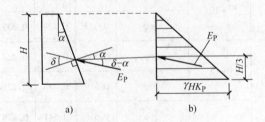

图 7-25　库仑被动土压力分布

【**例7-6**】　如图 7-26 所示，某重力式挡土墙墙高 $H = 4.0\text{m}$，$\alpha = 10°$，$\beta = 5°$，墙后回填砂土，$c = 0$，$\varphi = 30°$，$\gamma = 18\text{kN/m}^3$。试分别求当 $\delta = \varphi/2$ 和 $\delta = 0$ 时，作用于墙背上的 E_a 的大小、方向及作用点。

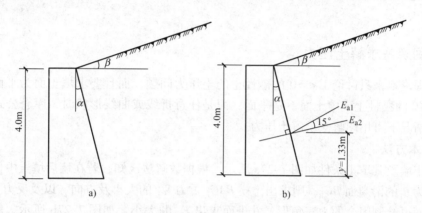

图 7-26　例 7-6 图

解：（1）求 $\delta = \dfrac{1}{2}\varphi$ 时的 E_{a1}。用库仑土压力理论，根据 $\alpha = 10°$，$\beta = 5°$，$\delta = \dfrac{1}{2}\varphi = 15°$，计算 K_{a1}。

$$
\begin{aligned}
K_{a1} &= \frac{\cos^2(\varphi - \alpha)}{\cos^2\alpha \times \cos(\alpha + \delta)\left[1 + \sqrt{\dfrac{\sin(\varphi + \delta) \times \sin(\varphi - \beta)}{\cos(\alpha + \delta) \times \cos(\alpha - \beta)}}\right]^2} \\[2mm]
&= \frac{\cos^2(30° - 10°)}{\cos^2 10° \times \cos(10° + 15°)\left[1 + \sqrt{\dfrac{\sin(30° + 15°) \times \sin(30° - 5°)}{\cos(10° + 15°) \times \cos(10° - 5°)}}\right]^2} \\[2mm]
&= \frac{0.8830}{0.9698 \times 0.9063 \times \left[1 + \sqrt{\dfrac{0.707 \times 0.4226}{0.9063 \times 0.9962}}\right]^2} \\[2mm]
&= \frac{0.883}{0.8789 \times 2.4814} \\[2mm]
&= 0.405
\end{aligned}
$$

则

$$
E_{a1} = \frac{1}{2}\gamma H^2 K_{a1} = \left(\frac{1}{2} \times 18 \times 4^2 \times 0.405\right)\text{kN/m} = 58.3\text{kN/m}
$$

E_{a1} 作用点位置在距墙底 $H/3$ 处，即 $y = 4/3 = 1.33\text{m}$。E_{a1} 作用方向与墙背法线夹角成 $\delta = 15°$，如图 7-26b 所示。

（2）求 $\delta = 0$ 时的 E_{a2}。根据 $\alpha = 10°$，$\beta = 5°$，$\delta = 0$，代入式（7-36）得

$$
K_{a2} = \frac{\cos^2(\varphi - \alpha)}{\cos^2\alpha \cdot \cos(\alpha + \delta)\left[1 + \sqrt{\dfrac{\sin(\varphi + \delta) \cdot \sin(\varphi - \beta)}{\cos(\alpha + \delta) \cdot \cos(\alpha - \beta)}}\right]^2} = 0.431
$$

则
$$E_{a2} = \frac{1}{2}\gamma H^2 K_{a2} = \left(\frac{1}{2} \times 18 \times 4^2 \times 0.431\right)\text{kN/m} = 62.06\text{kN/m}$$

E_{a2} 作用点同 E_{a1}，作用方向与墙背垂直。

经上述计算比较得知，当墙背与填土之间的摩擦角 δ 减小时，作用墙背上的总主动土压力将增大。

7.4.3　图解法求解土压力

库仑理论本来只讨论了 $c = 0$ 的砂性土的土压力问题，而且要求填土面为平面，所以当填土为 $c \neq 0$ 的黏性土或填土面不是平面，而是任意折线或曲线形状时，库仑公式就不能应用，这种情况下可用图解法求解土压力。

1. 基本方法

设挡土墙及其填土条件如图 7-27a 所示，根据数解法已知，若在墙后填土中任选一与水平面夹角为 θ_1 的滑裂面 BC_1，则求出土楔 BAC_1 重力 W_1 的大小及方向，以及反力 E_1 及 R_1 的方向，从而可绘制闭合的力三角形，并进而求出 E_1 的大小，如图 7-27b 所示。然后再任选多个不同的滑裂面 BC_2，BC_3，$\cdots$，BC_n；用同样方法可连续绘出多个闭合的力三角形，并得出相应的 E_1，E_2，$\cdots$，E_n。将这些力三角形的顶点连成曲线 $m_1 m_n$，作曲线 $m_1 m_n$ 的竖直切线（平行于 W 方向），得到切点 m，自 m 点作 E 方向的平行线交 OW 线于 n 点，则 mn 所代表的 E 值为诸多 E 值中的最大值，即为主动土压力 E_a。

为找出填土中真正的滑裂面的位置，考虑如图 7-27b 所示的力三角形 Omn，根据图 7-22b 可知，对应于土压力 E_a 的 $R_a(om)$ 与 $W_a(on)$ 之间的夹角应为 $\theta_a - \varphi$，土的内摩擦角 φ 已知，故可求出 θ_a 角，从而可在图 7-27a 中确定出滑裂面 $\overline{BC_a}$。

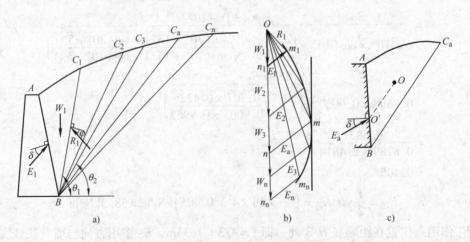

图 7-27　图解法求主动土压力的原理

由图解法只能确定总土压力 E_a 的大小和滑裂面位置，而不能求出 E_a 的作用点位置。为此，太沙基（1943 年）建议可用下述近似方法确定。如图 7-27c 所示，在得出滑裂面位置 $\overline{BC_a}$ 后，再找出滑裂体 BAC_a 的重心 O，过 O 点作滑裂面 $\overline{BC_a}$ 的平行线，交墙背于 O' 点，可以认为 O' 点就是 E_a 的作用点。

2. 库尔曼图解法

库尔曼（C. Culmann）在 1875 年提出的图解法是对上述基本方法的一种改进与简化，因此在工程中得到广泛应用。其简化之处在于库尔曼把如图 7-27b 所示的闭合三角形的顶点 O 直接放在墙脚 B 处，并使之逆时针方向旋转 $90° + \varphi$ 角，使得力三角形中矢量 $\boldsymbol{R}$ 的方向与所假定的滑裂面方向相一致，如图 7-28a 所示。这时矢量 $\boldsymbol{W}$ 的方向与水平线之间的夹角为 φ，$\boldsymbol{W}$ 与 $\boldsymbol{E}$ 之间的夹角应为 ψ，均为常数。然后沿 $\boldsymbol{W}$ 方向即可绘出如图 7-28b 所示的一系列闭合的三角形，从而使上述基本图解法得到简化。库尔曼图解法的具体步骤为：

1）过 B 点作两条辅助线，一条为 BL，令其与水平线成夹角 φ，代表矢量 $\boldsymbol{W}$ 的方向；另一条为 BM，与 AL 成夹角 ψ，代表矢量 $\boldsymbol{E}$ 的方向。

2）任意假定一破裂面 BC_1，算出滑裂体 BAC_1 的重力 $\boldsymbol{W}_1$ 的大小，并按一定比例在 BL 上截取 Bn_1 代表 $\boldsymbol{W}_1$，自 n_1 点作 BM 的平行线交破裂面于 m_1 点，则 $\Delta m_1 n_1 B$ 即为滑动土体 BAC_1 闭合的力三角形，$m_1 n_1$ 长度就等于破裂面为 BC_1 时的土压力 $\boldsymbol{E}_1$ 的大小。

3）重复上述步骤，假定多个试算滑动面 BC_2，BC_3，BC_4，…，得到相应的 $m_2 n_2$，$m_3 n_3$，$m_4 n_4$，…，即得到一系列的 E 值。

4）将 m_1，m_2，m_3，m_4，…点连成曲线，称 E 线，也称库尔曼线。作 E 线的切线 T，它与 BL 平行，得切点 m，做 mn 使其平行于 BM，则 mn 表示 E 值中的最大值 E_{max}，且知 $E_{max} = E_a$，连接 Bm 并延长到 C，BC 就是最危险滑动面。

5）按与 $\boldsymbol{W}$ 的同样比例量取 mn，即得主动土压力 $\boldsymbol{E}_a$。

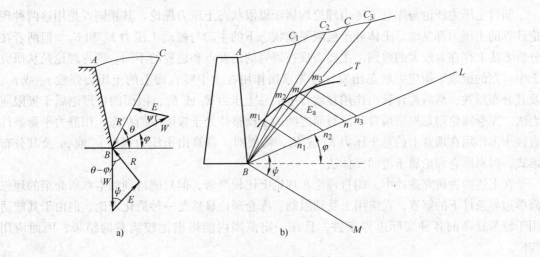

图 7-28 库尔曼图解法求主动土压力

库尔曼图解法可以求得主动土压力 E_a 的大小，但不能确定 E_a 的作用点位置。这时可采用一种近似方法。如图 7-29 所示，根据库尔曼图解法求得的最危险滑动面 BC 和滑动土楔 BAC 的重心 O 点，通过 O 点作平行于滑动面 BC 的平行线交墙背于 O' 点，O' 点即为 E_a 的作用点。

当在填土表面作用任意分布的荷载时，仍可用库尔曼图解法求主动土压力。这时可把假定滑动土楔 BAC_1 范围内的分布荷载的合力 Σq 与滑动土楔的重力 W_1 叠加后，按上述作图法求解。如图 7-30 所示。

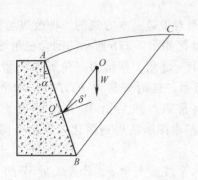

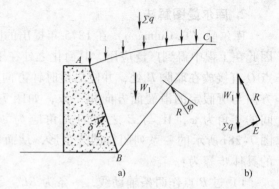

图 7-29　主动土压力作用点近似图解　　　　图 7-30　填土面作用荷载时主动土压力图解法

7.5　朗肯理论与库仑理论的比较

朗肯和库仑两种土压力理论都是研究土压力问题的一种简化方法，它们各有其不同的基本假定、分析方法与适用条件，在应用时必须注意针对实际情况合理选择，否则将造成不同程度的误差。本节将从分析方法、应用条件以及误差范围等方面将这两个土压力理论做一简单比较。

7.5.1　分析方法的异同

朗肯土压力理论与库仑土压力理论均属于极限状态土压力理论。其相同点是用这两种理论计算的土压力都是墙后土体处于极限平衡状态下的主动与被动土压力 E_a 和 E_P。但两者在分析方法上存在着较大的差别，主要表现在研究的出发点和途径的不同。朗肯理论是从研究土中一点的极限平衡应力状态出发，首先求出作用在土中竖直面上的土压力强度 p_a 或 p_P，及其分布形式，然后再计算出作用在墙背上的总土压力 E_a 或 E_P，因而朗肯理论属于极限应力法。库仑理论则是根据墙背和滑裂面之间的土楔整体处于极限平衡状态，用静力平衡条件直接求出作用在墙背上的总土压力 E_a 或 E_P，需要时，再算出土压力强度 p_a 或 p_P 及其分布形式，因而库仑理论属于滑动楔体法。

在上述两种研究途径中，朗肯理论在理论上比较严密，但只能得到如本章所介绍的理想简单边界条件下的解答，在应用上受到限制。库仑理论显然是一种简化理论，但由于其能适用于较为复杂的各种实际边界条件，且在一定范围内能得出比较满意的结果，因而应用较广。

7.5.2　适用范围

1. 朗肯理论的应用范围

（1）墙背与填土面条件　综合前面所述可知，只有当墙背条件不妨碍第二滑裂面形成时，才能出现朗肯状态，因而才能采用朗肯公式，故朗肯公式可用于如图 7-31 所示的四种情况。

1）墙背垂直、光滑，墙后填土面水平，即 $\alpha=0$，$\delta=0$，$\beta=0$，如图 7-31a 所示。

2）墙背垂直，填土面为倾斜平面，即 $\alpha = 0$，$\beta \neq 0$，但 $\beta < \varphi$ 且 $\delta > \beta$，如图 7-31b 所示。

3）垣墙，计算面如图 7-31c 所示。

4）L 形钢筋混凝土挡土墙，计算面如图 7-31d 所示。

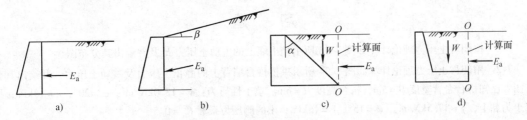

图 7-31　用朗肯公式求解土压力的适用范围

（2）土质条件　无黏性土与黏性土均可用。除情况 2）且填土为黏性土外，均有公式直接求解。

2. 库仑理论的应用范围

（1）墙背与填土面条件　主要包括：

1）可用于包括朗肯理论填土面条件在内的各种倾斜墙背的陡墙（$\alpha < \alpha_{cr}$），填土面不限，如图 7-32a 所示，故较朗肯理论应用范围更广。

2）垣墙，填土形式不限，计算面为第二滑裂面，如图 7-32b 所示。

（2）土质条件　数解法一般只用于无黏性土，黏性土的数解法由于表达式过于复杂，目前应用较少。图解法对于无黏性土或黏性土均可方便应用。

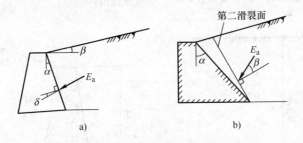

图 7-32　用库仑公式求解土压力的适用范围

7.5.3　计算误差

朗肯土压力理论和库仑土压力理论都是建立在某些人为假定的基础上，如，对于竖直墙背和水平填土面的挡土墙，朗肯假定墙背为理想的光滑面，忽略了墙与土之间的摩擦对土压力的影响；库仑理论虽考虑墙背与填土的摩擦作用，但却假定土中的滑裂面是通过墙脚的平面，因此计算结果都有一定的误差。若要比较严格地求解挡土墙土压力，可以采用第 8 章中所述的极限平衡理论。

对于计算主动土压力，各种理论的差别都不大。朗肯土压力理论公式简单，且能建立起土体处于极限平衡状态时理论破裂面形状和概念。这一概念对于分析许多土体破坏问题，如板桩墙的受力状态，地基的滑动区等都很有用，所以得到了工程人员的认可，不过在具体实用中，要注意边界条件是否符合朗肯理论的规定，以免得到错误的结果。库仑理论可适用于比较广泛的边界条件，包括各种墙背倾角、填土面倾角和墙背与土的摩擦角等，在工程中应用更广。至于被动土压力的计算、当 δ 和 φ 较小时，这两种古典土压力理论均尚可应用；而当 δ 和 φ 较大时，误差都很大，均不宜采用。

习　题

7-1　按朗肯土压力理论计算如图 7-33 所示挡土墙上的主动土压力 E_a 及并绘出其分布图。

7-2　用朗肯土压力理论计算如图 7-34 所示拱桥桥台墙背上的静止土压力及被动土压力，并绘出其分布图。已知桥台台背宽度 $B = 5\text{m}$，桥台高度 $H = 6\text{m}$。填土性质为：$\gamma = 18.0\text{kN/m}^3$，$\varphi = 20°$，$c = 13\text{kPa}$；地基土为黏土，$\gamma = 17.5\text{kN/m}^3$，$\varphi = 15°$，$c = 15\text{kPa}$；土的侧压力系数 $K_0 = 0.5$。

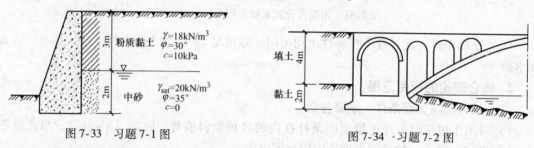

图 7-33　习题 7-1 图　　　　　　　　　图 7-34　习题 7-2 图

7-3　用库仑土压力理论计算如图 7-35 所示挡土墙上的主动土压力及滑动面方向。已知墙高 $H = 6\text{m}$，墙背倾角 $\alpha = 10°$，墙背摩擦角 $\delta = \varphi/2$；填土面水平 $\beta = 0$，$\gamma = 19.7\text{kN/m}^3$，$\varphi = 35°$，$c = 0$。

7-4　用库仑土压力理论计算如图 7-36 所示挡土墙上的主动土压力。已知填土 $\gamma = 20.0\text{kN/m}^3$，$\varphi = 30°$，$c = 0$；挡土墙高度 $H = 5\text{m}$，墙背倾角 $\alpha = 10°$，墙背摩擦角 $\delta = \varphi/2$。

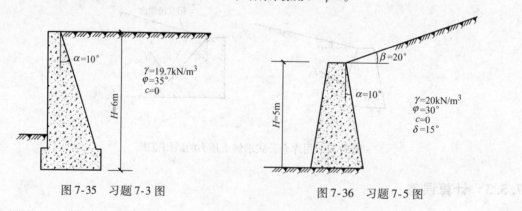

图 7-35　习题 7-3 图　　　　　　　　　图 7-36　习题 7-5 图

思　考　题

7-1　何谓静止土压力、主动土压力及被动土压力？

7-2　静止土压力属于哪一种平衡状态？它与主动土压力及被动土压力状态有何不同？

7-3　朗肯土压力理论与库仑土压力理论的基本原理有何异同之处？

7-4　分别指出下列变化对主动土压力及被动土压力各有什么样的影响？（1）δ 减小；（2）φ 增大；（3）β 增大；（4）α 减小。

7-5　挡土结构物的位移及变形对土压力有什么影响？

第8章 土坡稳定性分析

【学习目标】 理解土坡滑动失稳的原因及影响因素；掌握无黏性土坡稳定性分析方法，黏性土坡圆弧滑动面的整体稳定分析，确定最危险滑动面圆心的方法，条分法分析土坡稳定性的基本原理、方法步骤；了解土的抗剪强度指标的选用对边坡稳定性分析的影响。

【导读】 当土坡内潜在滑动面上的剪应力超过土的抗剪强度时，土坡中的部分土体就会沿着滑动面发生滑动。滑坡常常给工农业生产以及人民生命财产造成巨大损失，有的甚至是毁灭性的灾难。如，2000年4月9日，西藏波密易贡高速公路发生的特大山体滑坡，垂直落差达3300m，滑程约8500m，最大速度达44m/s，滑坡体截断了易贡藏布河，形成长约2500m，宽约2500m，高约60m，体积约3亿m³的堆积体，成为"天然大坝"，这是近100年来国内发生的最大滑坡事件，在世界上也属罕见。

土坡稳定性分析是土力学研究的主要内容之一，土坡稳定性常用滑动面稳定安全系数评价，出现在土坡中的滑动面形状决定于该土坡的断面构造和土的性质，通常可假定为圆弧面、若干个平面组成的折面或任意形状的曲面。本章重点介绍无黏性土坡、黏性土坡稳定性分析的原理和方法。

8.1 概述

土坡是指具有倾斜坡面的土体。简单土坡的几何形态及各部位名称如图8-1所示。土坡分为天然土坡和人工土坡。天然土坡是由于地质作用自然形成的土坡，如山坡、江河的岸坡等；人工土坡是经过人工挖、填的土工建筑物，如基坑、渠道、土坝、路堤等的边坡。土体自重以及渗透力等在坡体内引起剪应力，如果剪应力大于土的抗剪强度，就要产生剪切破坏，一部分土体相对于另一部分土体滑动的现象，称为滑坡。

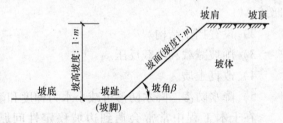

图8-1 土坡的几何形态及各部位名称

建筑边坡（Building Slope）是指在建筑场地或其周边的对建筑物有影响的自然边坡，或由于土方开挖、填筑形成的人工边坡。

土坡滑动失稳的原因一般有以下两类情况：

1）外界力的作用破坏了土体内原来的应力平衡状态。如，基坑的开挖、路堤的填筑、土坡顶面上作用外荷载、土体内水的渗流、地震力的作用等都会破坏土体内原有的应力平衡状态，导致土坡坍塌。

2）土的抗剪强度由于受到外界各种因素的影响而降低，促使土坡失稳破坏。如，外界气候等自然条件的变化、土坡附近因打桩、爆破或地震力的作用引起土的液化或触变，使土的强度降低。

1. 影响土坡稳定性的因素

影响土坡稳定性的有多种因素，主要包括土坡的边界条件、土质条件和外界条件等几方面。具体包括：

（1）土坡的外形　坡角 β 过大，土坡稳定性差；坡角过小，则不经济。因此，应选择合理的坡角，达到即安全又经济的目的。土坡的坡高 H 增大，土坡稳定性降低。

（2）土的性质　包括土的密实性，含水量和强度指标 c、φ。土的密实性越好，强度指标 c、φ 越大，土坡稳定性就越好。土的含水量是影响土坡稳定性的重要因素。含水量增加，土坡稳定性降低。在斜坡上堆有较厚的土层，特别是当下伏土层（或岩层）不透水时，容易在交界上发生滑动。

（3）降水或地下水的作用　持续的降水或地下水渗入土层中，可使土中含水量增高，土中易溶盐溶解，土质变软，强度降低；还可使土的重度增加以及孔隙水压力产生，使土体作用有动、静水压力，促使上体失稳。因此在土坡设计时应采用相应的排水措施。

（4）振动的作用　在地震荷载作用下，砂土极易发生液化。黏性土振动时，易使土的结构破坏，从而降低土的抗剪强度。施工打桩或爆破时，由于振动也可使邻近土坡变形或失稳等。

（5）人为影响　由于人类不合理地开挖，特别是开挖坡脚，或开挖基坑、沟渠、道路边坡时将弃土堆在坡顶附近，在斜坡上建房或堆放重物时，都可能引起斜坡变形破坏。

2. 提高边坡稳定性的措施

1）防水排水措施。防水措施：一是防止外围的水进入场地，如在场地周边做截水沟；二是防止场地地表水渗入土坡，如应用黏土或土工防渗膜在边坡表面做防渗层。排水措施：一是排除场地地表水，保证排水通畅；二是排除渗入土坡中的水，如在土坡中设置排水暗管。

2）设置挡土结构。

3）削坡减载和堆载反压。

4）改良土质。

5）降水防渗。降水防渗可减小水力梯度和渗透力，以提高土坡稳定性。

在土木工程中常常会遇到边坡稳定性问题，如图 8-2 所示土坡，当土坡内某一滑动面上作用的滑动力达到土的抗剪强度时，土坡即发生滑动破坏。

由于一些不确定因素的影响（如，滑动面形式的确定，土的抗剪强度参数取值，土的非均匀性以及土坡内雨水渗流影响等），土坡稳定性分析比较复杂。本章主要介绍土坡稳定性分析的基本原理。

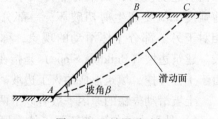

图 8-2　土坡滑动破坏

8.2　无黏性土土坡稳定性分析

在分析由砂、卵石、砾石等组成的无黏性土土坡稳定性时，根据实际情况，同时为了计算简便，一般均假定滑动面是平面。

如图 8-3 所示的均质无黏性土简单土坡，已知土坡高度为 H，坡角为 β，土的重度为 γ，土的抗剪强度为 $\tau_f = \sigma \tan\varphi$。若假定滑动面是通过坡脚 A 的平面 AC，AC 的倾角为 α，则可计算滑动土体 ABC 沿 AC 面上滑动的稳定安全系数 K。

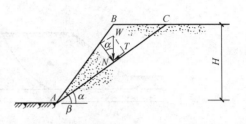

图 8-3　均质无黏性土土坡稳定分析

沿土坡长度方向截取单位长度土坡，作为平面应变问题分析。已知滑动土体 ABC 的重力 W 为

$$W = \gamma V_{\triangle ABC}$$

式中　$V_{\triangle ABC}$——单位长度土体 ABC 的体积。

W 在滑动面 AC 上的法向分力 N 及正应力 σ 分别为

$$N = W\cos\alpha$$

$$\sigma = \frac{N}{AC} = \frac{W\cos\alpha}{AC}$$

W 在滑动面 AC 上的切向分力 T 及剪应力 τ 分别为

$$T = W\sin\alpha$$

$$\tau = \frac{T}{AC} = \frac{W\sin\alpha}{AC}$$

土坡的滑动稳定安全系数 K 为

$$K = \frac{\tau_f}{\tau} = \frac{\sigma\tan\varphi}{\tau} = \frac{\dfrac{W\cos\alpha}{AC}\tan\varphi}{\dfrac{W\sin\alpha}{AC}} = \frac{\tan\varphi}{\tan\alpha} \tag{8-1}$$

从式（8-1）可见，当 $\alpha = \beta$ 时稳定安全系数最小，即此时土坡面上的一层土是最易滑动的。因此，无黏性土的土坡滑动稳定安全系数为

$$K = \frac{\tan\varphi}{\tan\beta} \tag{8-2}$$

一般要求 $K > 1.25$。

8.3　黏性土土坡稳定性分析

黏性土土坡的坍滑与工程地质条件有关，在非均质土层中，如果土坡下面有软弱层，则滑动面很大部分将通过软弱土层，形成曲折的复合滑动面，如图 8-4a 所示。如果土坡位于倾斜的岩层面上，则滑动面往往沿岩层面产生，如图 8-4b 所示。

均质黏性土的土坡失稳破坏时，其滑动面常常是一曲面，通常近似地假定为圆弧滑动面。圆弧滑动面的形式一般有三种。

1）圆弧滑动面通过坡脚 B 点，如图 8-5a 所示，称为坡脚圆。

2）圆弧滑动面通过坡面 E 点，如图 8-5b 所示，称为坡面圆。

3）圆弧滑动面发生在坡脚以外的 A 点，如图 8-5c 所示，称为中点圆。

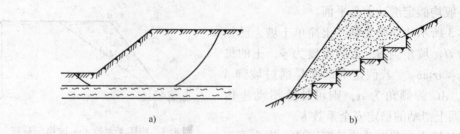

图8-4 非均质土中的滑动面

a）土坡滑动面通过软弱层 b）土坡沿岩层面滑动

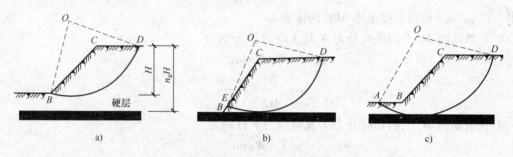

图8-5 均质黏性土土坡的三种圆弧滑动面

a）坡脚圆 b）坡面圆 c）中点圆

上述三种圆弧滑动面的产生，与土坡的坡角 β 大小、土的强度指标以及土中硬层的位置等因素有关。

土坡稳定分析时采用圆弧滑动面首先由瑞典工程师彼得森（K. E. Petterson，1916）提出，此后费伦纽斯（W. Fellenius，1927）和泰勒（D. W. Taylor，1948）做了研究和改进。他们提出的分析方法可以分成两种：①土坡圆弧滑动体整体稳定性分析法。主要适用于均质简单土坡。所谓简单土坡是指土坡上、下两个土面是水平的，坡面 BC 是一平面，如图8-6所示。②条分法分析土坡稳定性。对于非均质土坡、土坡外形复杂、土坡部分在水下等情况时适用。

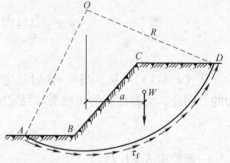

图8-6 土坡的整体稳定性分析

8.3.1 土坡圆弧滑动面的整体稳定性分析

瑞典圆弧法（Swedish Circle Method）是由瑞典人提出并发展，假定滑动面为圆弧形，用稳定力矩与滑动力矩之比定义稳定安全系数的方法。

1. 基本概念

分析如图8-6所示的均质简单土坡，若可能的圆弧滑动面为 AD，其圆心为 O，半径为 R。分析时在土坡长度方向上截取单位长土坡，按平面问题分析。滑动土体 $ABCDA$ 的重力为 W，它是促使土坡滑动的力；沿着滑动面 AD 上分布的土的抗剪强度 τ_f 是抵抗土坡滑动的力。

将滑动力 W 及抗滑力 τ_f 分别对滑动面圆心 O 取矩，得滑动力矩 M_s 及稳定力矩 M_r 分别为

$$M_s = W \cdot a \tag{8-3}$$

$$M_r = \tau_f \hat{L} R \tag{8-4}$$

式中　W——滑动体 $ABCDA$ 的重力（kN）；

　　　a——W 对 O 点的力臂（m）；

　　　τ_f——土的抗剪强度（kPa），按库仑定律 $\tau_f = c + \sigma \tan\varphi$；

　　　$\hat{L}$——滑动圆弧 AD 的长度（m）；

　　　R——滑动圆弧面的半径（m）。

土坡滑动的稳定安全系数 K 可以用稳定力矩 M_r 与滑动力矩 M_s 的比值表示，即

$$K = \frac{M_r}{M_s} = \frac{\tau_f \hat{L} R}{W \cdot a} \tag{8-5}$$

由于土的抗剪强度 τ_f 沿滑动面 AD 上的分布不均匀，因此直接按式（8-5）计算的土坡稳定安全系数有一定的误差。

2. 摩擦圆法

摩擦圆法由泰勒提出，他认为如图 8-7 所示滑动面 AD 上的抵抗力包括土的摩阻力及黏聚力两部分，它们的合力分别为 F 及 C。假定滑动面上的摩阻力首先得到充分发挥，然后才由土的黏聚力补充。下面分别讨论作用在滑动土体 $ABCDA$ 上的三个力。

第一个力是滑动土体的重力 W，它等于滑动土体 $ABCDA$ 的面积与土的重度 γ 的乘积，其作用点位置在滑动土体 $ABCDA$ 的形心。因此，W 的大小和作用点都是已知的。

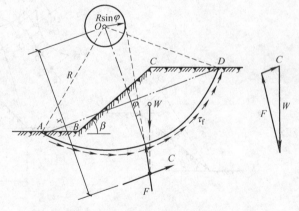

图 8-7　摩擦圆法

第二个力是作用在滑动面 AD 上黏聚力的合力 C。为了维持土坡稳定，沿滑动面 AD 上分布的需要发挥的黏聚力为 c_1，可以求得黏聚力的合力 C 及其对圆心 O 的力臂 x 分别为

$$\begin{cases} C = c_1 \cdot \widehat{AD} \\ x = \dfrac{\widehat{AD}}{\overline{AD}} \cdot R \end{cases} \tag{8-6}$$

式中　$\overline{AD}$，$\widehat{AD}$——AD 的弧长及弦长。

所以 C 的作用线是已知的，但其大小未知，因为 c_1 未知。

第三个力是作用在滑动面 AD 上的法向力及摩擦力的合力，用 F 表示。泰勒假定 F 的作用线与圆弧 AD 的法线成 φ 角，也即 F 与圆心 O 点处半径为 $R \cdot \sin\varphi$ 的圆相切，同时 F 还一定通过 W 与 C 的交点。因此，F 的作用线是已知的，其大小未知。

根据滑动土体 $ABCDA$ 上三个作用力 W、F、C 的静力平衡条件，可以从如图 8-7 所示的力三角形中求得 C，由式（8-6），可求得维持土坡平衡时滑动面上所需要发挥的黏聚力 c_1。这时，土体的稳定安全系数 K 为

$$K = \frac{c}{c_1} \tag{8-7}$$

式中 c——土的实际黏聚力（kPa）。

上述计算中，滑动面 AD 是任意假定的，因此，需要试算许多个可能的滑动面。相应于最小稳定安全系数 K_{min} 的滑动面才是最危险的滑动面，因此 K_{min} 必须满足规定数值。由此可以看出，土坡稳定性分析的计算工作量很大。为此，费伦纽斯和泰勒对均质的简单土坡做了大量的计算分析工作，提出了确定最危险滑动面圆心的方法以及计算土坡稳定安全系数的图表。

3. 费伦纽斯确定最危险滑动面圆心的方法

（1）土的内摩擦角 $\varphi = 0$ 费伦纽斯提出当土的内摩擦角 $\varphi = 0$ 时，土坡的最危险滑动面通过坡脚，其圆心为 D 点，如图 8-8a 所示。D 点是由坡脚 B 及坡顶 C 分别作直线 BD 及 CD 的交点，BD 与 CD 线分别与坡面及水平面成 β_1 及 β_2 角。β_1 及 β_2 与土坡坡角 β 有关，可由表 8-1 查得。

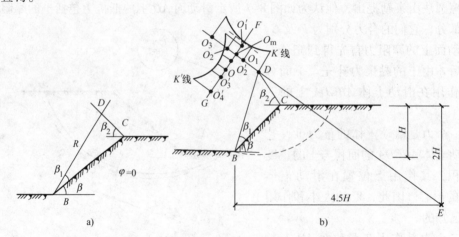

图 8-8   费伦纽斯确定的最危险滑动面圆心位置

a) $\varphi = 0$ b) $\varphi > 0$

表 8-1 β_1 与 β_2

土坡坡度（竖直:水平）	坡角 β	β_1	β_2
1:0.58	60°	29°	40°
1:1	45°	28°	37°
1:1.5	33°41′	26°	35°
1:2	26°34′	25°	35°
1:3	18°26′	25°	35°
1:4	14°02′	25°	37°
1:5	11°19′	25°	37°

（2）土的内摩擦角 $\varphi > 0$ 费伦纽斯提出这时最危险滑动面也通过坡脚，其圆心在 ED

的延长线上，如图 8-8b 所示。E 点的位置距坡脚 B 点的水平距离为 $4.5H$，竖直距离为 H。φ 值越大，圆心越向外移。计算时从 D 点向外延伸取几个试算圆心 O_1，O_2，$\cdots$，分别求得其相应的稳定安全系数 K_1，K_2，$\cdots$，绘 K 值曲线可得到最小稳定安全系数 $K_{\min}$，其相应的圆心 O_m 即为最危险滑动面的圆心。

实际上土坡的最危险滑动面圆心有时不一定在 ED 的延长线上，而可能在其左右附近，因此圆心 O_m 可能并不是最危险滑动面圆心，这时可以通过 O_m 点作 DE 线的垂线 FG，在 FG 上取几个试算滑动面的圆心 O_1'，O_2'，$\cdots$，求得其相应的滑动稳定安全系数 K_1'，K_2'，$\cdots$，绘得 K' 值曲线，相应于 $K_{\min}'$ 的圆心 O 才是最危险滑动面圆心。

从上述可见，根据费伦纽斯提出的方法，虽然可以把最危险滑动面圆心的位置缩小到一定范围，但其试算工作量还是很大。泰勒对此做了进一步的研究，提出了确定均质简单土坡稳定安全系数的图表。

4. 泰勒的分析方法

泰勒认为圆弧滑动面的三种形式与土的内摩擦角 φ、坡角 β 以及硬层埋置深度等因素有关。泰勒经过大量计算分析后提出：

1）当 $\varphi > 3°$ 时，滑动面为坡脚圆，其最危险滑动面圆心位置，可根据 φ 及 β，从如图 8-9 所示的曲线上查得 θ 及 α 后作图求得。

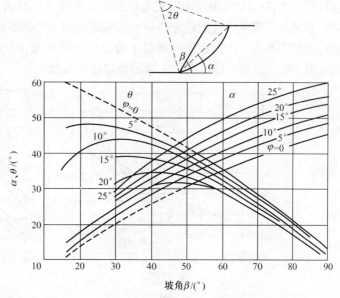

2）当 $\varphi = 0$，且 $\beta > 53°$ 时，滑动面也是坡脚圆，其最危险滑动面圆心位置，同样可根据 φ 及 β，从如图 8-9 所示的曲线上查得 θ 及 α 后作图求得。

3）当 $\varphi = 0$，且 $\beta < 53°$ 时，滑动面可能是中点圆，也有可能是坡脚圆或坡面圆，它取决于硬层的埋置深度。设土坡高度为 H，硬层的埋置深度为 $n_d H$，如图 8-10a 所示。若滑动

图 8-9　按泰勒方法确定最危险滑动面圆心位置
（$\varphi > 3°$，或 $\varphi = 0°$ 且 $\beta > 53°$ 时）

面为中点 M 的铅垂线上，且与硬层相切，如图 8-10a 所示，滑动面与土面的交点为 A，A 点距坡脚 B 的距离为 $n_x H$，n_x 可根据 n_d 及 β 由如图 8-10b 所示的曲线查得。若硬层埋置较浅，则滑动面可能是坡脚圆或坡面圆，其圆心位置需试算确定。

泰勒提出在土坡稳定分析中共有 5 个计算参数，即土的重度 γ、土坡高度 H、坡角 β 以及土的抗剪强度指标 c、φ，若已知其中 4 个参数就可以求出第五个参数。为了简化计算，泰勒把其中 3 个参数 c、γ、H 组成一个新的参数 N_s，称为稳定因数，即

$$N_s = \frac{\gamma H}{c} \tag{8-8}$$

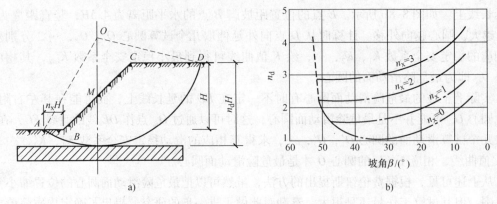

图 8-10　按泰勒方法确定最危险滑动面圆心位置

（$\varphi = 0°$ 且 $\beta < 53°$）

通过大量计算可以得到 N_s 与 φ 及 β 之间的关系曲线，如图 8-11 所示。图 8-11a 为 $\varphi = 0$ 时稳定因数 N_s 与 β 的关系曲线；图 8-11b 为 $\varphi > 0$ 时稳定因数 N_s 与 β 的关系曲线。从图中可以看到，当 $\beta < 53°$ 时滑动面形式与硬层埋置深度 $n_d H$ 有关。

泰勒分析简单土坡的稳定性时，假定滑动面上土的摩阻力首先得到充分发挥，然后才由土的黏聚力补充。因此在求得满足土坡稳定时滑动面上所需要的黏聚力 c_1 后，与土的实际黏聚力 c 进行比较，即可求得土坡的稳定安全系数。

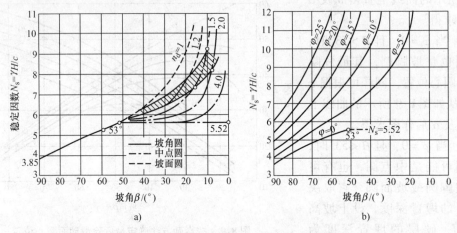

图 8-11　泰勒的稳定因数 N_s 与坡角 β 的关系

a）$\varphi = 0$　b）$\varphi > 0$

【例 8-1】　图 8-12 所示简单土坡，已知土坡高度 $H = 8\mathrm{m}$，坡角 $\beta = 45°$，土的性质为 $\gamma = 19.4\mathrm{kN/m^3}$，$\varphi = 10°$，$c = 25\mathrm{kPa}$。试用泰勒的稳定因数曲线计算土坡的稳定安全系数。

解：当 $\varphi = 10°$，$\beta = 45°$ 时，由如图 8-11b 所示曲线查得 $N_s = 9.2$。由式（8-8）可求得此时滑动面上所需要的黏聚力 c_1 为

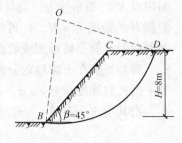

图 8-12　例 8-1 图

$$c_1 = \frac{\gamma H}{N_s} = \frac{19.4 \times 8}{9.2} \text{kPa} = 16.9 \text{kPa}$$

由式（8-7）计算土坡稳定安全系数 K 为

$$K = \frac{c}{c_1} = \frac{25}{16.9} = 1.48$$

应当看到，上述稳定安全系数的意义与前述不同，前面是指土的抗剪强度与剪应力之比。在本例中对土的内摩擦角 φ 而言，其稳定安全系数是 1.0，而黏聚力 c 的安全系数是 1.48，两者不一致。若要求 c、φ 具有相同的稳定安全系数，则需采用试算法确定。

【例 8-2】 某简单土坡，$\gamma = 17.8 \text{kN/m}^3$，$\varphi = 15°$，$c = 12.0 \text{kPa}$。（1）若坡高 $H = 8\text{m}$，试确定稳定安全系数 $K = 1.2$ 时的稳定坡角。（2）若坡角 $\beta = 60°$，试确定稳定安全系数 $K = 1.5$ 时的最大坡高。

解：（1）稳定坡角时的临界高度 $H_{cr} = KH = 1.2 \times 5\text{m} = 6\text{m}$。

稳定因数为

$$N_s = \frac{\gamma H}{c} = \frac{17.8 \times 6}{12.0} = 8.9$$

由 $\varphi = 15°$，$N_s = 8.9$，查图 8-11b 得稳定坡角 $\beta = 57°$。

（2）由 $\varphi = 15°$，$\beta = 60°$，查图 8-11b 得泰勒稳定因数 $N_s = 8.6$。

由 $N_s = 8.6$，求得坡高 $H_{cr} = 5.8\text{m}$。

稳定安全系数 $K = 1.5$ 时的最大坡高为

$$H_{max} = \frac{5.8\text{m}}{1.5} = 3.87\text{m}$$

8.3.2 条分法分析土坡稳定性

从前面分析可知，由于圆弧滑动面上各点的法向应力不同，因此抗剪强度也不相同，这样就不能直接应用式（8-5）计算土坡的稳定安全系数。而泰勒的分析方法是对滑动面上的抵抗力大小及方向做了一些假定的基础上，才得到分析均质简单土坡稳定的计算图表。它对于非均质的土坡或比较复杂的土坡（如，土坡形状比较复杂，土坡上有荷载作用，土坡中有水渗流时等）均不适用。费伦纽斯提出的条分法是解决这一问题的基本方法，至今仍广泛应用。

条分法（Slice Method）是将滑动面以上滑动体分成若干个竖向土条进行稳定性分析的方法。

1. 基本原理

如图 8-13 所示土坡，取单位长度土坡按平面问题计算。设可能的滑动面是圆弧 AD，圆心为 O，半径为 R，将滑动土体 $ABCDA$ 分成许多竖向土条，土条宽度一般可取 $b = 0.1R$，任一土条 i 上的作用力包括：

1）土条的重力 W_i，其大小、作用点位置及方向均已知。

2）滑动面 ef 上的法向反力 N_i 及切向反力 T_i，假定 N_i，T_i 作用在滑动面 ef 的中点，它

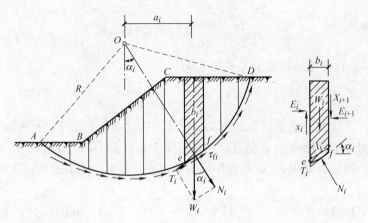

图 8-13　用条分法计算土坡稳定

们的大小均未知。

3）土条两侧的法向力 E_i、E_{i+1} 及竖向剪切力 X_i、X_{i+1}，其中 E_i 和 X_i 可由前一个土条的平衡条件求得，而 E_{i+1} 和 X_{i+1} 的大小未知，E_{i+1} 的作用点位置也未知。

由此看到，作用在土条 i 上的作用力中有 5 个未知数，但只能建立 3 个平衡方程，故为超静定问题。为了求得 N_i、T_i，必须对土条两侧作用力的大小和位置做适当假定。费伦纽斯的条分法是不考虑土条两侧的作用力，即假定 E_i 和 X_i 的合力等于 E_{i+1} 和 X_{i+1} 的合力，同时它们的作用线重合，因此土条两侧的作用力相互抵消。这时土条 i 上仅有作用力 W_i、N_i、T_i，根据平衡条件可得

$$N_i = W_i\cos\alpha_i$$
$$T_i = W_i\sin\alpha_i$$

滑动面 ef 上土的抗剪强度为

$$\tau_{fi} = \sigma_i\tan\varphi_i + c_i = \frac{1}{l_i}(N_i\tan\varphi_i + c_i l_i) = \frac{1}{l_i}(W_i\cos\alpha_i\tan\varphi_i + c_i l_i)$$

式中　α_i——土条 i 滑动面的法线（即半径）与竖直线的夹角；

l_i——土条 i 滑动面 ef 的弧长；

c_i，φ_i——滑动面上土的黏聚力及内摩擦角。

土条 i 上的作用力对圆心 O 产生的滑动力矩 M_s 及稳定力矩 M_r 分别为

$$M_s = T_i R = W_i R\sin\alpha_i$$
$$M_r = \tau_{fi} l_i R = (W_i\cos\alpha_i\tan\varphi_i + c_i l_i)R$$

整个土坡相应于滑动面 AD 时的稳定安全系数为

$$K = \frac{M_r}{M_s} = \frac{R\sum_{i=1}^{n}(W_i\cos\alpha_i\tan\varphi_i + c_i l_i)}{R\sum_{i=1}^{n}W_i\sin\alpha_i} \tag{8-9}$$

对于均质土坡，$\varphi_i = \varphi$，$c_i = c$，则

$$K = \frac{\tan\varphi\sum_{i=1}^{n}W_i\cos\alpha_i + c\widehat{L}}{\sum_{i=1}^{n}W_i\sin\alpha_i} \tag{8-10}$$

式中　$\hat{L}$——滑动面 AD 的弧长；

　　　n——土条分条数。

2. 最危险滑动面圆心位置的确定

上面是对于某一假定滑动面求得的稳定安全系数，因此需要试算许多个可能的滑动面，相应于最小安全系数的滑动面即为最危险滑动面。确定最危险滑动面圆心位置的方法，同样可利用前述费伦纽斯或泰勒的经验方法。见图 8-8、表 8-1 及图 8-9、图 8-10。

> **【例 8-3】**　某土坡如图 8-14a 所示，已知土坡高度 $H=6m$，坡角 $\beta=55°$，土的重度 $\gamma=18.6kN/m^3$，土的内摩擦角 $\varphi=12°$，黏聚力 $c=16.7kPa$。试用条分法计算土坡的稳定安全系数。

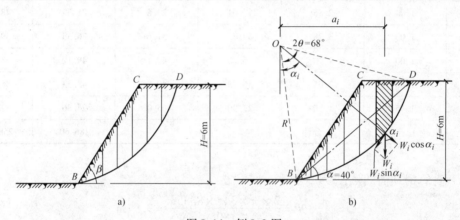

图 8-14　例 8-3 图

解：（1）按比例绘出土坡的剖面图，如图 8-14b 所示。

按泰勒的经验方法确定最危险滑动面圆心位置及滑动面形式。由 $\varphi=12°$，$\beta=55°$，可知土坡的滑动面是坡脚圆，其最危险滑动面圆心的位置，可从图 8-9 中的曲线得到。查得 $\alpha=40°$，$\theta=34°$，由此作图求得圆心 O。

（2）将滑动土体 $BCDB$ 划分成若干竖直土条。滑动圆弧 BD 的水平投影长度为 $H\cdot\cot\alpha=6m\times\cot40°=7.15m$，把滑动土体划分成 7 个土条，从坡脚 B 开始编号，把第 1~6 条的宽度 b 均取为 1m，而余下的第 7 条的宽度则为 1.15m。

（3）计算各土条滑动面中点与圆心 O 的连线同竖直线间的夹角 α_i。可按下式计算

$$\sin\alpha_i=\frac{a_i}{R}$$

$$R=\frac{d}{2\sin\theta}=\frac{H}{2\sin\alpha\sin\theta}=\frac{6m}{2\times\sin40°\times\sin34°}=8.35m$$

式中　α_i——土条 i 的滑动面中点与圆心 O 的水平距离；

　　　R——圆弧滑动面 BD 的半径；

　　　d——BD 弦的长度，$d=\dfrac{H}{\sin\alpha}$；

　　　θ,α——求圆心 O 位置时的参数，其意义见图 8-9。

　　将求得的各土条的 α_i 值列于表 8-2 中。

　　（4）从图中量取各土条的中心高度 h_i 计算各土条的重力 $W_i = \gamma b_i h_i$ 及 $W_i \sin\alpha_i$、$W_i \cos\alpha_i$ 值，将结果列于表 8-2。

表 8-2　土坡稳定性计算结果

土条编号	土条宽度 b_i/m	土条中心高 h_i/m	土条重力 W_i/kN	$\alpha_i/(°)$	$W_i\sin\alpha_i/\mathrm{kN}$	$W_i\cos\alpha_i/\mathrm{kN}$
1	1.00	0.60	11.16	9.5	1.84	11.00
2	1.00	1.80	33.48	16.5	9.51	32.10
3	1.00	2.85	53.01	23.8	21.39	48.50
4	1.00	3.75	69.75	31.6	36.55	59.41
5	1.00	4.10	76.26	40.1	49.12	58.33
6	1.00	3.05	56.73	49.8	43.33	36.62
7	1.15	1.50	27.90	63.0	24.86	12.67
合计					186.60	258.63

　　（5）计算滑动面圆弧长度 $\hat{L}$，得

$$\hat{L} = \frac{\pi}{180} 2\theta R = \frac{2 \times \pi \times 34° \times 8.35\mathrm{m}}{180°} = 9.91\mathrm{m}$$

　　（6）按式（8-10）计算土坡的稳定安全系数 K，得

$$K = \frac{\tan\varphi \sum\limits_{i=1}^{i=7} W_i\cos\alpha_i + c\hat{L}}{\sum\limits_{i=1}^{i=7} W_i\sin\alpha_i} = \frac{258.63 \times \tan12° + 16.7 \times 9.91}{186.60} = 1.18$$

8.3.3　毕肖普条分法

　　用条分法分析土坡稳定问题时，任一土条的受力情况都是一个超静定问题。为了解决这一问题，费伦纽斯的简单条分法假定不考虑土条间的作用力，一般来说这样得到的稳定安全系数是偏小的。在工程实践中，为了改进条分法的计算精度，许多人都认为应该考虑土条间的作用力，以求得比较合理的结果。目前已有许多解决的方法，其中毕肖普提出的简化方法是比较合理实用的。

　　如图 8-13 所示土坡，土条 i 上的作用力中有 5 个未知，故属二次超静定问题。毕肖普在求解时补充了两个假设条件：①忽略土条间的竖向剪切力 X_i 及 X_{i+1} 的作用；②对滑动面上的切向力 T_i 的大小做了规定。

　　根据土条 i 的竖向平衡条件可得

$$W_i - X_i + X_{i+1} - T_i\sin\alpha_i - N_i\cos\alpha_i = 0$$

即　　　　　　　　　　　$$N_i\cos\alpha_i = W_i + (X_{i+1} - X_i) - T_i\sin\alpha_i \tag{8-11}$$

若土坡的稳定安全系数为 K，则土条 i 滑动面上的抗剪强度 τ_{fi} 也只发挥了一部分，毕肖普假设 τ_{fi} 与滑动面上的切向力 T_i 相平衡，即

$$T_i = \tau_{fi}l_i = \frac{1}{K}(N_i \tan\varphi_i + c_i l_i) \tag{8-12}$$

将式（8-12）代入式（8-11）得

$$N_i = \frac{W_i + (X_{i+1} - X_i) - \dfrac{c_i l_i}{K}\sin\alpha_i}{\cos\alpha_i + \dfrac{1}{K}\tan\varphi_i\sin\alpha_i} \tag{8-13}$$

由式（8-9）知土坡得稳定安全系数 K 为

$$K = \frac{M_r}{M_s} = \frac{\displaystyle\sum_{i=1}^{n}(N_i\tan\varphi_i + c_i l_i)}{\displaystyle\sum_{i-1}^{n}W_i\sin\alpha_i} \tag{8-14}$$

将式（8-13）代入式（8-14）得

$$K = \frac{\displaystyle\sum_{i=1}^{n}\frac{[W_i + (X_{i+1} - X_i)]\tan\varphi_i + c_i l_i\cos\alpha_i}{\cos\alpha_i + \dfrac{1}{K}\tan\varphi_i\sin\alpha_i}}{\displaystyle\sum_{i=1}^{n}W_i\sin\alpha_i} \tag{8-15}$$

由于式（8-15）中 X_i 及 X_{i+1} 未知，故求解有困难。毕肖普假定土条间的竖向剪切力均略去不计，即 $(X_{i+1} - X_i) = 0$，则式（8-15）可简化为

$$K = \frac{\displaystyle\sum_{i=1}^{n}\frac{1}{m_{\alpha i}}(W_i\tan\varphi_i + c_i l_i\cos\alpha_i)}{\displaystyle\sum_{i=1}^{n}W_i\sin\alpha_i} \tag{8-16}$$

其中

$$m_{\alpha i} = \cos\alpha_i + \frac{1}{K}\tan\varphi_i\sin\alpha_i \tag{8-17}$$

式（8-16）就是毕肖普简化计算土坡稳定安全系数的公式。由于式中 $m_{\alpha i}$ 也包含 K，因此式（8-16）须用迭代法求解，即先假定一个 K 值，按式（8-17）求得 $m_{\alpha i}$ 值，代入式（8-16）求出 K 值，若此 K 值与假定值不符，则用此 K 值重新计算 $m_{\alpha i}$ 并求得新的 K 值，如此反复迭代，直至假定的 K 值与求得的 K 值相近为止。为了计算方便，可将式（8-17）的 $m_{\alpha i}$ 值绘制成曲线，如图 8-15 所示，按 α_i 及 $\tan\varphi_i/K$ 值直接查得。

最危险滑动面圆心位置仍可按前述经验方法确定。

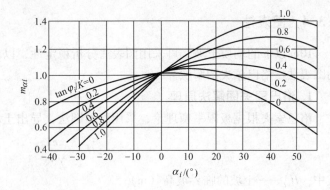

图 8-15　$m_{\alpha i}$ 值曲线

【例8-4】 用简化毕肖普条分法计算例8-3（图8-14）土坡的稳定安全系数。

解：土坡的最危险滑动面圆心 O 的位置以及土条划分情况与例8-3相同。

按式（8-16）计算各土条的有关各项见表8-3。

第一次试算假定稳定安全系数 $K = 1.20$，$m_{\alpha i}$ 的计算结果见表8-3。

按式（8-16）求得稳定安全系数 K，得

$$K = \frac{\sum_{i=1}^{n} \frac{1}{m_{\alpha i}}(W_i \tan\varphi_i + c_i l_i \cos\alpha_i)}{\sum_{i=1}^{n} W_i \sin\alpha_i} = \frac{221.55}{186.6} = 1.187$$

第二次试算假定稳定安全系数 $K = 1.19$，$m_{\alpha i}$ 的计算结果见表8-3。

按式（8-16）求得稳定安全系数 K 为

$$K = \frac{221.33}{186.6} = 1.186$$

计算结果与假定接近，故得土坡的稳定安全系数 $K = 1.19$。

表8-3　例8-4 土坡稳定计算

土条编号	$\alpha_i/(°)$	l_i/m	W_i/kN	$W_i\sin\alpha_i/kN$	$W_i\tan\varphi_i/kN$	$c_i l_i \cos\alpha_i$	$m_{\alpha i}$	
							$K = 1.20$	$K = 1.19$
1	9.5	1.01	11.16	1.84	2.37	16.64	1.016	1.016
2	16.5	1.05	33.48	9.51	7.12	16.81	1.009	1.010
3	23.8	1.09	53.01	21.39	11.27	16.66	0.986	0.987
4	31.6	1.18	69.75	36.55	14.83	16.78	0.945	0.945
5	40.1	1.31	76.26	49.12	16.21	16.73	0.879	0.880
6	49.8	1.56	56.73	43.33	12.06	16.82	0.781	0.782
7	63.0	2.68	29.70	24.86	5.93	20.32	0.612	0.613
合计				186.60				

8.3.4　图表法

10m 以下的均质土坡，可采用图表法分析稳定性，以减少计算工作量。常见图表法有泰勒图表法、洛巴索夫图解法。

1. 洛巴索夫图解法原理

洛巴索夫根据极限平衡理论，采用摩擦圆法，导出土坡稳定的临界坡高 H_{cr}，即

$$H_{cr} = \frac{c}{\gamma N_s} \tag{8-18}$$

式中　H_{cr}——土坡的临界坡高（m）；

c——土的黏聚力（kPa）；

γ——土的重度（kN/m^3）；

N_s——稳定因数，无量纲，根据坡角 β 和强度指标 φ，查图 8-16 确定。

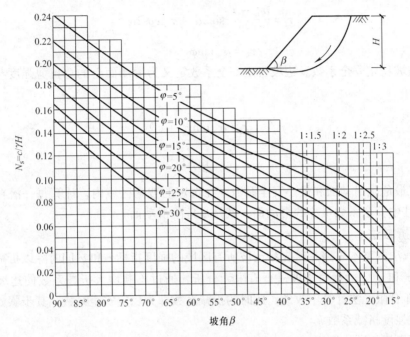

图 8-16　稳定因数 N_s 与坡角 β 和强度指标 φ 的关系

2. 洛巴索夫图解法应用

洛巴索夫图解法用于解决两类问题：①已知坡高 H，求稳定坡角 β；②已知坡角 β，求稳定坡高 H。

8.3.5　土坡稳定性分析的有限元法

土坡稳定性分析的有限元法，目前主要有滑动面应力分析法和强度折减法两种。

1. 滑动面应力分析法

滑动面应力分析法的基本思路是首先对边坡进行有限元分析，得出整个边坡的应力，然后分析潜在滑动面上的应力，应用不同的优化方法确定最危险滑动面和相应的安全系数，其步骤如下：

1）将土坡划分成若干个单元，用有限元法计算整个土坡的节点位移，进而计算出单元的应变和应力。

2）确定潜在滑动面并对其上应力进行分析。滑动面位置可按条分法确定，形状通常为圆弧形。把滑动面分成若干个弧段，弧段上的应力用弧段中点的应力代替，其值根据弧段中点所在的单元的应力确定，表示为 σ_{xi}、σ_{zi} 和 τ_{xzi}。如图 8-17 所示，设弧段 i 的长度为 l_i，中点的切线与水平线的夹角为 α_i，则作用在弧段 i 上的法向应力 σ_{ni}、剪应力 τ_i 和抗剪强度 τ_{fi} 分别为

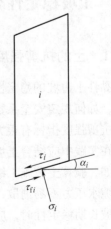

图 8-17　单元滑动面
应力分析

$$\sigma_{ni} = \frac{\sigma_{xi} + \sigma_{zi}}{2} + \frac{\sigma_{xi} - \sigma_{zi}}{2}\cos2\alpha_i - \tau_{xzi}\sin2\alpha_i$$

$$\tau_i = \frac{\sigma_{xi} - \sigma_{zi}}{2}\sin2\alpha_i + \tau_{xzi}\cos2\alpha_i$$

$$\tau_{fi} = \sigma_{ni}\tan\varphi_i + c_i$$

3）求边坡稳定安全系数。边坡稳定安全系数定义为滑动面上的总抗剪强度与总剪应力的比值，即

$$K = \frac{\sum\limits_{i=1}^{n}(\sigma_{ni}\tan\varphi_i + c_i)l_i}{\sum\limits_{i=1}^{n}\tau_i l_i} \tag{8-19}$$

4）确定最危险滑动面和最小安全系数。在选定的搜索区域内，计算每一潜在滑动面的安全系数，其中安全系数最小的滑动面，就是最危险滑动面。

2. 强度折减法

强度折减法的基本思路是首先将土坡所有区域的强度指标 c 和 φ 同时除以折减系数 k 得到一组新的 c_n 和 φ_n，然后对边坡进行有限元分析，通过不断增大折减系数使边坡达到临界破坏状态，即有限元法计算不收敛，此时的折减系数即为稳定安全系数，其步骤如下：

1）预定强度折减系数 k。

2）强度指标折减，即

$$c_n = \frac{c}{k} \qquad\qquad \varphi_n = \arctan\left(\tan\frac{\varphi}{k}\right)$$

3）有限元计算。以折减的强度指标 c_n 和 φ_n 代入屈服准则，进行弹塑性有限元计算，如此不断增大折减系数，直至有限元法计算不收敛。

4）确定边坡稳定安全系数和滑动面。有限元法计算不收敛时的折减系数即为边坡稳定安全系数，塑性区的边界就是滑动面。

8.4　土坡稳定性分析的几个问题

8.4.1　土的抗剪强度指标及安全系数的选用

黏性土边坡的稳定性计算，不仅要求提出计算方法，更重要的是如何测定土的抗剪强度指标，如何规定安全系数。这对于软黏土尤为重要，因为采用不同的试验仪器及试验方法得到的抗剪强度指标有很大的差异。

在实践中应结合土坡的实际加载情况、填土性质和排水条件等，选用合适的抗剪强度指标。如，验算土坡施工结束时的稳定情况，若土坡施工速度较快，填土的渗透性较差，则土中孔隙水压力不易消散，这时宜采用快剪或三轴不排水剪切试验指标，用总应力法分析；验算土坡长期稳定性时，应采用排水剪切试验或固结不排水剪切试验强度指标，用有效应力法分析。按 JTG D30—2015《公路路基设计规范》规定，土坡稳定安全系数要求不小于 1.25。但稳定安全系数与选用的抗剪强度指标有关，同一个边坡稳定性分析采用不同试验方法得到

的强度指标，就会得到不同的稳定安全系数。

8.4.2 有效应力法

前面所介绍的土坡稳定安全系数计算公式都属于总应力法，采用的抗剪强度指标也是总应力指标。若土坡是用饱和黏土填筑，因填土或施加的荷载速度较快，土中孔隙水来不及排除，将产生孔隙水压力，使土的有效应力减小，增加土坡滑动的危险。这时土坡稳定性分析应考虑孔隙水压力的影响，采用有效应力法分析。其稳定安全系数计算公式，可将前述总应力方法修正后得到。如，条分法的式（8-10）可改写为

$$K = \frac{\tan\varphi' \sum\limits_{i=1}^{n}(W_i\cos\alpha_i - u_i l_i) + c'\hat{L}}{\sum\limits_{i=1}^{n}W_i\sin\alpha_i} \tag{8-20}$$

式中 φ'，c'——土的有效内摩擦角和有效黏聚力；

u_i——作用在土条 i 滑动面上的平均孔隙水压力；

其他符号意义同前。

习 题

8-1 某土坡坡高 $H = 5\mathrm{m}$，已知土的重度 $\gamma = 18.0\mathrm{kN/m^3}$，土的强度指标 $\varphi = 10°$，$c = 12.5\mathrm{kPa}$，要求土坡的稳定安全系数 $K \geqslant 1.25$。试用泰勒图表法确定土坡的容许坡角 β 及最危险滑动面圆心位置。

8-2 已知某土坡坡角 $\beta = 60°$，土的内摩擦角 $\varphi = 0$。按费伦纽斯方法及泰勒方法确定其最危险滑动面圆心位置，并比较两者得到的结果是否相同？

8-3 某土坡高度 $H = 5\mathrm{m}$，坡角 $\beta = 30°$，土的重度 $\gamma = 18.0\mathrm{kN/m^3}$，土的抗剪强度指标 $\varphi = 0°$，$c = 18.0\mathrm{kPa}$。试用泰勒方法分析计算在坡脚下 $2.5\mathrm{m}$、$0.75\mathrm{m}$、$0.25\mathrm{m}$ 处有硬层时，土坡稳定安全系数及圆弧滑动面的形式。

8-4 用条分法计算如图 8-18 所示土坡的稳定安全系数（按有效应力法计算）。已知土坡高度 $H = 5\mathrm{m}$，边坡坡度为 1:1.6（即坡角 $\beta = 32°$），土的性质及试算滑动面圆心位置如图 8-18 所示。计算时将土坡分成 7 条，各土条宽度 b_i、平均高度 h_i、倾角 α_i、滑动面弧长 l_i 及作用在土条底面的平均孔隙水压力 u_i 均列于表 8-4。

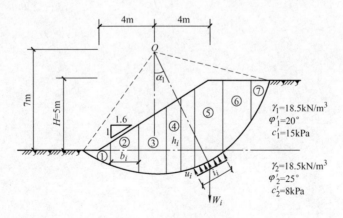

图 8-18 习题 8-4 图

表 8-4　习题 8-4 土条计算数据

土 条 编 号	b_i/m	h_i/m	$\alpha_i/(°)$	l_i/m	$u_i/(kN/m^2)$
1	2	0.7	−27.7	2.3	2.1
2	2	2.6	−13.4	2.1	7.1
3	2	4.0	0	2.0	11.1
4	2	5.1	13.4	2.1	13.8
5	2	5.4	27.7	2.3	14.8
6	2	4.0	44.2	2.8	11.2
7	1.3	1.8	68.5	3.2	5.7

思 考 题

8-1　土坡失稳破坏的原因有哪几种?

8-2　土坡稳定安全系数的意义是什么? 在本章中有哪几种表达方式?

8-3　何谓坡脚圆、中点圆、坡面圆? 其产生的条件与土质、土坡形状及土层构造有何关系?

8-4　砂性土土坡的稳定性只要坡角不超过其内摩擦角, 坡高 H 可不受限制, 而黏性土土坡的稳定性还与坡高有关, 试分析其原因。

8-5　试述摩擦圆法的基本原理。如何用泰勒的稳定因数图表确定土坡的稳定安全系数?

8-6　试述条分法的基本原理及计算步骤。

第9章 地基承载力

【学习目标】 掌握地基承载力的概念，地基在外荷载作用下的破坏形式；掌握临塑荷载、临界荷载的概念以及计算公式；掌握普朗特尔极限承载力公式、雷斯诺极限承载力公式、太沙基公式；了解汉森公式的使用范围、假设条件和表达式；掌握地基承载力基本容许值、地基承载力容许值的概念以及按规范确定的方法；理解影响地基极限承载力的因素。

【导读】 地基承受整个上部建筑物的荷重，当上部建筑物的荷重超过地基的承载力时，地基将发生破坏。地基发生破坏有两种形式：一是建筑物产生了过大的沉降或沉降差，致使建筑物严重下沉、上部结构开裂、倾斜而失去使用价值，即地基的变形问题；二是建筑物的荷重超过了地基持力层所能承受荷载的能力而使地基失稳破坏，即地基的强度和稳定性问题。如，著名的意大利比萨斜塔、我国苏州的虎丘塔和加拿大特朗斯康谷仓（图9-1）等都是因地基的不均匀沉降或地基承载力不够所致。因此，建筑物地基设计必须满足两个基本条件：一是建筑物基础在荷载作用下，可能产生的最大沉降量或沉降差应该控制在该种建筑物所容许的范围内；

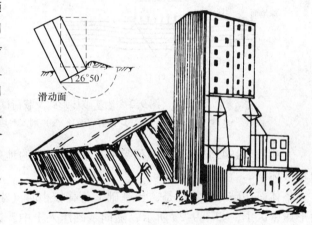

图 9-1 加拿大特朗斯康谷仓地基破坏

二是作用于建筑物基础底面的压力，应该小于或等于地基的承载力容许值。对于水工建筑物地基来说，还应该满足抗渗、防冲等的要求。同时，还应考虑其经济性和合理性问题。

地基承载力是指地基土在强度和变形允许的范围内，单位面积上所能承受荷载的能力。而将地基不失稳时地基土单位面积上所能承受的最大荷载称为地基极限承载力。可见，地基承载力是考虑一定的安全储备后的地基容许承载力。在工程中，按地基承载力设计时，因为是从强度方面进行，因此还应该考虑不同建筑物对地基变形的控制要求，进行地基变形验算。关于地基变形计算在本书前面有关章节中已有介绍，关于变形控制问题在基础工程设计中有专门阐述。本章主要从强度和稳定性角度分析、介绍建筑物的荷载对地基承载力的影响，地基的破坏形式和地基承载力的确定等。

9.1 地基的破坏形式和破坏过程

无论从工程实践还是实验室的研究和分析都可以得出：地基的破坏主要是由于基础下持力层抗剪强度不够，土体产生剪切破坏所致。

9.1.1　地基的破坏形式

地基剪切破坏的形式总体可以分为整体剪切破坏、局部剪切破坏和刺入剪切破坏三种，如图 9-2 所示。

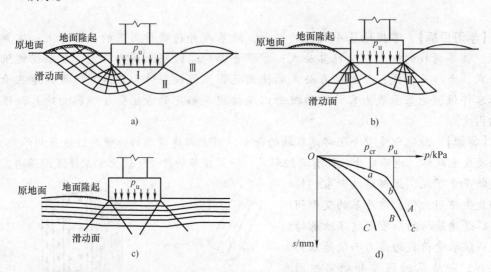

图 9-2　地基破坏形式及载荷试验 p-s 曲线

a）整体剪切破坏　b）局部剪切破坏　c）刺入剪切破坏　d）载荷试验 p-s 曲线

太沙基（1943）根据试验研究提出两种典型的地基破坏形式，即整体剪切破坏及局部剪切破坏。

整体剪切破坏的特征是，当基础上荷载较小时（小于比例界限 p_{cr}），基础下形成一个三角形压密区 Ⅰ，如图 9-2a 所示，随同基础压入土中，这时 p-s 曲线呈直线状，如图 9-2d 所示曲线 A。随着荷载增大，压密区 Ⅰ 向两侧挤压，土中产生塑性区，塑性区先在基础边缘产生，然后逐步扩大形成如图 9-2a 所示的 Ⅱ、Ⅲ 塑性区。这时基础的沉降增长率较前一阶段大，故 p-s 曲线呈曲线状。当荷载达到最大值后，土中形成连续滑裂面，并延伸到地面，土从基础两侧挤出并隆起，基础沉降急剧增加，整个地基失稳破坏，如图 9-2a 所示。这时，p-s 曲线上出现明显的转折点，其相应的荷载称为极限荷载 p_u，如图 9-2d 所示曲线 A。整体剪切破坏常发生在浅埋基础下的密砂或硬黏土等坚实地基中。

局部剪切破坏的特征是，随着荷载的增加，基础下也产生压密区 Ⅰ 及塑性区 Ⅱ，但塑性区仅仅发展到地基某一范围内，土中滑动面并不延伸到地面，如图 9-2b 所示，基础两侧地面微微隆起，没有出现明显的裂缝。其 p-s 曲线如图 9-2d 所示曲线 B，曲线也有一个转折点，但不像整体剪切破坏那么明显。p-s 曲线在转折点后，其沉降量增长率虽较前一阶段大，但不像整体剪切破坏那样急剧增加，在转折点之后，p-s 曲线还是呈直线状。局部剪切破坏常发生在中等密实砂土中。

魏锡克（A. S. Vesic，1963）提出除上述两种破坏情况外，还有一种刺入剪切破坏。刺入剪切破坏一般发生在基础刚度很大，同时地基十分软弱的情况。在荷载的作用下，基础发生的破坏形态往往是沿基础边缘垂直剪切破坏，好像基础"切入"地基中，如图 9-2c 所示。与整体剪切破坏相比，该破坏形式下 p-s 曲线无明显的直线段、曲线段和陡降段，如图 9-2d

所示曲线 C。基础的沉降随着荷载的增大而增加，其 $p\text{-}s$ 曲线没有明显的转折点，找不到比例荷载和极限荷载。地基发生冲剪破坏的特征是基础发生垂直剪切破坏，地基内部不形成连续的滑动面；基础两侧的土体不但没有隆起现象，还往往随基础的"切入"微微下沉；地基破坏时只伴随过大的沉降，也没有倾斜发生。这种破坏形式主要发生在松砂和软黏土中。

地基的剪切破坏形式，除了与地基土的性质有关外，还与基础埋置深度、加荷速度等因素有关。如在密砂地基中，一般会出现整体剪切破坏，但当基础埋置很深时，密砂在很大荷载作用下也会产生压缩变形，而出现刺入剪切破坏；在软黏土中，当加荷速度较慢时会产生压缩变形而出现刺入剪切破坏，但当加荷速度很快时，由于土体不能产生压缩变形，就可能发生整体剪切破坏。

格尔谢万诺夫（H. M. Герсеванов，1948）根据载荷试验结果，提出地基破坏的过程经历三个过程，如图 9-3 所示。

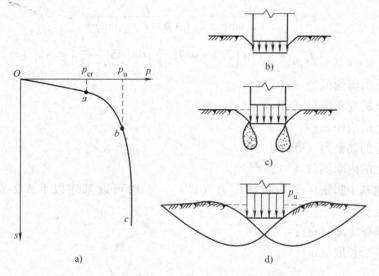

图 9-3　地基破坏过程的三个阶段

a）$p\text{-}s$ 曲线　b）压密阶段　c）剪切阶段　d）破坏阶段

1. 压密阶段（或称直线变形阶段）

压密阶段相当于 $p\text{-}s$ 曲线上的 oa 段。这一阶段，$p\text{-}s$ 曲线接近于直线，土中各点的剪应力均小于土的抗剪强度，土体处于弹性平衡状态。在这一阶段，载荷板的沉降主要是由于土的压密变形引起的，如图 9-3a、b 所示，把 $p\text{-}s$ 曲线上相应于 a 点的荷载称为比例界限 p_{cr}，也称为临塑荷载（Critical Edge Pressure），它是地基发生局部剪切破坏时的压力。

2. 剪切阶段

剪切阶段相当于 $p\text{-}s$ 曲线上的 ab 段。这一阶段 $p\text{-}s$ 曲线已不再保持直线关系，沉降的增长率 $\Delta s/\Delta p$ 随荷载的增大而增加。在这个阶段，地基土中局部范围内（首先在基础边缘处）的剪应力达到土的抗剪强度，土体发生剪切破坏，这个区域称为塑性区。随着荷载的继续增加，土中塑性区的范围也逐步扩大，如图 9-3c 所示，直到土中形成连续滑动面，由载荷板两侧挤出而破坏。因此，剪切阶段也是地基中塑性区发生发展阶段。相应于 $p\text{-}s$ 曲线上 b 点的荷载称为极限荷载 p_u，也称为临界荷载（Critical Load），它是地基发生剪切破坏时的压力。

3. 破坏阶段

破坏阶段相当于 p-s 曲线上的 bc 段。当荷载超过极限荷载后，载荷板急剧下沉，即使不增加荷载，沉降也不能稳定，因此 p-s 曲线陡直下降。在这一阶段，由于土中塑性区范围的不断扩展，最后在土中形成连续滑动面，土从载荷板四周挤出隆起，地基土失稳破坏。

9.1.2　地基破坏形式的判别

魏锡克（A. S. Vesic）建议用土的相对压缩性来判别土的破坏形式，即认为当土的刚度指标 I_r 大于土的临界刚度指标 $I_{r(cr)}$ 时，土是相对不可压缩的，此时地基将发生整体剪切破坏；反之，当 $I_r < I_{r(cr)}$ 时，则认为土是相对可压缩的，地基可能发生局部或刺入剪切破坏。刚度指标 I_r 和 $I_{r(cr)}$ 按式（9-1），式（9-2）计算，即

$$I_r = \frac{G}{c + q_0 \tan\varphi} = \frac{E}{2(1+\mu)(c + q_0\tan\varphi)} \tag{9-1}$$

$$I_{r(cr)} = \frac{1}{2}\exp\left(3.3 + 0.45\frac{b}{l}\right)\cot\left(45° - \frac{\varphi}{2}\right) \tag{9-2}$$

式中　G——土的剪切模量（kPa）；

$\quad\quad E$——土的变形模量（kPa）；

$\quad\quad \mu$——土的泊松比；

$\quad\quad c$——土的黏聚力（kPa）；

$\quad\quad \varphi$——土的内摩擦角（°）；

$\quad\quad q_0$——地基中膨胀区平均超载压力（kPa），一般可取基底以下 $b/2$ 深度处的上覆土重；

$\quad\quad b$——基础宽度（m）；

$\quad\quad l$——基础长度（m）。

9.1.3　确定地基承载力的方法

1. 根据载荷试验的 p-s 曲线确定

1）当 p-s 曲线上有明显的比例界限 a 时，取该比例界限 a 点对应的临塑荷载 p_{cr} 作为地基承载力容许值；

2）当极限荷载 p_u 能确定，且 $p_u < 1.5 p_{cr}$ 时，用 p_u 除以安全系数 K 作为地基承载力容许值，一般安全系数取 2 ~ 3；

3）不能按上述 1）、2）要求确定时，当载荷板面积为 $0.25 \sim 0.50\mathrm{m}^2$，可取相对沉降 $s/b = 0.010 \sim 0.015$（b 为载荷板的宽度）所对应的荷载值作为地基承载力容许值，但该荷载值不应大于加载量的一半。

2. 根据规范确定

JTG D63—2007《公路桥涵地基与基础设计规范》中给出了各种土类的地基承载力基本容许值表，这些表是根据各类土大量载荷试验资料以及工程经验总结，并经过统计分析而得到的。使用时可根据现场土的物理力学性质，以及基础的宽度和埋置深度，按规范中的表格和公式得到地基承载力容许值。

3. 根据地基承载力理论公式确定

地基承载力理论公式中，一种是土体极限平衡条件推导的临塑荷载和临界荷载计算公式，另一种是根据地基土刚塑性假定而推导的极限承载力计算公式。工程实践中，根据建筑物不同要求，可以用临塑荷载或临界荷载作为地基承载力容许值，也可以用极限承载力公式计算得到的极限承载力，除以一定的安全系数作为地基承载力容许值。

9.2　临塑荷载和临界荷载的确定

在荷载作用下地基变形的发展经历三个阶段，即压密阶段、剪切阶段及破坏阶段。地基变形的剪切阶段也是土中塑性区范围随着作用荷载的增加而不断发展的阶段，把土中塑性区发展到不同深度时，通常为相当于基础宽度的$\frac{1}{4}$或$\frac{1}{3}$，其相应的荷载即为临界荷载$p_{\frac{1}{4}}$或$p_{\frac{1}{3}}$。

9.2.1　塑性区边界方程的推导

如图 9-4a 所示，在地基表面作用条形均布荷载 p，计算土中任一点 M 由 p 引起的最大主应力与最小主应力 σ_1 与 σ_3 时，可按第 4 章中有关均布条形荷载作用下的附加应力公式计算。

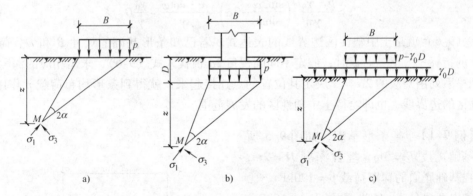

图 9-4　塑性区边界方程的推导

$$\begin{cases} \sigma_1 = \dfrac{p}{\pi}(2\alpha + \sin 2\alpha) \\[2mm] \sigma_3 = \dfrac{p}{\pi}(2\alpha - \sin 2\alpha) \end{cases} \tag{9-3}$$

若条形基础的埋置深度为 D 时，如图 9-4b 所示，计算基底下深度 z 处 M 点的主应力时，可将作用在基底水平面上的荷载（包括作用在基底的均布荷载 p 以及基础两侧埋置深度 D 范围内土的自重应力 $\gamma_0 D$），分解为如图 9-4c 所示的两部分，即无限均布荷载 $\gamma_0 D$ 以及基底范围内的均布荷载 $(p - \gamma_0 D)$。为了简化，假定土的侧压力系数 $K_0 = 1$，即土的重力产生的压应力将如同静水压力一样，在各个方向相等，均为 $(\gamma_0 D + \gamma z)$。这样，当基础有埋置深度 D 时，土中任意点 M 的主应力为

$$\begin{cases} \sigma_1 = \dfrac{p - \gamma_0 D}{\pi}(2\alpha + \sin 2\alpha) + \gamma_0 D + \gamma z \\[3mm] \sigma_3 = \dfrac{p - \gamma_0 D}{\pi}(2\alpha - \sin 2\alpha) + \gamma_0 D + \gamma z \end{cases} \tag{9-4}$$

式中　γ_0——基底以上土的加权平均重度（kN/m^3）；

　　　γ——基底以下土的加权平均重度（kN/m^3）；

　　　D——基础埋置深度（m）。

若 M 点位于塑性区的边界上，它就处于极限平衡状态。根据土体强度理论可知，土中某点处于极限平衡状态时，其主应力间满足

$$\sin\varphi = \frac{\dfrac{1}{2}(\sigma_1 - \sigma_3)}{\dfrac{1}{2}(\sigma_1 + \sigma_3) + c \cdot \cot\varphi} \tag{9-5}$$

将式（9-4）代入式（9-5）得

$$\sin\varphi = \frac{\dfrac{p - \gamma_0 D}{\pi}\sin 2\alpha}{\dfrac{p - \gamma_0 D}{\pi} \cdot 2\alpha + \gamma_0 D + \gamma z + c \cdot \cot\varphi}$$

整理后得

$$z = \frac{p - \gamma_0 D}{\gamma\pi}\left(\frac{\sin 2\alpha}{\sin\varphi} - 2\alpha\right) - \frac{c \cdot \cot\varphi}{\gamma} - \frac{\gamma_0}{\gamma}D \tag{9-6}$$

式（9-6）就是土中塑性区边界线的表达式。若已知条形基础的尺寸 B 和 D、荷载 p，以及土的指标 γ_0、γ、c、φ 时，假定不同的视角 2α 值代入式（9-6），求出相应的深度 z 值，然后把一系列由对应的 2α 与 z 决定其位置的点连接起来，就得到条形均布荷载 p 作用下土中塑性区的边界线，也即绘得土中塑性区的发展范围。

【例 9-1】　某条形基础，如图 9-5 所示，基础宽度 $B = 3m$，埋置深度 $D = 2m$，作用在基础底面的均布荷载 $p = 190kPa$。已知土的内摩擦角 $\varphi = 15°$，黏聚力 $c = 15kPa$，重度 $\gamma = 18.0 kN/m^3$。求此地基中的塑性区范围。

解： 地基土中塑性区边界线的表达式为式（9-6）。

$$\begin{aligned} z &= \frac{p - \gamma_0 D}{\gamma\pi}\left(\frac{\sin 2\alpha}{\sin\varphi} - 2\alpha\right) - \frac{c \cdot \cot\varphi}{\gamma} - \frac{\gamma_0}{\gamma}D \\[2mm] &= \frac{190 - 18 \times 2}{18 \times \pi}\left(\frac{\sin 2\alpha}{\sin 15°} - 2\alpha\right) - \frac{15 \times \cot 15°}{18} - \\[2mm] &\quad \frac{18}{18} \times 2 \\[2mm] &= 10.52\sin 2\alpha - 5.45\alpha - 5.11 \end{aligned} \tag{9-7}$$

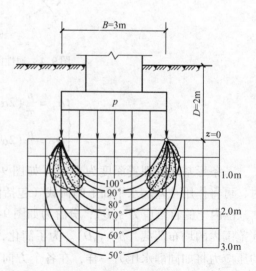

图 9-5　例 9-1 条形基础下地基塑性区计算

　　将不同的 α 代入式（9-7），求得其相应的 z，列于表 9-1。按表 9-1 的计算结果，绘出土中塑性区范围，如图 9-5 所示。

表 9-1　条形基础下地基塑性区边界线计算

$\alpha/(°)$	15	20	25	30	35	40	45	50	55
	5.26	6.76	8.06	9.11	9.88	10.36	10.52	10.35	9.88
$10.52\sin2\alpha - 5.45\alpha - 5.11$	−1.43	−1.90	−2.38	−2.86	−3.33	−3.81	−4.28	−4.75	−5.22
	−5.11	−5.11	−5.11	−5.11	−5.11	−5.11	−5.11	−5.11	−5.11
z/m	−1.28	−0.25	0.57	1.14	1.44	1.44	1.13	0.49	−0.45

9.2.2　临塑荷载及临界荷载计算

　　在条形均布荷载 p 作用下，计算地基中塑性区开展的最大深度 z_{max} 时，可以将式（9-6）对 α 求导数，并令此导数等于零，即

$$\frac{\mathrm{d}z}{\mathrm{d}\alpha} = \frac{2(p - \gamma_0 D)}{\gamma\pi}\left(\frac{\cos2\alpha}{\sin\varphi} - 1\right) = 0 \tag{9-8}$$

由此解得

$$\cos2\alpha = \sin\varphi \tag{9-9}$$

或

$$2\alpha = \frac{\pi}{2} - \varphi \tag{9-10}$$

　　将式（9-10）中的 2α 代入式（9-6），即得地基中塑性区开展最大深度 z_{max} 的表达式为

$$z_{max} = \frac{p - \gamma_0 D}{\gamma\pi}\left[\cot\varphi - \left(\frac{\pi}{2} - \varphi\right)\right] - \frac{c \cdot \cot\varphi}{\gamma} - \frac{\gamma_0}{\gamma}D \tag{9-11}$$

　　由式（9-11）也可得到相应的基底均布荷载 p 的表达式

$$p = \frac{\pi}{\cot\varphi + \varphi - \dfrac{\pi}{2}}\gamma z_{max} + \frac{\cot\varphi + \varphi + \dfrac{\pi}{2}}{\cot\varphi + \varphi - \dfrac{\pi}{2}}\gamma_0 D + \frac{\pi\cot\varphi}{\cot\varphi + \varphi - \dfrac{\pi}{2}}c \tag{9-12}$$

　　式（9-12）是计算临塑荷载及临界荷载的基本公式。可以看出，地基承载力由黏聚力 c、基底以上超载 $q = \gamma_0 D$ 以及基底以下塑性区土的重力 γz_{max} 提供的三部分承载力所组成。

　　令 $z_{max} = 0$，代入式（9-12），此时的基底压力 p 即为临塑荷载 p_{cr}，其计算公式为

$$p_{cr} = N_q \gamma_0 D + N_c c \tag{9-13}$$

式中

$$N_q = \frac{\cot\varphi + \varphi + \dfrac{\pi}{2}}{\cot\varphi + \varphi - \dfrac{\pi}{2}}$$

$$N_c = \frac{\pi\cot\varphi}{\cot\varphi + \varphi - \dfrac{\pi}{2}}$$

　　工程实践表明，即使地基发生局部剪切破坏，地基中塑性区有所发展，只要塑性区范围不超过某一限度，就不影响建筑物的安全和正常使用。因此以 p_{cr} 作为地基土的承载力偏于保守。地基塑性区发展的容许深度与建筑物类型、荷载性质以及土的特性等因素有关。一般

认为，在中心垂直荷载作用下，地基中塑性区的最大发展深度 z_{max} 可控制在基础宽度的 $\frac{1}{4}$，其相应的临界荷载为 $p_{\frac{1}{4}}$。

若地基中允许塑性区开展的深度 $z_{max} = B/4$（B 为基础的宽度），代入式（9-12），即得相应的临界荷载 $p_{\frac{1}{4}}$ 的计算公式为

$$P_{\frac{1}{4}} = \gamma B N_\gamma + \gamma_0 D N_q + c N_c \tag{9-14}$$

$$N_\gamma = \frac{\pi}{4\left(\cot\varphi + \varphi - \dfrac{\pi}{2}\right)}$$

式中　N_γ，N_q，N_c——承载力系数，它们只与土的内摩擦角 φ 有关，可从表9-2中查用；其他符号意义同前。

表 9-2　临塑荷载 p_{cr} 及临界荷载 $p_{\frac{1}{4}}$ 的承载力系数 N_γ，N_q，N_c

$\varphi/(°)$	N_γ	N_q	N_c	$\varphi/(°)$	N_γ	N_q	N_c
0	0	1.00	3.14	22	0.61	3.44	6.04
2	0.03	1.12	3.32	24	0.72	3.87	6.45
4	0.06	1.25	3.51	26	0.84	4.37	6.90
6	0.10	1.39	3.71	28	0.98	4.93	7.40
8	0.14	1.55	3.93	30	1.15	5.59	7.95
10	0.18	1.73	4.17	32	1.34	6.35	8.55
12	0.23	1.94	4.42	34	1.55	7.21	9.22
14	0.29	2.17	4.69	36	1.81	8.25	9.97
16	0.36	2.43	5.00	38	2.11	9.44	10.80
18	0.43	2.72	5.31	40	2.46	10.84	11.73
20	0.51	3.06	5.66	45	3.66	15.64	14.64

【例9-2】　求例9-1中条形基础的临塑荷载 p_{cr} 及临界荷载 $p_{\frac{1}{4}}$。

解： 已知土的内摩擦角 $\varphi = 15°$，由表9-2查得承载力系数 $N_\gamma = 0.33$、$N_q = 2.30$、$N_c = 4.85$。由式（9-13）得临塑荷载为

$$p_{cr} = N_q \gamma_0 D + N_c c = (2.3 \times 18 \times 2 + 4.85 \times 15)\text{kPa} = 155.6\text{kPa}$$

由式（9-14）得临界荷载为

$$P_{\frac{1}{4}} = \gamma B N_\gamma + \gamma_0 D N_q + c N_c = (18 \times 3 \times 0.33 + 18 \times 2 \times 2.30 + 15 \times 4.85)\text{kPa} = 173.4\text{kPa}$$

9.3　极限荷载计算

采用理论方法计算极限荷载的公式很多，基本上分成两种类型：

（1）按照极限平衡理论求解　根据极限平衡理论，假定地基土是刚塑性体，计算土中各点达到极限平衡时的应力及滑动面方向，由此解得基底的极限荷载。这种方法在求解时数

学上遇到很大困难，目前尚无严格的一般解析解，仅能求得某些边界条件比较简单的情况的解析解。

（2）按照假定滑动面方法求解 这种方法是首先假定在极限荷载作用时土中滑动面的形状，然后根据滑动土体的静力平衡条件求解极限荷载。按这种方法得到的极限荷载公式比较简单，使用方便，目前在实践中应用较多。

在实践中遇到的情况比较复杂，按极限平衡理论计算极限荷载时，无法求得其解析解，只能用数值计算方法来求解，使得计算工作量很大，在实践中应用很不方便。按照假定滑动面法得到的极限荷载公式在应用上比较方便。极限荷载计算公式很多，目前也没有比较公认的公式，对这些公式的评价，一方面要看它所假定的滑动面与实际是否相符，另一方面还涉及如何选用土的强度指标。下面介绍几种较常用的极限荷载计算公式。

9.3.1 按极限平衡理论求解极限荷载

对于平面问题，土中任一点微分体上的应力分量为 σ_x、σ_z、$\tau_{xz} = \tau_{zx}$，如图 9-6 所示。考虑微分土体的重力 $\gamma \mathrm{d}x\mathrm{d}z$ 时，得到微分体的静力平衡方程为

$$\begin{cases} \dfrac{\partial \sigma_x}{\partial x} + \dfrac{\partial \tau_{zx}}{\partial z} = 0 \\ \dfrac{\partial \sigma_z}{\partial z} + \dfrac{\partial \tau_{xz}}{\partial x} = \gamma \end{cases} \tag{9-15}$$

若地基土中某点位于塑性区范围内，则该点就处于极限平衡状态。土中某点处于极限平衡状态时，其最大、最小主应力 σ_1 及 σ_3 之间满足

$$\sin\varphi = \frac{\frac{1}{2}(\sigma_1 - \sigma_3)}{\frac{1}{2}(\sigma_1 + \sigma_3) + c\cot\varphi}$$

同时土中塑性区内任一点的应力分量也可以用两个变量 σ 及 ψ 确定，其中 σ 是土中某点处于极限平衡状态时的应力圆的圆心坐标与 $c \cdot \cot\varphi$ 之和，如图 9-7 所示，即

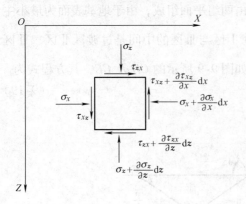

图 9-6 土中一点的应力

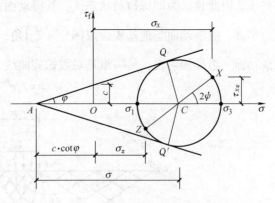

图 9-7 土中一点破坏时用 σ 及 ψ 表示的应力分量

$$\sigma = \frac{1}{2}(\sigma_1 + \sigma_3) + c \cdot \cot\varphi \tag{9-16}$$

ψ 是最大主应力 σ_1 的作用方向与 X 轴间的夹角，如图 9-8 所示。利用图 9-7 可以求得应力分量 σ_x、σ_z、τ_{xz} 的表达式为

$$\begin{cases} \sigma_x = \overline{OC} + \overline{CX}\cos2\psi = \sigma(1 + \sin\varphi\cos2\psi) - c \cdot \cot\varphi \\ \sigma_z = \sigma(1 - \sin\varphi\cos2\psi) - c \cdot \cot\varphi \\ \tau_{xz} = \sigma\sin\varphi\sin2\psi \end{cases} \tag{9-17}$$

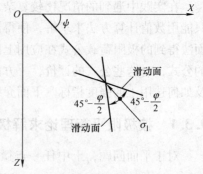

将式（9-17）代入式（9-15）得到两个偏微分方程组，根据实际边界条件即可解得 σ 及 ψ。由极限平衡条件可知，两组滑动面与最大主应力作用面的夹角为 $\pm\left(45° + \dfrac{\varphi}{2}\right)$，所以两组滑动面与 X 轴间夹角为 $\psi \pm \left(45° + \dfrac{\varphi}{2}\right)$。由此即可求土中塑性区内任一点的应力分量及滑动面的方向。

通常直接求解上述微分方程尚有许多困难，目前仅在比较简单的边界条件下才能求得其解析解。如普朗特尔解（L. Prandtl, 1920）就是其中一例。

图 9-8　土中一点的主应力及滑动面方向

1. 普朗特尔解

普朗特尔按上述极限平衡理论，当不考虑土的重力时，即令式（9-15）中的 $\gamma = 0$，置于地基表面的条形基础，假定基础底面光滑无摩擦力时的极限荷载公式为

$$p_u = c\left[e^{\pi\tan\varphi} \cdot \tan^2\left(\frac{\pi}{4} + \frac{\varphi}{2}\right) - 1 \right] \cdot \cot\varphi = c \cdot N_c \tag{9-18}$$

式中　N_c——承载力系数，$N_c = [e^{\pi\tan\varphi} \cdot \tan^2(\pi/4 + \varphi/2) - 1] \cdot \cot\varphi$，它是土内摩擦角 φ 的函数，可从表 9-3 中查得。

普朗特尔解得到的地基滑动面形状如图 9-9 所示。地基的极限平衡区可分为 3 个区：①在基底下的 I 区，因为假定基底无摩擦力，故基底平面是最大主应力面，两组滑动面与基础底面间成（45° + $\varphi/2$）角，即 I 区是朗肯主动状态区；②随着基础下沉，I 区土楔向两侧挤压，因此 III 区为朗肯被动状态区，其滑动面也由两组平面组成，由于地基表面为最小主应力平面，故滑动面与地基表面成 $\left(45° - \dfrac{\varphi}{2}\right)$ 角；③I 区与 III 区的中间是过渡区 II 区，II 区的滑动面一组是辐射线，另一组是对数螺旋曲线，如图 9-9 所示的 CD 及 CE，其方程式为

$$r = r_0 e^{\theta\tan\varphi} \tag{9-19}$$

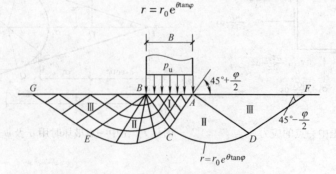

图 9-9　普朗特尔得到的地基滑动面形状

2. 雷斯诺对普朗特尔公式的补充

普朗特尔公式是假定基础置于地基的表面，但一般基础均有一定的埋置深度，若埋置深度较浅时，为简化起见，可忽略基础底面以上土的抗剪强度，而将这部分土作为分布在基础两侧的均布荷载 $q = \gamma_0 D$ 作用在 GF 面上，如图 9-10 所示。雷斯诺（H. Reissner, 1924）在普朗特尔公式假定的基础上，推导出由超载 q 产生的极限荷载公式

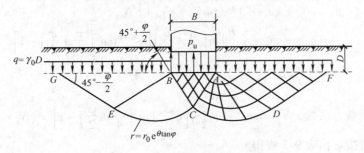

图 9-10 基础有埋置深度时的雷斯诺解

$$p_u = q e^{\pi \tan\varphi} \cdot \tan^2\left(\frac{\pi}{4} + \frac{\varphi}{2}\right) = q \cdot N_q \tag{9-20}$$

式中 N_q——承载力系数，$N_q = e^{\pi\tan\varphi} \cdot \tan^2\left(\frac{\pi}{4} + \frac{\varphi}{2}\right)$，它是土内摩擦角 φ 的函数，可从表 9-3 中查得。

将式（9-18）及式（9-20）合并，得到当不考虑土重力时，埋置深度为 D 的条形基础的极限荷载公式

$$p_u = q \cdot N_q + c \cdot N_c \tag{9-21}$$

承载力系数 N_q、N_c 可按土的内摩擦角 φ 由表 9-3 查得。

表 9-3 普朗特尔公式的承载力系数表

φ	0°	5°	10°	15°	20°	25°	30°	35°	40°	45°
N_γ	0	0.62	1.75	3.82	7.71	15.2	30.1	62.0	135.5	322.7
N_q	1.00	1.57	2.47	3.94	6.40	10.7	18.4	33.3	64.2	134.9
N_c	5.14	6.49	8.35	11.0	14.8	20.7	30.1	46.1	75.3	133.9

上述普朗特尔及雷斯诺推导的公式，均是假定土的重度 $\gamma = 0$，但是由于土的强度很小，同时内摩擦角 φ 不等于零，因此不考虑土的重力是不妥当的。但考虑土的重力时，普朗特尔导出的滑动面 II 区中的 CD、CE，如图 9-9、图 9-10 所示，不再是对数螺旋曲线，其滑动面形状复杂，目前还无法按极限平衡理论求得其解析解，只能采用数值计算方法求得。

9.3.2 按假定滑动面确定极限荷载

1. 泰勒（D. W. Taylor, 1948）**对普朗特尔公式的补充**

普朗特尔-雷斯诺公式是假定土的重度 $\gamma = 0$ 时，按极限平衡理论解得的极限荷载公式。若考虑土体的重力，目前尚无法得到其解析解，但许多学者在普朗特尔公式的基础上做了一些近似计算。

泰勒在 1948 年提出，若考虑土体重力，假定其滑动面与普朗特尔公式相同，那么滑动土体的重力将使滑动面上土的抗剪强度增加。泰勒假定其增加值可用一个换算黏聚力 $c' = \gamma t \tan\varphi$ 来表示，其中 γ、φ 为土的重度及内摩擦角，t 为滑动土体的换算高度。假定 $t = (B/2)\tan(\pi/4 + \varphi/2)$。用 $(c + c')$ 代替式（9-21）中的 c，即得考虑滑动土体重力时的普朗特尔极限荷载计算公式，即

$$p_u = qN_q + (c + c')N_c = qN_q + cN_c + c'N_c$$

$$= qN_q + cN_c + \gamma\frac{B}{2}\tan\left(\frac{\pi}{4} + \frac{\varphi}{2}\right)\left[e^{\pi\tan\varphi}\tan^2\left(\frac{\pi}{4} + \frac{\varphi}{2}\right) - 1\right]$$

$$= \frac{1}{2}\gamma BN_\gamma + qN_q + cN_c \tag{9-22}$$

式中　N_γ——承载力系数，$N_\gamma = \tan\left(\dfrac{\pi}{4} + \dfrac{\varphi}{2}\right)\left[e^{\pi\tan\varphi}\tan^2\left(\dfrac{\pi}{4} + \dfrac{\varphi}{2}\right) - 1\right] = (N_q - 1)\tan\left(\dfrac{\pi}{4} + \dfrac{\varphi}{2}\right)$，

可按 φ 由表 9-3 查得。

2. 太沙基公式

太沙基在 1943 年提出了确定条形浅基础的极限荷载公式。太沙基认为从实用考虑，当基础的长宽比 $L/B \geqslant 5$ 及基础的埋置深度 $D \leqslant B$ 时，就可视为是条形浅基础。基底以上的土体看作是作用在基础两侧的均布荷载 $q = \gamma_0 D$。

太沙基假定基础底面是粗糙的，地基滑动面的形状如图 9-11 所示，也可分成 3 个区：① I 区为在基础底面下的土楔 ABC，由于假定基底是粗糙

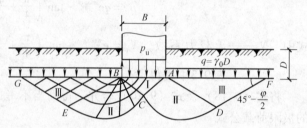

图 9-11　太沙基公式的滑动面形状

的，具有很大的摩擦力，因此 AB 面不会发生剪切位移，I 区内土体不是处于朗肯主动状态，而是处于弹性压密状态，它与基础底面一起移动。太沙基假定滑动面 AC（或 BC）与水平面成 φ 角。② II 区假定与普朗特尔公式一样，滑动面一组是通过 A、B 的辐射线，另一组是对数螺旋曲线 CD、CE。如果考虑土的重力，滑动面就不是对数螺旋曲线，目前还不能求得两组滑动面的解析解。因此，太沙基忽略了土的重度对滑动面形状的影响，是一种近似解。由于滑动面 AC 与 CD 间的夹角应该等于（$\pi/2 + \varphi$），所以对数螺旋曲线在 C 点的切线是竖直的。③ III 区是朗肯被动状态区，滑动面 AD 及 DF 与水平面成（$\pi/4 - \varphi/2$）角。

若作用在基底的极限荷载为 p_u 时，假设此时发生整体剪切破坏，那么基底下的弹性压密区（ I 区）ABC 将贯入土中，向两侧挤压土体 $ACDF$ 及 $BCEG$ 达到被动破坏。因此，在 AC 及 BC 面上将作用被动力 E_P，E_P 与作用面的法线方向成 δ 角，已知摩擦角 $\delta = \varphi$，故 E_P 是竖直向的，如图 9-12 所示。

取脱离体 ABC，考虑单位长度基础，根据平衡条件有

$$p_u B = 2c_1\sin\varphi + 2E_P - W \tag{9-23}$$

式中　c_1——AC 及 BC 面上土黏聚力的合力，$c_1 = c \cdot \overline{AC} = cB/2\cos\varphi$；

　　　W——土楔体 ABC 的重力，$W = \gamma HB/2 = \gamma B^2\tan\varphi/4$。

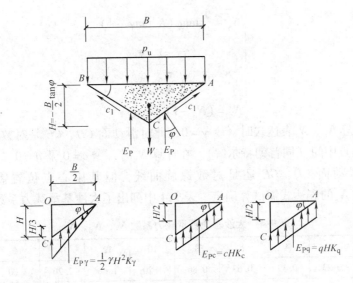

图 9-12　太沙基公式的推导

式（9-23）可写成

$$p_u = c \cdot \tan\varphi + \frac{2E_P}{B} - \frac{1}{4}\gamma B \tan\varphi \tag{9-24}$$

被动力 E_P 是由土的重度 γ、黏聚力 c 及超载 q（即基础埋置深度）三种因素引起的总量，要精确地确定 E_P 很困难。太沙基认为从实际工程要求的精度，可以用下述简化方法分别计算由三种因素引起的被动力。

$$\begin{cases} \text{由土体重力引起的被动力}: E_{P\gamma} = \dfrac{1}{2}\gamma H^2 K_\gamma = \dfrac{1}{8}\gamma B^2 \tan^2\varphi K_\gamma \\[2mm] \text{由黏聚力 } c \text{ 引起的被动力}: E_{Pc} = cHK_c = \dfrac{1}{2}cB\tan\varphi K_c \\[2mm] \text{由超载 } q \text{ 引起的被动力}: E_{Pq} = qHK_q = \dfrac{1}{2}qB\tan\varphi K_q \end{cases} \tag{9-25}$$

式中　K_γ、K_c、K_q——由土的重度 γ、黏聚力 c 及超载 q 引起的被动土压力系数。

在上述 3 个被动力中，$E_{P\gamma}$ 在 AC 及 BC 面上呈三角形分布，其作用点在该作用面下 1/3 处；E_{Pc} 及 E_{Pq} 在 AC 及 BC 面上为均匀分布，如图 9-12 所示。

将式（9-25）代入式（9-24）即得太沙基的极限荷载公式

$$\begin{aligned} p_u &= c \cdot \tan\varphi + \frac{2}{B}\left[\frac{1}{8}\gamma B^2 \tan^2\varphi \cdot K_\gamma + \frac{1}{2}cB\tan\varphi \cdot K_c + \frac{1}{2}qB\tan\varphi \cdot K_q\right] - \frac{1}{4}\gamma B \tan\varphi \\[2mm] &= \frac{1}{2}\gamma B\left[\frac{1}{2}\tan\varphi(K_\gamma \tan\varphi - 1)\right] + q\tan\varphi \cdot K_q + c \cdot \tan\varphi(K_c + 1) \\[2mm] &= \frac{1}{2}\gamma B N_\gamma + q N_q + c N_c \end{aligned} \tag{9-26}$$

式中　N_γ、N_q、N_c——承载力系数。

太沙基推导的承载力系数表达式为式（9-26），它们都是无量纲系数，仅与土的内摩擦角 φ 有关。

$$\begin{cases} N_\gamma = \dfrac{1}{2}\tan\varphi(K_\gamma\tan\varphi - 1) \\[3mm] N_q = \dfrac{e^{\left(\frac{3}{2}\pi - \varphi\right)\cdot\tan\varphi}}{2\cos^2\left(\dfrac{\pi}{4} + \dfrac{\varphi}{2}\right)} \\[3mm] N_c = (N_q - 1)\cdot\cot\varphi \end{cases} \tag{9-27}$$

太沙基在推导 N_q、N_c 表达式时，令 $\gamma = 0$，此时滑动面 CD、CE 是对数螺旋曲线，其中心点在 A 点及 B 点中间（同普朗特尔解）。在计算 N_γ 时，令 $c = 0$ 及 $q = 0$（即埋置深度 $D = 0$），这时假定滑动面 CD、CE 还是对数螺旋曲线，但其中心点位置需试算确定，故式（9-27）中的 N_γ 的表达式需试算确定。表 9-4 中列出了太沙基承载力系数 N_γ、N_q、N_c。

表 9-4　太沙基地基承载力系数 N_γ、N_q、N_c

$\varphi/(°)$	0	2	4	6	8	10	12	14	16	18	20
N_γ	0	0.23	0.39	0.63	0.86	1.20	1.66	2.20	3.00	3.90	5.00
N_q	1.0	1.22	1.48	1.81	2.20	2.68	3.32	4.00	4.91	6.04	7.42
N_c	5.7	6.5	7.0	7.7	8.5	9.5	10.9	12.0	13.0	15.5	17.6
$\varphi/(°)$	22	24	26	28	30	32	34	36	38	40	45
N_γ	6.50	8.6	11.5	15.0	20	28	36	50	90	130	326
N_q	9.19	11.4	14.2	17.8	22.4	28.7	36.6	47.2	61.2	80.5	173.0
N_c	20.2	23.4	27.0	31.6	37.0	44.4	52.8	63.6	77.0	94.8	172.0

式（9-26）只适用于条形基础，对于圆形或方形基础太沙基提出了半经验的极限荷载公式。

对于圆形基础

$$p_u = 0.6\gamma R N_\gamma + q N_q + 1.2 c N_c \tag{9-28}$$

式中　R——圆形基础的半径；

其余符号意义同前。

对于方形基础

$$p_u = 0.4\gamma B N_\gamma + q N_q + 1.2 c N_c \tag{9-29}$$

式（9-26）、式（9-28）、式（9-29）只适用于地基土是整体剪切破坏情况，即地基土较密实，其 $p\text{-}s$ 曲线有明显的转折点，破坏前沉降不大等情况。对于松软土质，地基破坏是局部剪切破坏，沉降较大，其极限荷载较小。太沙基建议在这种情况下采用较小的 φ'、c' 分别代入式（9-26）、式（9-28）、式（9-29）计算极限荷载。即令

$$\begin{cases} \tan\varphi' = \dfrac{2}{3}\tan\varphi \\[3mm] c' = \dfrac{2}{3}c \end{cases} \tag{9-30}$$

根据 φ' 从表 9-4 中查得承载力系数，并将 c' 代入式（9-26）、式（9-28）和式（9-29）计算。

用太沙基极限荷载公式计算地基承载力时，其安全系数应取为 3。

【例9-3】　某路堤如图9-13所示，已知路堤填土性质：$\gamma_1 = 18.8 \text{kN/m}^3$，$c_1 = 33.4 \text{kPa}$，$\varphi_1 = 20°$；地基土（饱和黏土）性质：$\gamma_2 = 15.7 \text{kN/m}^3$，土的不排水抗剪强度指标为 $c_u = 22.0 \text{kPa}$，$\varphi_u = 0$，土的固结排水抗剪强度指标为 $c_d = 4.0 \text{kPa}$，

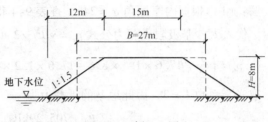

图 9-13　例 9-3 图

$\varphi_d = 22°$。试验算路堤下地基承载力是否满足。采用太沙基公式计算地基极限荷载（取安全系数 $K = 3$）。计算时要求按下述两种施工情况进行分析：

（1）路堤填土填筑速度很快，比荷载在地基中所引起的超孔隙水压力的消散速率快。

（2）路堤填土填筑速度很慢，地基土中不引起超孔隙水压力。

解： 将梯形断面路堤折算成等面积和等高度的矩形断面，如图9-13中虚线所示，求得其换算路堤宽度 $B = 27 \text{m}$，地基土的浮重度 $\gamma_2' = \gamma_2 - 9.81 \text{kN/m}^3 = (15.7 - 9.81) \text{kN/m}^3 = 5.9 \text{kN/m}^3$。

用太沙基公式计算极限荷载

$$p_u = \frac{1}{2} \gamma B N_\gamma + q N_q + c N_c$$

情况（1）：$\varphi_u = 0$，由表9-4查得承载力系数为 $N_\gamma = 0$，$N_q = 1.0$，$N_c = 5.71$。已知 $\gamma_2' = 5.9 \text{kN/m}^3$，$c_u = 22.0 \text{kPa}$，$D = 0$，$q = \gamma_1 D = 0$，$B = 27 \text{m}$。代入上式得

$$p_u = \left(\frac{1}{2} \times 5.9 \times 27 \times 0 + 0 \times 1 + 22 \times 5.71 \right) \text{kPa} = 125.4 \text{kPa}$$

路堤填土压力 $p = \gamma_1 H = (18.8 \times 8) \text{kPa} = 150.4 \text{kPa}$。

地基承载力安全系数 $K = p_u/p = 125.4/150.4 = 0.83 < 3$，故路堤下的地基承载力不能满足要求。

情况（2）：$\varphi_d = 22°$，由表9-4查得承载力系数为 $N_\gamma = 6.8$，$N_q = 9.17$，$N_c = 20.2$。则

$$p_u = \left(\frac{1}{2} \times 5.9 \times 27 \times 6.8 + 0 + 4 \times 20.2 \right) \text{kPa} = (541.6 + 80.8) \text{kPa} = 622.4 \text{kPa}$$

地基承载力系数 $K = 622.4/150.4 = 4.1 > 3$，故地基承载力满足要求。

从上述可知，当路堤填土填筑速度较慢，允许地基土中的超孔隙水压力充分消散时，则能使地基承载力得到满足。

【例9-4】　条形基础宽 $B = 1.5 \text{m}$，埋置深度 $D = 1.2 \text{m}$，地基为均匀粉质黏土，土的重度 $\gamma = 17.6 \text{kN/m}^3$，黏聚力 $c = 15.0 \text{kPa}$，内摩擦角 $\varphi = 24°$。要求：

（1）试用太沙基公式求地基承载力。

（2）当基础宽度 $B = 3 \text{m}$，其他条件不变，试求地基承载力。

（3）当基础宽度 $B = 3 \text{m}$，埋置深度 $D = 2.4 \text{m}$，其他条件不变，试求地基承载力。

解：（1）根据内摩擦角 $\varphi = 24°$，查表 9-4 得承载力系数 $N_\gamma = 8.6$，$N_q = 11.4$，$N_c = 23.4$。代入太沙基极限承载力公式 $p_u = \gamma B N_\gamma / 2 + q N_q + c N_c$ 得

$$p_u = \left(\frac{1}{2} \times 17.6 \times 1.5 \times 8.6 + 17.6 \times 1.2 \times 11.4 + 15 \times 23.4\right) kPa = 705.29 kPa$$

取安全系数 $K = 3$，因此地基的承载力为

$$f = \frac{p_u}{K} = \frac{705.29 kPa}{3} = 235.10 kPa$$

（2）用太沙基公式求极限承载力，承载力系数同上。则

$$p_u = \left(\frac{1}{2} \times 17.6 \times 3 \times 8.6 + 17.6 \times 1.2 \times 11.4 + 15 \times 23.4\right) kPa = 818.81 kPa$$

取安全系数 $K = 3$，因此地基的承载力为

$$f = \frac{p_u}{K} = \frac{818.81 kPa}{3} = 273.0 kPa$$

（3）用太沙基公式求极限承载力，承载力系数同上。

$$p_u = \left(\frac{1}{2} \times 17.6 \times 3 \times 8.6 + 17.6 \times 2.4 \times 11.4 + 15 \times 23.4\right) kPa = 1059.57 kPa$$

取安全系数 $K = 3$，因此地基的承载力为

$$f = \frac{p_u}{K} = \frac{1059.57 kPa}{3} = 353.19 kPa$$

由以上计算可知，增加基础的埋置深度能有效地提高地基承载力。

3. 考虑其他因素影响时的极限荷载计算公式

上述介绍的普朗特尔、雷斯诺及太沙基等的极限荷载公式，都只适用于中心竖向荷载作用时的条形基础，同时不考虑基底以上土的抗剪强度的作用。若基础上作用的荷载是倾斜的或有偏心，基底的形状是矩形或圆形，基础的埋置深度较深，计算时需要考虑基底以上土的抗剪强度影响，或土中有地下水时，就不能直接应用前述极限荷载公式。但是要推导这些多因素影响的极限荷载公式很困难，许多学者做了一些对比的试验研究，提出了对上述极限荷载公式（如普朗特尔-雷斯诺公式）进行修正的公式，可供一般工程使用。下面重点介绍汉森（B. Hanson，1961，1970）提出的在中心倾斜荷载作用下，不同基础形状及不同埋置深度时的极限荷载计算公式，如图 9-14 所示。

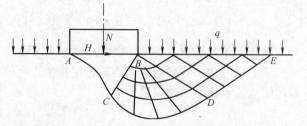

图 9-14　倾斜荷载作用下滑动面形状（汉森公式）

（1）汉森公式适用条件　①倾斜荷载作用。汉森公式最主要的特点是适用于倾斜荷载作用，这是太沙基公式无法解决的问题。②基础形状。汉森公式考虑了基础宽度与长度的比值、矩形基础和条形基础的影响。③基础埋深。汉森公式适用于基础埋深小于基础底宽（即 $D < B$）的情况，并考虑了基础埋深与基础宽度之比的影响。

（2）汉森极限荷载公式　其表达式为

$$p_u = \frac{1}{2}\gamma B N_\gamma i_\gamma s_\gamma d_\gamma g_\gamma b_\gamma + q N_q i_q s_q d_q g_q b_q + c N_c i_c s_c d_c g_c b_c \qquad (9\text{-}31)$$

式中　　p_u——地基极限荷载的竖向分力（kPa）；

　　　　γ——基础底面以下持力层土的重度，地下水位以下用有效重度（kPa）；

　　　　q——基底平面处的有效旁侧荷载（kPa）；

N_γ、N_q、N_c——承载力系数，N_q、N_c 值与普朗特尔-雷斯诺公式相同，见式（9-18）及式（9-20），或由表 9-3 查得；N_γ 值汉森建议按 $N_\gamma = 1.8(N_q - 1)\tan\varphi$ 计算。

i_γ、i_q、i_c——荷载倾斜系数，由式（9-32）计算；

s_γ、s_q、s_c——基础形状系数，由式（9-33）计算；

d_γ、d_q、d_c——基础埋深系数，由式（9-34）计算；

g_γ、g_q、g_c——地面倾斜系数，由式（9-35）计算；

b_γ、b_q、b_c——基底倾斜系数，由式（9-36）计算。

1）荷载倾斜系数为

$$\begin{cases} i_\gamma = \left(1 - \dfrac{0.7H}{N + Fc \cdot \cot\varphi}\right)^5 > 0 \\[2mm] i_q = \left(1 - \dfrac{0.5H}{N + Fc \cdot \cot\varphi}\right)^5 > 0 \\[2mm] i_c = i_q - \dfrac{1 - i_q}{N_q - 1} \qquad (\varphi > 0) \\[2mm] i_c = 0.5 - 0.5\sqrt{1 - \dfrac{H}{Fc}} \qquad (\varphi = 0) \end{cases} \qquad (9\text{-}32)$$

式中　N，H——作用在基础底面的竖向荷载及水平荷载；

　　　F——基础底面面积，$F = B \times L$，偏心荷载时 B、L 均采用有效宽（长）度 B'、L'，面积采用有效面积 $F = B' \times L'$。

2）基础形状系数为

$$\begin{cases} s_\gamma = 1 - 0.4 i_\gamma K \\[1mm] s_q = 1 + i_q K \sin\varphi \\[1mm] s_c = 1 + 0.2 i_c K \end{cases} \qquad (9\text{-}33)$$

式中　K——对于矩形基础，$K = B/L$；对于方形或圆形基础，$K = 1$；偏心荷载时，B、L 均采用有效宽（长）度 B'、L'。

3）基础埋深系数为

$$\begin{cases} d_\gamma = 1 \\[1mm] d_q = 1 + 2\tan\varphi(1 - \sin\varphi)^2\left(\dfrac{D}{B}\right) \qquad \left(\dfrac{D}{B} \leqslant 1\right) \\[2mm] d_c = d_q - \dfrac{1 - d_q}{N_q - 1} \qquad \left(\varphi > 0, \dfrac{D}{B} \leqslant 1\right) \\[2mm] d_c = 1 + 0.4\left(\dfrac{D}{B}\right) \qquad \left(\varphi = 0, \dfrac{D}{B} \leqslant 1\right) \end{cases} \qquad (9\text{-}34a)$$

$$\begin{cases} d_r = 1 \\ d_q = 1 + 2\tan\varphi(1 - \sin\varphi)^2 \arctan\left(\dfrac{D}{B}\right) & \left(\dfrac{D}{B} > 1\right) \\ d_c = d_q - \dfrac{1 - d_q}{N_q - 1} & \left(\dfrac{D}{B} > 1\right) \\ d_c = 1 + 0.4\arctan\left(\dfrac{D}{B}\right) & \left(\dfrac{D}{B} > 1\right) \end{cases} \qquad (9\text{-}34\text{b})$$

偏心荷载时，B、L 均采用有效宽（长）度 B'、L'。

若地面与水平面的倾角 β 以及基底与水平面的倾角 η 为正值，如图 9-15 所示，且满足 $\eta + \beta \leqslant 90°$，地面倾斜系数和基底倾斜系数可分别按式 (9-35)、式 (9-36) 计算。

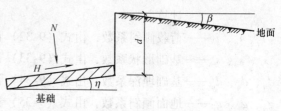

图 9-15　地面或基底倾斜情况示意图

4）地面倾斜系数为

$$\begin{cases} g_q = g_\gamma = (1 - 0.5\tan\beta)^5 \\ g_c = 1 - \dfrac{\beta}{147°} \end{cases} \qquad (9\text{-}35)$$

5）基底倾斜系数为

$$\begin{cases} b_\gamma = \exp(-2.7\eta\tan\varphi) \\ b_q = \exp(-2\eta\tan\varphi) \\ b_c = 1 - \dfrac{\eta}{147°} \end{cases} \qquad (9\text{-}36)$$

（3）汉森公式应用说明

1）荷载偏心及倾斜的影响。如果作用在基础底面的荷载是竖直偏心荷载，计算极限荷载时，可引入假想的基础有效宽度 $B' = B - 2e_B$ 来代替基础的实际宽度 B，其中 e_B 为荷载偏心距，如图 9-16 所示。这个修正方法对基础长度方向的偏心荷载也同样适用，即引入有效长度 $L' = L - 2e_L$ 代替基础实际长度 L。

如果作用的荷载是倾斜的，汉森建议可以把中心竖向荷载作用时的极限荷载公式中的各项分别乘以荷载倾斜系数 i_γ、i_q、i_c〔见式（9-32）〕，作为考虑荷载倾斜的影响。

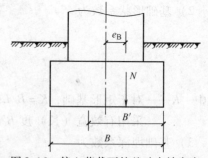

图 9-16　偏心荷载下的基础有效宽度

2）基础底面形状及埋置深度的影响。矩形或圆形基础的极限荷载计算在数学上求解比较困难，目前都是根据各种形状基础所做的对比载荷试验，提出了将条形基础极限荷载公式进行逐项修正的公式。式（9-33）给出了汉森提出的基础形状系数 s_γ、s_q、s_c 的表达式。

前述的极限荷载计算公式，都忽略了基础底面以上土的抗剪强度，即假定滑动面发展到基底水平面为止。这对基础埋深较浅或基底以上土层较弱的情况适用，但当基础埋深较大或基底以上土层的抗剪强度较大时，就应该考虑这一范围内土的抗剪强度影响。汉森建议用深度系数 d_γ、d_q、d_c 对极限荷载公式（9-31）进行逐项修正。他所提出的深度系数见式（9-34）。

3）地下水的影响。在极限荷载计算中，水下的土应采用浮重度。因此，在式（9-31）中的第一项 γ 及第二项中的 $q = \gamma D$，应考虑地下水位的影响。如果在各自范围内的地基由重度不同的多层土组成，应按层厚加权平均取值。其计算方法可按如图 9-17 所示的四种情况来讨论。

情况 a：地下水位在基础底面以上，这时式（9-31）中的第一项 γ 应采用浮重度 $\gamma' = \gamma_{sat} - \gamma_w$；第二项中的超载 $q = \gamma(D-z) + \gamma'z$，其中 z 为地下水位距基底的距离，如图 9-17a 所示。

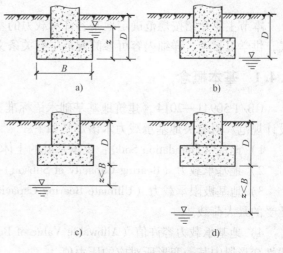

图 9-17　地下水位的影响

情况 b：地下水位在基底平面上，这时式中第一项的 γ 用 γ' 代替；第二项中的 $q = \gamma D$，如图 9-17b 所示。

情况 c：地下水位在基底以下深度 z 处，但 $z \leqslant B$。这时式中第一项的 γ 采用平均重度 $\gamma_m = [\gamma z + \gamma'(B-z)]/B$ 代替；第二项中的 $q = \gamma D$，如图 9-17c 所示。

情况 d：地下水位在基底以下深度 z 处，但 $z > B$。这时可不考虑地下水对土重度的影响，如图 9-17d 所示。

4. 影响地基极限承载力的因素

地基的极限荷载与建筑物的安全与经济密切相关，尤其对重大工程或承受倾斜荷载的建筑物更为重要。各类建筑物采用不同的基础形式、尺寸和埋深，置于不同地基土质情况下，极限荷载大小可能相差悬殊。影响地基极限荷载的因素有以下几个方面：

（1）地下水对承载力的影响　地下水对浅基础地基承载力的影响，一般有两种情况。一是沉没在水下的土，将失去由毛细应力或弱结合水所形成的表观凝聚力，使承载力降低；二是由于水的浮力作用，将使土的重力减小而降低了地基的承载力。前一种影响因素在实际应用上尚有困难。因此，目前一般都假定水位上、下土的强度指标相同，仅仅考虑水的浮力作用对承载力所产生的影响。

（2）地基的破坏形式　在极限荷载作用下，地基发生破坏的形式有多种，通常地基发生整体剪切破坏时，极限承载力大；地基发生刺入剪切破坏时，极限承载力小。

（3）地基土的强度指标　影响地基极限荷载主要是土的强度指标 c、φ 和重度 γ。地基土的 c、φ、γ 越大，则极限荷载 p_u 相应越大。

（4）基础尺寸　在建筑工程中，遇到基地承载力相差不多时，可在基础设计中加大基底宽度和基础埋深来解决，不必加固地基。

（5）荷载作用　荷载方向和作用时间对地基承载力有影响，若荷载为倾斜方向，极限荷载 p_u 小，荷载为竖直作用时极限荷载 p_u 大，倾斜荷载为不利因素。若荷载作用的时间很短，如地震荷载，则极限荷载可以提高。如地基为高塑性黏土，呈可塑或软塑状态，在长期荷载作用下，使土产生蠕变降低土的强度，则极限荷载降低。

9.4　按规范方法确定地基容许承载力

本节主要介绍按规范确定地基容许承载力的基本方法，并摘录了规范中的表格和计算公式，供学习参考。详细内容可参阅规范中有关条文。

9.4.1　基本概念

GB/T 50941—2014《建筑地基基础术语标准》和 JTG D63—2007《公路桥涵地基与基础设计规范》对有关地基承载力术语定义如下：

1）地基（Foundation Soil）：支承基础的土体或岩体。

2）地基承载力（Bearing Capacity of Subsoil）：地基承受荷载的能力。

3）地基极限承载力（Ultimate Bearing Capacity of Subsoil）：地基在保持稳定状态时所能承受的最大荷载。

4）地基承载力容许值（Allowable Value of Beating Capacity）：地基压力变形曲线上，在线性变形段内某一变形所对应的压力值。

5）地基承载力基础宽度修正系数（Coefficient of Subsoil Bearing Capacity Modified by Foundation Width）：由基础宽度产生的承载力增量的比例系数。

6）地基承载力基础埋深修正系数（Coefficient of Subsoil Bearing Capacity Modified by Foundation Depth）：由基础埋置深度产生的承载力增量的比例系数。

9.4.2　地基承载力容许值的确定

JTG D63—2007《公路桥涵地基与基础设计规范》，确定各类土地基承载力容许值方法如下。

1. 地基容许承载力的验算

应以修正后的地基承载力容许值$[f_a]$控制。该值系在地基原位测试或各类岩土承载力基本容许值$[f_{a0}]$的基础上，经修正而得。

2. 地基承载力容许值确定原则

1）地基承载力基本容许值应首先考虑由载荷试验或其他原位测试取得，其值不应大于地基极限承载力的1/2。

对中小桥、涵洞，当受现场条件限制，或载荷试验和原位测试有困难时，可查表9-5 ～ 表9-11。

2）地基承载力基本容许值尚应根据基础埋深、基础宽度及地基土的类别按式（9-37）进行修正。

3）软土地基承载力容许值可按式（9-38）、式（9-39）确定。

4）其他特殊岩土地基承载力基本容许值可参照各地区经验或相应的标准确定。

3. 地基承载力基本容许值 $[f_{a0}]$ 的选用

可根据岩土类别、状态及其物理力学特性指标按表9-5 ～ 表9-11 选用。

1）一般岩石地基可根据强度等级、节理按表9-5确定地基承载力基本容许值$[f_{a0}]$。对于复杂的岩层（如溶洞、断层、软弱夹层、易溶岩石、软化岩石等）应按各项因素综合确定。

表 9-5　岩石地基承载力基本容许值$[f_{a0}]$

$[f_{a0}]$/kPa　坚硬程度＼节理发育程度	节理不发育	节理发育	节理很发育
坚硬岩、较硬岩	>3000	3000~2000	2000~1500
较软岩	3000~1500	1500~1000	1000~800
软岩	1200~1000	1000~800	800~500
极软岩	500~400	400~300	300~200

2）碎石土地基可根据其类别和密实程度按表9-6确定承载力基本容许值$[f_{a0}]$。

表 9-6　碎石土地基承载力基本容许值$[f_{a0}]$

$[f_{a0}]$/kPa　土名＼密实程度	密实	中密	稍密	松散
卵石	1200~1000	1000~650	650~500	500~300
碎石	1000~800	800~550	550~400	400~200
圆砾	800~600	600~400	400~300	300~200
角砾	700~500	500~400	400~300	300~200

注：1. 由硬质岩组成，填充砂土者取高值；由软质岩组成，填充黏性土者取低值。
　　2. 半胶结的碎石土，可按密实的同类土的$[f_{a0}]$值提高10%~30%。
　　3. 松散的碎石土在天然河床中很少遇见，需特别注意鉴定。
　　4. 漂石、块石的$[f_{a0}]$值，可参照卵石、碎石适当提高。

3）砂土地基可根据土的密实度和水位情况按表9-7确定承载力基本容许值$[f_{a0}]$。

表 9-7　砂土地基承载力基本容许值$[f_{a0}]$

$[f_{a0}]$/kPa　土名及水位情况＼密实程度		密实	中密	稍密	松散
砾砂、粗砂	与湿度无关	550	430	370	200
中砂	与湿度无关	450	370	330	150
细砂	水上	350	270	230	100
	水下	300	210	190	—
粉砂	水上	300	210	190	—
	水下	200	110	90	—

4）粉土地基可根据土的天然孔隙比e和天然含水量ω（%）按表9-8确定承载力基本容许值$[f_{a0}]$。

表 9-8　粉土地基承载力基本容许值[f_{a0}]

[f_{a0}]/kPa　　ω（%） e	10	15	20	25	30	35
0.5	400	380	355	—	—	—
0.6	300	290	280	270	—	—
0.7	250	235	225	215	205	—
0.8	200	190	180	170	165	—
0.9	160	150	145	140	130	125

5）老黏性土地基可根据压缩模量 E_s 按表 9-9 确定承载力基本容许值[f_{a0}]。

表 9-9　老黏性土地基承载力基本容许值[f_{a0}]

E_s/MPa	10	15	20	25	30	35	40
[f_{a0}]/kPa	380	430	470	510	550	580	620

注：当老黏性土 E_s <10MPa 时，承载力基本容许值[f_{a0}]按一般黏性土表 9-10 确定。

6）一般黏性土可根据液性指数 I_L 和天然孔隙比 e 按表 9-10 确定承载力基本容许值[f_{a0}]。

表 9-10　一般黏性土地基承载力基本容许值[f_{a0}]

[f_{a0}]/kPa　　I_L e	0	0.1	0.2	0.3	0.4	0.5	0.6	0.7	0.8	0.9	1.0	1.1	1.2
0.5	450	440	430	420	400	380	350	310	270	240	220	—	—
0.6	420	410	400	380	360	340	310	280	250	220	200	180	—
0.7	400	370	350	330	310	290	270	240	220	190	170	160	150
0.8	380	330	300	280	260	240	230	210	180	160	150	140	130
0.9	320	280	260	240	220	210	190	180	160	140	130	120	100
1.0	250	230	220	210	190	170	160	150	140	120	110	—	—
1.1	—	—	160	150	140	130	120	110	100	90	—	—	—

注：1. 土中含有粒径大于 2mm 的颗粒质量超过总质量 30% 以上者，[f_{a0}]可适当提高。

2. 当 e <0.5 时，取 e =0.5；当 I_L <0 时，取 I_L =0。此外，超过表列范围的一般黏性土，[f_{a0}] =57.22$E_s^{0.57}$。

7）新近沉积黏性土地基可根据液性指数 I_L 和天然孔隙比 e 按表 9-11 确定承载力基本容许值[f_{a0}]。

表 9-11　新近沉积黏性土地基承载力基本容许值[f_{a0}]

[f_{a0}]/kPa　　I_L e	≤0.25	0.75	1.25
≤0.8	140	120	100
0.9	130	110	90
1.0	120	100	80
1.1	110	90	—

4. 地基承载力基本容许值$[f_{a0}]$的修正和提高

从极限荷载计算公式可以看到，当基础越宽，埋置深度越大，土的强度指标 c、φ 越大时，地基承载力也增加。因此当设计的基础宽度 $B > 2\text{m}$，埋置深度 $D > 3\text{m}$（但 $\dfrac{D}{B} < 4$）时，地基容许承载力可以在$[f_{a0}]$的基础上修正提高。

修正后的地基承载力容许值$[f_a]$按式（9-37）确定。当基础位于水中不透水地层上时，$[f_a]$按平均常水位至一般冲刷线的水深每米再增大 10kPa。

$$[f_a] = [f_{a0}] + k_1\gamma_1(B-2) + k_2\gamma_2(D-3) \tag{9-37}$$

式中　$[f_a]$——修正后的地基承载力容许值（kPa）；

　　　$[f_{a0}]$——按表 9-5 ~ 表 9-11 查得的地基承载力基本容许值$[f_{a0}]$（kPa）；

　　　B——基础底面的最小边宽（m）；当 $B < 2\text{m}$ 时，取 $B = 2\text{m}$；当 $B > 10\text{m}$ 时，取 $B = 10\text{m}$；

　　　D——基础埋置深度（m）；由天然地面起算，有水流冲刷时自一般冲刷线起算；位于挖方内的基础，由挖方后的地面起算；当 $D < 3\text{m}$ 时，取 $D = 3\text{m}$；当 $\dfrac{D}{B} > 4$ 时，取 $D = 4B$；

　　　k_1、k_2——基础宽度、深度修正系数，根据基础底面持力层土的类别按表 9-12 确定；

　　　γ_1——基础底面持力层土的天然重度（kN/m³）；若持力层在水面以下且为透水性土时，应取浮重度；

　　　γ_2——基础底面以上土层的加权平均重度（多层土时采用各层土重度的加权平均值）（kN/m³）；换算时若持力层在水面以下且不透水时，不论基底以上土的透水性质如何，一律取饱和重度；当透水时，水中部分土层则应取浮重度。

表 9-12　地基土承载力容许值宽度、深度修正系数 k_1、k_2

修正系数	黏性土				粉土	砂土								碎石土			
	老黏性土	一般黏性土		新近沉积黏性土	一	粉砂		细砂		中砂		砾砂、粗砂		碎石圆砾角砾		卵石	
		$I_L \geqslant 0.5$	$I_L < 0.5$			中密	密实	中密	密实	中密	密实	中密	密实	中密	密实	中密	密实
k_1	0	0	0	0	0	1.0	1.2	1.5	2.0	2.0	3.0	3.0	4.0	3.0	4.0	3.0	4.0
k_2	2.5	1.5	2.5	1.0	1.5	2.0	2.5	3.0	4.0	4.0	5.5	5.0	6.0	5.0	6.0	6.0	10.0

注：1. 对于稍密和松散状态的砂、碎石土，k_1、k_2 值可采用表列中密值的 50%。

　　2. 强风化和全风化的岩石，可参照所风化成的相应土类取值；其他状态下的岩石不修正。

5. 软土地基承载力容许值$[f_a]$确定规则

1）软土地基承载力基本容许值$[f_{a0}]$应由载荷试验或其他原位测试取得。载荷试验和原位测试确有困难时，对于中小桥、涵洞基底未经处理的软土地基，承载力容许值$[f_a]$可采用以下两种方法确定：

① 根据原状土天然含水量 ω，按表 9-13 确定软土地基承载力基本容许值$[f_{a0}]$，然后按

式（9-38）计算修正后的地基承载力容许值$[f_a]$，即

$$[f_a] = [f_{a0}] + \gamma_2 D \tag{9-38}$$

表 9-13 软土地基承载力基本容许值$[f_{a0}]$

天然含水量 ω（%）	36	40	45	50	55	65	75
$[f_{a0}]$/kPa	100	90	80	70	60	50	40

② 根据原状土强度指标，按式（9-39）确定软土地基承载力容许值$[f_a]$，即

$$[f_a] = \frac{5.14}{m} k_p c_u + \gamma_2 D \tag{9-39}$$

$$k_p = \left(1 + 0.2 \frac{B}{L}\right)\left(1 - \frac{0.4H}{BLc_u}\right)$$

式中 m——抗力修正系数，可视软土灵敏度及基础长宽比等因素选用 1.5 ~ 2.5；

c_u——地基土不排水抗剪强度标准值（kPa）；

k_p——系数；

H——由作用（标准值）引起的水平力（kN）；

B——基础宽度（m），有偏心作用时，取 $B - 2e_B$；

L——垂直于 B 边的基础长度（m），有偏心作用时，取 $L - 2e_L$；

e_B，e_L——偏心作用在宽度和长度方向的偏心距。

2）经排水固结方法处理的软土地基，其承载力基本容许值$[f_{a0}]$应通过载荷试验或其他原位测试方法确定；经复合地基方法处理的软土地基，其承载力基本容许值$[f_{a0}]$应通过载荷试验确定，然后按式（9-38）计算修正后的软土地基承载力容许值$[f_a]$。

6. 抗力系数 γ_R

地基承载力容许值$[f_a]$应根据地基受荷阶段及受荷情况，乘以下列规定的抗力系数 γ_R。

（1）使用阶段 具体规定如下：

1）当地基承受作用短期效应组合或作用效应偶然组合时，可取 $\gamma_R = 1.25$；但对承载力容许值$[f_a] < 150$kPa 的地基，应取 $\gamma_R = 1.0$。

2）当地基承受的作用短期效应组合仅包括结构自重、预加力、土重、土侧压力、汽车和人群效应时，应取 $\gamma_R = 1.0$。

3）当基础建于经多年压实未遭破坏的旧桥基（岩石旧桥基除外）上时，不论地基承受的作用情况如何，抗力系数均可取 $\gamma_R = 1.5$；对$[f_a] < 150$kPa 的地基，可取 $\gamma_R = 1.25$。

4）基础建于岩石旧桥基上，应取 $\gamma_R = 1.0$。

（2）施工阶段 具体规定如下：

1）地基在施工荷载作用下，可取 $\gamma_R = 1.25$。

2）当墩台施工期间承受单向推力时，可取 $\gamma_R = 1.5$。

【例 9-5】 某桥墩基础如图 9-18 所示，已知基础底面宽度 $B = 5$m，长度 $L = 10$m，埋置深度 $D = 4$m，作用在基底中心的竖直荷载 $N = 8000$kN，地基土的性质如图 9-18 所示。验算地基强度是否满足要求。

解： 按 JTG D63—2007《公路桥涵地基与基础设计规范》，确定地基承载力容许值。

已知基底下持力层为水下中密粉砂，地基土的重度 γ_1 应取浮重度，即 $\gamma_1 = \gamma_{sat} - \gamma_w = (20 - 9.8) \text{kN/m}^3 = 10.2 \text{kN/m}^3$。由表 9-7 查得水下中密粉砂的承载力基本容许值 $[f_{a0}] = 110 \text{kPa}$。

由表 9-12 查得地基土承载力容许值宽度、深度修正系数 $k_1 = 1.0$、$k_2 = 2.0$。

基底以上土的重度 $\gamma_2 = 20 \text{kN/m}^3$。由式（9-37）可得粉砂经过宽度、深度修正承载力容许值为

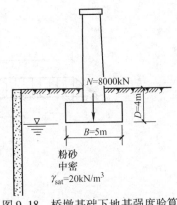

图 9-18　桥墩基础下地基强度验算

$$[f_a] = [f_{a0}] + k_1 \gamma_1 (B - 2) + k_2 \gamma_2 (D - 3)$$
$$= [110 + 1.0 \times 10.2 \times (5 - 2) + 2.0 \times 20 \times (4 - 3)] \text{kPa}$$
$$= (110 + 30.6 + 40) \text{kPa} = 180.6 \text{kPa}$$

基底压力

$$p = \frac{N}{B \times L} = \frac{8000}{5 \times 10} = 160 \text{kPa} < [f_a]$$

故地基强度满足要求。

习　题

9-1　某条形基础如图 9-19 所示，已知粉质黏土的重度 $\gamma = 18.0 \text{kN/m}^3$，黏土层 $\gamma = 19.8 \text{kN/m}^3$，$c = 15 \text{kPa}$，$\varphi = 25°$。作用在基础底面的荷载 $p = 250 \text{kPa}$。试求：

（1）临塑荷载 p_{cr} 和临界荷载 $p_{\frac{1}{4}}$；

（2）用普朗特尔公式求极限荷载 p_u；

（3）取安全系数 $K = 3$，地基承载力是否满足要求。

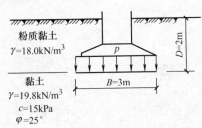

图 9-19　习题 9-1 图

9-2　如图 9-20 所示路堤，已知路堤填土 $\gamma_2 = 18.8 \text{kN/m}^3$，地基土的 $\gamma_1 = 18.8 \text{kN/m}^3$，$c = 8.7 \text{kPa}$，$\varphi = 10°$。试求：

（1）用太沙基公式验算路堤下地基承载力是否满足要求，取安全系数 $K = 3$。

（2）若在路堤两侧采用填土压重的方法以提高地基承载力，试问填土厚度需要多少才能满足要求？

9-3　某矩形基础如图 9-21 所示。已知基础宽度 $B = 4 \text{m}$，长度 $L = 12 \text{m}$，埋置深度 $D = 2 \text{m}$；作用在基础底面中心荷载 $N = 5000 \text{kN}$，$M = 1500 \text{kN} \cdot \text{m}$，偏心距 $e_1 = 0$；地下水位在地面以下 4 m 处；土的性质 $\gamma_{sat} = 19.8 \text{kN/m}^3$，$c = 25 \text{kPa}$，$\varphi = 10°$。试用汉森公式验算地基承载力是否满足要求，采用安全系数 $K = 3$。

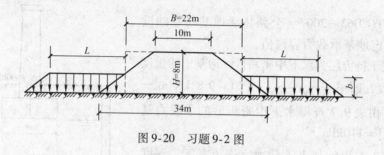

图 9-20 习题 9-2 图

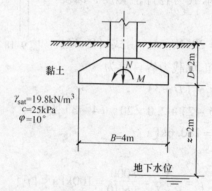

图 9-21 习题 9-3 图

思 考 题

9-1 地基承载力与地基容许承载力在概念上有何差异？

9-2 地基破坏的形式有哪几种？它与土的性质有何关系？

9-3 地下水位的升降对地基承载力有什么影响？

9-4 地基土破坏经历哪几个过程？分别有何特点？

第 10 章　土在动荷载作用下的特性

【学习目标】 掌握土的击实试验及土体压实性的工程意义；掌握土体液化的概念，土体液化对工程的危害及防止措施；了解土体液化机理、影响因素及土体液化可能性的判别方法。

【导读】 土体经常会受到地震、波浪、风或人工振源的交通、爆炸、打桩、强夯、机器基础等引起的动荷载作用。动荷载按加荷次数可以分为：①冲击荷载。一次快速施加的瞬时荷载称为冲击荷载，如爆炸和爆破作业，加荷时间非常短，所引起土体的振动，由于受到阻尼作用，振幅在不长的时间内衰减为零；②不规则荷载。加荷几次至几十次甚至千百次的动荷载，如地震、打桩引起的振动作用等，荷载随时间的变化没有规律可循，这种荷载称为不规则荷载；③周期荷载。加荷几万次以上的动荷载，如车辆行驶对路基的作用、机器基础对地基的作用等，以同一振幅和周期反复循环作用的荷载，称为周期荷载。

在动荷载作用下，土的强度与变形特性都将受到影响，可造成土体的破坏（如饱和松散的砂土在地震作用下发生液化现象），也可加以利用改善不良土体的性质（如强夯法加固软弱地基）。在不同的动荷载作用下，土的强度和变形各不相同，其共同特点是都受到加荷速率和加荷次数的影响。

10.1　土的压实性

10.1.1　土的压实性对工程的意义

土的压实是指采用人工或机械对土施以夯压能量（如夯、碾、振动等方式），使土颗粒重新排列压实变密，外部的夯压功能使土在短时间内得到新的结构强度，包括增强粗颗粒土之间的摩擦和咬合，以及增加细粒土之间的分子引力以改善土的性质。

实践表明，由于土的基本性质复杂多变，不同土类对外界因素作用的反应不同。同一压实功能对于不同状态的土压实效果完全不同，而为了达到同样的压实效果又可能付出相当大的不符合技术经济要求的代价。因此为了技术可靠和经济合理，需要了解土的压实性及其变化规律。

在工程建设中，经常遇到填土，为了改善这些土的工程性质，常采用压实的方法使土变得密实。如路堤、土坝以及用土作为桥台、挡土墙、埋设的管道或基础的垫层或回填土等，都是把土作为建筑材料，按一定要求和范围进行堆填而成。填土不同于天然土层，经过挖掘、搬运之后，原状结构已被破坏，含水量也已变化，堆填时必然在土团之间留下许多大孔隙。未经压实的填土强度低，压缩性大而且不均匀，遇水易发生塌陷、崩解等。为满足工程要求，必须按一定标准压实。特别是路堤在车辆反复动荷载作用下，可能出现不均匀、过大的沉陷或塌落甚至失稳滑动，路堤填土必须具有足够的密实度以确保通行安全。对于松散土层构成的路堑地段的路基，为改善其工作条件也应予以压实。

　　土的压实也用在地基处理方面，某些松软的地基土，由于其强度低、变形大，直接在其上修建建筑物，不能满足地基承载力、变形的设计要求，需进行加固处理。可采用换填垫层法加固，通过分层压实改善土的不良性质。土的压实是在动荷载作用下得到的，提高了土的密实度，从而使土的强度得到提高，土的压缩性降低和透水性减小。还可采用重锤夯实处理软弱地基提高其承载力。

　　本节从土质学和土力学的角度，介绍土体压实的机理及压实土的力学特性与指标。

10.1.2　土的击实试验与土的压实特性

1. 土的击实试验

　　击实试验是研究土压实性能的室内试验方法，主要设备是标准击实仪，如图 10-1、图 10-2 所示。击实仪的基本部分是击实筒和击实锤，前者用来盛装制备土样，后者对土样施以夯实功能。根据击实土的最大粒径，分别采用两种不同规格的击实筒，击实筒的规格如图 10-2 所示。击实试验方法和相应设备的主要参数应符合表 10-1 的规定。击实试验分轻型击实和重型击实。轻型击实试验适用于粒径不大于 20mm 的土，重型击实试验适用于粒径不大于 40mm 的土。

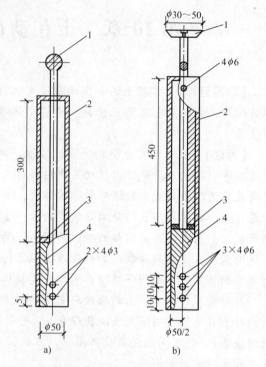

图 10-1　击锤和导杆（单位：mm）

a）2.5kg 击锤-落高 30cm　b）4.5kg 击锤-落高 45cm

1—提手　2—导筒　3—硬橡皮垫　4—击锤

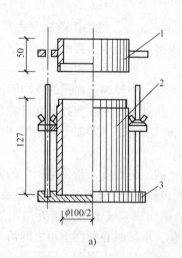
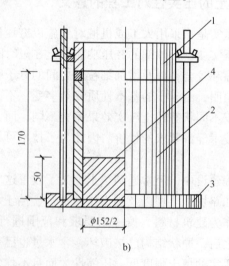

图 10-2　击实筒（单位：mm）

a）小击实筒　b）大击实筒

1—套筒　2—击实筒　3—底板　4—垫块

表 10-1　击实试验方法种类

试验方法	类别	锤底直径/cm	锤质量/kg	落高/cm	试筒尺寸 内径/cm	试筒尺寸 高/cm	试样尺寸 高/cm	试样尺寸 体积/cm³	层数	每层击数	击实功/(kJ/m³)	最大粒径/mm
轻型	Ⅰ-1	5	2.5	30	10	12.7	12.7	997	3	27	598.2	20
	Ⅰ-2	5	2.5	30	15.2	17	12	2177	3	59	598.2	40
重型	Ⅱ-1	5	4.5	45	10	12.7	12.7	997	5	27	2687.0	20
	Ⅱ-2	5	4.5	45	15.2	17	12	2177	3	98	2677.2	40

试验时，按土的塑限估计最佳含水量，并依次按相差约 2% 的含水量制备一组试样（不少于 5 个），其中有两个大于和两个小于最佳含水量。将含水量一定的土样分层装入击实筒内，每装一层后都用击实锤按规定的落距锤击一定的次数，然后由击实筒的体积和筒内被击实土的总质量计算出被击实土的湿密度 ρ，从已被击实的土中取样测定其含水量 ω，由式（10-1）计算击实土样的干密度 ρ_d，即

$$\rho_d = \frac{\rho}{1+\omega} \tag{10-1}$$

这样通过对一个土样的击实试验就得到一对数据，即击实土的含水量 ω 与干密度 ρ_d。对一组不同含水量的同一种土样按上述方法作击实试验，便可得到一组成对的含水量和干重度，将这些数据绘制成击实曲线，如图 10-3 所示。击实曲线反映了在一定击实功作用下土的含水量与干密度的关系。

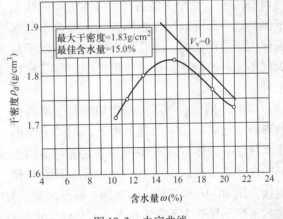

图 10-3　击实曲线

2. 土的压实特性

（1）压实曲线形状　击实试验得到的击实曲线是研究土压实特性的基本关系图。从图 10-3 可见，击实曲线上有一峰值，此处的干密度最大，称为最大干密度 $\rho_{d\,max}$；与之对应的含水量称为最佳含水量 ω_{op}（或称最优含水量）。峰值点表明，在一定的击实功作用下，只有当压实土为最佳含水量时，土才能被击实到最大干密度，才能达到最佳压实效果。

最佳含水量 ω_{op} 和最大干重度 $\rho_{d\,max}$ 对于路基设计和施工都很有用。为了在现场控制施工质量，保证在一定的施工条件下压实填土达到设计所要求的压实度标准，需要得到路基土压实的最大干密度和相应的最佳含水量。这样在模拟现场施工条件下，进行击实试验得到击实曲线，再结合现场土密度的测定与控制，既可达到控制填土压实度的目的。

最佳含水量与土的塑限含水量 ω_p 接近，在击实试验时可取 $\omega_{op} = \omega_p$ 或 $\omega_{op} = \omega_p + 2\%$，也可用经验公式 $\omega_{op} = (0.65 \sim 0.75)\omega_L$ 等作为选择合适的制备土样含水量范围的参考。表 10-2 给出了塑性指数小于 22 的土的最大干密度和最佳含水量的经验值。

表 10-2　最大干密度和最佳含水量的经验值

塑性指数 I_p	最大干重度 $\rho_{d\,max}/(g/cm^3)$	最佳含水量 ω_{op}（%）
< 10	> 1.85	< 13
10 ~ 14	1.75 ~ 1.85	13 ~ 15
14 ~ 17	1.70 ~ 1.75	15 ~ 17
17 ~ 20	1.65 ~ 1.70	17 ~ 19
20 ~ 22	1.60 ~ 1.65	19 ~ 21

从图 10-3 的曲线形态还可看到，曲线左段比右段的坡度陡。表明含水量变化对于干密度的影响在偏干（含水量低于最佳含水量）时比偏湿（含水量高于最佳含水量）时更为明显。

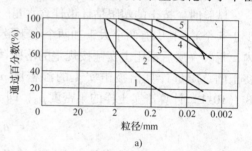

在 ρ_d-ω 曲线中还给出了饱和曲线，它表示当土处于饱和状态时的 ρ_d-ω 关系。饱和曲线与击实曲线的位置说明，土是不可能被击实到完全饱和状态的。试验表明，黏性土在最佳击实状态下（即击实曲线峰值点），其饱和度通常为 80% 左右，整个击实曲线始终在饱和曲线左下侧。这一点可以这样理解，当土的含水量接近和大于最佳值时，土孔隙中的气体将处于与大气不连通的状态，击实作用已不能将其排出土外。

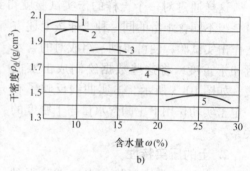

图 10-4　不同土料击实曲线的比较

（2）不同土类与不同击实功能对压实特性的影响　在同一击实功能条件下，不同土类的击实特性不一样。如图 10-4 所示是五种不同土料的击实试验结果。图 10-4a 是其不同的粒径曲线，图 10-4b 是五种土料在同一标准击实试验中所得到的五条击实曲线。由图可见，含粗粒越多的土样最大干密度越大，而最佳含水量越小，随着粗颗粒增多，曲线形态不变而峰值点向左上方移动。另外，土的颗粒级配对压实效果影响较大，颗粒级配良好的土容易被压实，颗粒级配均匀的土最大干密度偏小。

如图 10-5 所示为同一种土样在不同击实功能作用下的击实曲线。随着压实功能的增大，击实曲线形态不变，但位置向左上方移动，即 $\rho_{d\,max}$ 增大而 ω_{op} 减小。图中的曲线形态还表明，当土偏干时，增加击实功对提高干密度影响较大，偏湿时影响不大，故对偏湿的土用增大击实功的办法提高其击实效果不经济。

（3）土的压实特性机理解释　一般认为土的压实特性与土的组成、结构、土颗粒的表面现象、毛细管压力、孔隙水和孔隙气压力等均有关系，影响因素复杂。但可以简要理解为压实的作用是使土块变形和结构调整以致密实，在松散湿土的含水量处于偏干状态时，由于粒间引力使土保持比较疏松的凝聚结构，土中孔隙大都相互连通，水少而气多，在一定的外部压实功能作用下，虽然土孔隙中气体易被排出，密度可以增大，但由于较薄的强结合水膜

润滑作用不明显以及外部功能不足以
克服粒间引力，土粒相对移动不显著，
因此压实效果比较差；含水量逐渐加
大时，水膜变厚、土块变软，粒间引
力减弱，施以外部压实功能，则土粒
移动，加之水膜的润滑作用，压实效
果渐佳；在最佳含水量附近时，土中
所含的水量最有利于土粒受击时发生
相对移动，以致能达到最大干密度；
当含水量再增加到偏湿状态时，孔隙
中出现了自由水，击实时不可能使土

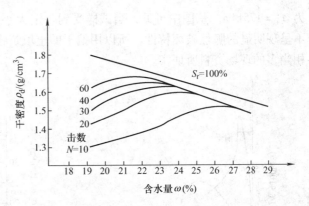

图 10-5　压实功能对击实曲线的影响

中多余的水和气体排出，从而孔隙压力升高更为显著，抵消了部分击实功，击实功效反而下降，便出现了如图 10-3 所示击实曲线右段所示的干密度下降的趋势。在排水不畅的情况下，过多次数的反复击实，甚至会导致土体密度不增加而土体结构破坏的后果，出现工程上所谓的"橡皮土"现象，应注意加以避免。

3. 压实土的压缩性和强度

（1）压缩性　压实土的压缩性取决于它的密度和加荷时的含水量，以击实土做压缩试验时发现，在某一荷载作用下，有些土样压缩稳定后，如加水使之饱和，土样就会在同一荷载作用下出现明显的附加压缩。而这一现象的出现与否与击实试样时的含水量有关。表10-3 中的数据表明，尽管土的干密度相同，但偏湿土样附加压缩的增量比偏干时附加压缩的增量要大。这一现象在路堤填筑工程的设计与施工控制中必须引起注意，特别是被水浸润的路堤构筑物可能因此造成损坏和行车不安全。为了消除这一不利影响，有必要确定填土受水饱和时不会产生附加压缩所需的最小含水量。

表 10-3　不同填筑含水量试样的附加压缩量（压缩试验中的体积应变）（%）

有效轴向荷载/kPa	填筑条件		
	低于最佳含水量1%时（$\rho_d = 1.76 \text{g/cm}^3$）	最佳含水量时（$\rho_d = 1.76 \text{g/cm}^3$）	高于最佳含水量1%时（$\rho_d = 1.76 \text{g/cm}^3$）
175	1.9	1.9	2.3
700	2.9	3.7	4.5
1225	5.2	5.9	7.6
1750	6.8	7.8	9.0

一般说来，填土在压实到一定密度以后，其压缩性就大为减小。当填土的干重度 $\rho_d >$ 1.65g/cm^3 时，变形模量 E_0 显著提高。这对于作为建筑物地基的填土尤其重要。

（2）强度　压实土的抗剪强度也主要取决于受剪时的密度和含水量。如图 10-6 所示为两个含水量不同（偏干和偏湿）的压实土试样无侧限抗压强度试验曲线。由图可见，偏干试样的强度较大，但试样具有明显的脆性破坏特点。如图 10-7 所示则是对同样条件的击实土试样进行三轴不固结不排水试验和固结不排水试验的对比曲线，试验时所施加的侧压力同

为 $\sigma_3 = 175\text{kPa}$。从图中可见，当试样受到一定大小的侧压力时，偏干试样强度也较大，但不呈现明显的脆性破坏特性。所以用偏干的土填筑强度较高。这一室内试验得出的结论已为相当多的现场资料所证实。

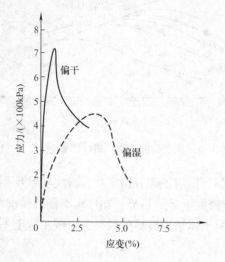

图 10-6　不同含水量压实土的
无侧限抗压强度试验

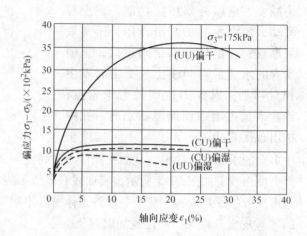

图 10-7　不同含水量压实土的三轴试验

从如图 10-8 所示曲线可见，当压实土的含水量低于最佳含水量时（偏干状态），虽干密度比较小，强度却比最大干密度时大得多。这是因为此时的击实虽未使土达到最密实状态，但它克服了土粒引力等的联结，形成了新的结构，能量转化为土强度的提高。即压实土的强度在一定条件下可以通过增加压实功予以提高。

关于土的强度试验结果说明，一般情况下，只要满足某些给定的条件，压实土的强度还是比较高的。但正如关于它的压缩性特性的研究所发现的，与压实土遇水饱和会发生附加压缩问题一样，在强度方面也有潜在危险，即浸水软化会使强度降低（实际上附加压缩可以

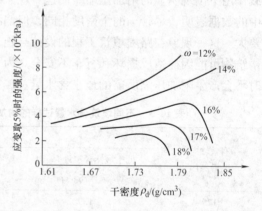

图 10-8　压实土强度与干密度、含水量的关系

看作是强度软化的外观表现形态），这就是所谓水稳定性问题。公路、铁路的路堤和堤坝等土工构筑物都无法避免浸水润湿，尤其是那些修筑于河滩地段的过水路堤，其水稳定性的研究与控制更为重要。

【例 10-1】　某填土料场为中液限黏性土，天然含水量 $\omega = 21\%$，土粒相对密度 $G_s = 2.70$。室内标准击实试验得到最大干密度 $\rho_{d\max} = 1.85\text{g/cm}^3$。设计中压实度标准 $k = \rho_d / \rho_{d\max} = 95\%$，要求压实后土的饱和度 $S_r \le 0.9$。问土料的天然含水量是否适用于填筑？碾压时土料应控制在多大的含水量？

解：（1）压实土的干密度为

$$\rho_{d} = k \cdot \rho_{dmax} = 0.95 \times 1.85 \mathrm{g/cm^3} = 1.76 \mathrm{g/cm^3}$$

（2）求压实后土的孔隙比。设 $V_s = 1.0$，根据干密度 ρ_d，由三相比例关系求孔隙比 e，即

$$\rho_{d} = \frac{m_s}{V} = \frac{G_s V_s}{V_s + V_v} = \frac{G_s V_s}{V_s + e V_s} = \frac{G_s}{1 + e} = 1.76 \mathrm{g/cm^3}$$

$$e = 0.534$$

（3）求碾压含水量。根据题意，按饱和度 $S_r = 0.9$ 控制含水量，由 $S_r = V_w / V_v$ 计算水的体积，则

$$V_w = S_r \cdot V_v = (0.9 \times 0.534) \mathrm{cm^3} = 0.48 \mathrm{cm^3}$$

因此，水的质量 $m_w = \rho_w \cdot V_w = 0.48 \mathrm{g}$。

$$\omega = \frac{m_w}{m_s} \times 100\% = \frac{0.48}{2.70} \times 100\% = 17.8\% < 21\%$$

即碾压时土料的含水量应控制在 18% 左右，而料场含水量比其高 3% 以上，不适于直接填筑碾压，应进行翻晒处理。

10.2　砂土和粉土的振动液化

10.2.1　土体液化现象及其工程危害

土体液化是指饱和状态砂土或粉土在一定强度的动荷载作用下表现出类似液体的性状，完全失去强度和刚度的现象。

地震、波浪、车辆、机器振动、打桩以及爆破等都可能引起饱和砂土或粉土的液化，其中又以地震引起的大面积甚至深层的土体液化的危害性最大，它具有面广、危害重等特点，常能造成场地的整体性失稳。因此，近年来引起国内外工程界的普遍重视，成为工程抗震设计的重要内容之一。砂土液化造成灾害的宏观表现主要有以下几个方面：

（1）喷砂冒水　液化土层中出现相当高的孔隙水压力，会导致低洼的地方或土层缝隙处喷出砂、水混合物，喷出的砂粒可能破坏农田，淤塞渠道。喷砂冒水的范围往往很大，持续时间可达几小时甚至几天，水头可高达 2 ~ 3m。

（2）震陷　液化时喷砂冒水带走了大量土颗粒，地基产生不均匀沉降，使建筑物倾斜、开裂甚至倒塌。如 1964 年日本新潟地震时，有的建筑物本身并未损坏，却因地基液化而发生整体倾斜。又如 1976 年唐山地震时，天津某农场高 10m 左右的砖砌水塔，因其西北角处地基土喷砂冒水，水塔整体向西北倾斜了 6°。

（3）滑坡　在岸坡或坝坡中的饱和砂粉土层，由于液化而丧失抗剪强度，使土坡失去稳定，沿着液化层滑动，形成大面积滑坡。如，1971 年美国加利福尼亚州圣费尔南多（San Fernando）坝在地震中发生上游坝坡大滑动，研究证明这是因为在地震振动即将结束时，在靠近坝底和黏土心墙上游面处广阔区域内砂土发生液化的缘故。1964 年美国阿拉斯加

（Alaska）地震中，海岸的水下流滑带走了许多港口设施，并引起海岸涌浪，造成沿海地带的次生灾害。

（4）上浮　贮罐、管道等空腔埋置结构可能在周围土体液化时上浮，对于生命线工程来讲，这种上浮常常引起严重的后果。

10.2.2　液化机理及影响因素

饱和的、松散的、无黏性的或少黏性的土在往复剪应力作用下，颗粒排列将趋于密实（剪缩性），而细、粉砂和粉土的透水性并不太大，孔隙水一时来不及排出，从而导致孔隙水压力上升，有效应力减小。当周期性荷载作用下积聚起来的孔隙水应力等于总应力时，有效应力就变为零。根据有效应力原理，饱和砂土抗剪强度可表达为

$$\tau_f = (\sigma - u)\tan\varphi' = \sigma'\tan\varphi' \tag{10-2}$$

可见，当孔隙水应力等于总应力，即 $u = \sigma$，$\sigma' = 0$ 时，没有黏聚力的砂土强度就完全丧失。同时，土体平衡外力的能力，即剪切模量的大小也与土体的有效应力成正比关系，如剪切模量

$$G = K(\sigma')^n \tag{10-3}$$

式中　K、n——试验常数。

显然，当 σ' 趋向于零时，G 也趋向于零，即土体处于没有抵抗外荷载能力的悬液状态，这就是所谓的"液化"。

在地震时，土单元体所受的动应力主要是由从基岩向上传播的剪切波所引起的。水平地层内土单元体理想的受力状态如图 10-9 所示。在地震前，单元体上受到有效应力 σ'_v 和 $K_0\sigma'_v$ 的作用（K_0 为静止土压力系数）。在地震时，单元体上将受到大小和方向都在不断变化的剪应力 τ_d 的反复作用。在试验室里通过模拟上述受力情况进行研究有助于揭示液化的机理，其中动三轴压缩试验和动单剪试验是被广泛使用的两种方法。试验中，土样是在不排水条件下，承受着均匀的周期荷载。当地震时，实际发生的剪应力大小是不规则的，但经过分析认为可以转换为等效的均匀周期荷载，这就比较容易在试验中重现。

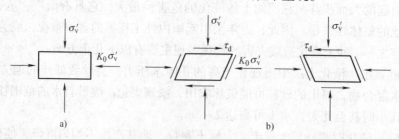

图 10-9　地震时土单元体受力状态

a）地震前　b）地震时

如图 10-10 所示是饱和粉砂的液化试验结果。从图中的周期偏应力 σ_d、动应变 ε_d 和动孔隙水应力 u_d 等与循环次数 n 关系曲线可以看出，即使偏应力在很小的范围内变动，每次应力循环后都残留着一定的孔隙水应力；随着应力循环次数的增加，孔隙水应力因积累而逐步上升，有效应力逐步减小；最后有效应力接近于零，土的刚度和强度骤然下降至零，试样发生液化。应变幅值的变化在开始阶段很小，动应力 σ_d 维持等幅值循环，孔隙水应力逐渐

上升；到了某个循环以后，孔隙水应力急剧上升，应变幅值急剧放大，动应力幅值开始降低，这说明已在孕育着液化，土的刚度和承载力正在逐渐丧失；当孔隙水应力与固结压力几乎相等时，土已不能再承受荷载，应变猛增，动应力缩减到零，此后进入完全的液化状态，土完全丧失其承载能力。

　　研究与观察发现，并不是所有的饱和砂土和少黏性土在地震时都一定发生液化现象，因此必须了解影响砂土液化的主要因素，才能做出正确的判断。

　　影响砂土液化的主要因素有以下几个方面：

　　（1）土类　　土类是一个重要的条件，黏性土由于有黏聚力 c，即使孔隙水压力等于全部固

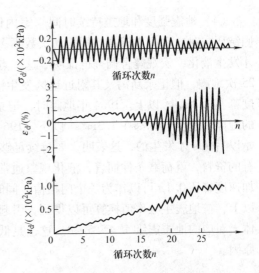

图 10-10　饱和粉砂液化动三轴试验结果

结应力，抗剪强度也不会全部丧失，因而不具备液化的内在条件。粗颗粒砂土由于透水性好，孔隙水压力易消散，在周期荷载作用下，孔隙水压力也不易积累增长，因而一般也不会产生液化。只有没有黏聚力或黏聚力相当小、处于地下水位以下的粉细砂和粉土，渗透系数比较小，不足以在第二次荷载施加之前把孔隙水压力全部消散掉，才具有积累孔隙水压力并使强度完全丧失的内部条件。因此，土的粒径大小和级配是一个重要因素。试验及实测资料都表明：粉、细砂土和粉土比中、粗砂土容易液化。有文献提出，平均粒径 $d_{50}=0.05\sim0.09\mathrm{mm}$ 的粉细砂最易液化。而根据多处震害调查实例却发现，实际发生液化的土类范围更广一些。可以认为，在地震作用下发生液化的饱和土的平均粒径 d_{50} 一般小于 $2\mathrm{mm}$，黏粒含量一般低于 10%，塑性指数 I_p 常在 8 以下。

　　（2）土的密度　　松砂在振动中体积易于缩小，孔隙水压力上升快，故松砂比较容易液化。1964 年日本新泻地震表明，相对密度 D_r 为 0.5 的地方普遍液化，而相对密度大于 0.7 的地方没有液化。关于海城地震砂土液化的报告中也提到，7 度的地震作用下，相对密度大于 0.5 的砂土不会液化；砂土相对密度大于 0.7 时，即使 8 度地震也不易发生液化。根据关于砂土液化机理的论述可知，往复剪切时，孔隙水压力增长的原因在于松砂的剪缩性，而随着砂土密度的增大，其剪缩性会减弱，一旦砂土开始具有剪胀性的时候，剪切时土体内部便产生负的孔隙水压力，土体阻抗反而增大了，因而不可能产生液化。

　　（3）土的初始应力状态　　在地震作用下，土中孔隙水压力等于固结压力是初始液化的必要条件。固结压力越大，则在其他条件相同时越不易发生液化。试验表明，对于同样条件的土样，发生液化所需的动应力将随着固结压力的增加而成正比例地增加。显然，土单元体的固结压力是随着它的埋藏深度和地下水位深度而直线增加的，然而，地震在土单元体中引起的动剪应力随深度的增加却不如固结压力的增加来得快。于是，土的埋藏深度和地下水位深度，即土的有效覆盖压力大小就成了直接影响土体液化可能性的因素。前述关于海城地震砂土液化的考察报告指出，有效覆盖压力小于 $50\mathrm{kPa}$ 的地区，液化普遍且严重；有效覆盖压力为 $50\sim100\mathrm{kPa}$ 的地方，液化现象较轻；而未发生液化地段，有效覆盖压力大多大于 $100\mathrm{kPa}$。调查资料还表明，埋藏深度大于 $20\mathrm{m}$ 时，甚至松砂也很少发生液化。

（4）地震强度和地震持续时间　室内试验表明，对于同一类和相近密度的土，在一定固结压力时，动应力较高，则振动次数不多就会发生液化；而动应力较低时，需要较多振次才发生液化，宏观震害调查也证明了这一点。如日本新泻地区在过去三百多年中，虽遭受过25 次地震，但记录新泻及其附近地区发生液化的只有 3 次，而在这 3 次地震中，地面加速度都在 $1.3\mathrm{m/s^2}$ 以上。1964 年地震时，记录到地面最大加速度为 $1.6\mathrm{m/s^2}$，其余 22 次地震的地面加速度估计都在 $1.3\mathrm{m/s^2}$ 以下。1964 年阿拉斯加地震时，安科雷奇滑坡是在地震开始以后 90s 才发生的，这表明，要持续足够的振动时间后才会发生液化和土体失稳。根据已有的资料，就荷载条件而言，液化现象通常出现在 7 度以上的地震场地，或者说，地面水平加速度峰值 $0.1g$ 可以作为一个门槛值。同时，使土体发生液化的振动持续时间一般都在 15s 以上，按地震主频率值换算可以得到，引起液化的振动次数 $N_{\mathrm{eq}} = 5 \sim 30$，这样的振动次数大体上对应的地震震级 $M = 5.5 \sim 8$。这也是低于 5.5 级的地震，引起土层液化的可能性不大的原因。

10.2.3　土体液化可能性的判别

GB 50011—2010《建筑抗震设计规范》对液化土和软土地基规定如下：对于饱和砂土和饱和粉土（不含黄土）的液化判别和地基处理，6 度时，一般情况下可不进行判别和处理，但对液化沉陷敏感的建筑物可按 7 度的要求进行判别和处理；7 ~ 9 度时，可按本地区抗震设防烈度的要求进行判别和处理。地面下存在饱和砂土和饱和粉土时，除 6 度外，应进行液化判别；存在液化土层的地基，应根据建筑的抗震设防类别、地基的液化等级，结合具体情况采取相应的措施。

土体液化可能性的判别方法一般有现场试验法，室内试验法及经验对比法三类。下面主要介绍现场试验和室内试验方法。

1. 基于现场试验的经验对比方法

饱和砂土和粉土的地震现场调查是一种重要的研究手段。液化调查应在如下三个方面取得定量的资料：

1）场地受到的地震作用，即地震震级、震中距或烈度、持续时间等。

2）场地土层剖面，主要是各埋藏土层的类别、埋深、厚度、重度和地下水位。

3）影响土体抗液化能力的主要物理力学参数，应用较多的参数是标准贯入试验锤击数 N，还可以考虑采用的现场测试参数有静力触探试验贯入阻力 p_{p}、剪切波速 v_{s} 或轻便触探贯入击数 N_{10} 等。

对现场调查得到的上述三方面资料进行加工整理和归纳统计，可以得出各种液化可能性判别的经验对比方法。

GB 50011—2010《建筑抗震设计规范》中提出基于现场标准贯入试验结果的经验判别方法。

对饱和砂土、粉土应采用标准贯入试验判别法判别地面以下 20m 范围内土的液化可能性。对可不进行天然地基及基础的抗震承载力验算的各类建筑，可只判别地面下 15m 范围内土的液化可能性。当饱和土标准贯入锤击数（未经杆长修正）小于或等于液化判别标准贯入锤击数临界值时，应判别为液化。

在地面以下 20m 深度范围内，液化判别标准贯入锤击数临界值按下式计算，即

$$N_{cr} = N_0\beta[\ln(0.6d_s + 1.5) - 0.1d_w]\sqrt{\frac{3}{\rho_c}} \tag{10-4}$$

式中　N_{cr}——液化判别标准贯入锤击数临界值；

　　　N_0——液化判别标准贯入锤击数基准值，可按表 10-4 采用；

　　　d_s——饱和土标准贯入点深度（m）；

　　　d_w——地下水位（m）；

　　　ρ_c——土中黏粒含量百分率（%），当小于 3% 或为砂土时，应采用 3%；

　　　β——调整系数，设计地震第一组取 0.80，第二组取 0.95，第三组取 1.05。

表 10-4　液化判别标准贯入锤击数基准值 N_0

设计基本地震加速度/g	0.10	0.15	0.20	0.30	0.40
液化判别标准贯入锤击数基准值 N_0	7	10	12	16	19

多次地震调查资料都证明用式（10-4）进行判别的结果与宏观现象基本一致，见表 10-5。

表 10-5　用经验公式判别结果与宏观调查结果的比较

地　　点	地震烈度	调查结果	判别结果	符合比较
盘锦某化肥厂主厂区	7	液化	液化深度 6.4m	符合
盘锦某化肥厂触煤区	7	液化	液化深度 11.6m	符合
盘锦某化肥厂机修区	7	液化	液化深度 12 ~ 14m	符合
盘锦某冷库	7	液化	液化深度 10 ~ 12m	符合
盘锦某河二道桥闸	7	未液化	不液化	符合
盘锦某河拦河闸	7	未液化	不液化	符合
盘锦	7	未液化	6m 深度附近液化	不符合
营口大闸	8	液化	液化	符合
某公社附近	8	液化	液化	符合
营口造纸厂、造船厂	8	液化	液化深度至少 16m	符合
营口市体育馆、市委宿舍楼	8	未液化	液化	不符合

由于标准贯入试验技术和设备方面的问题，贯入击数一般比较离散，为消除偶然误差，每个场地钻孔应不少于 5 个，每层土中应取得 15 个以上的贯入击数，并根据统计方法进行数据处理以取得代表性的数值。

2. 基于室内试验的计算对比方法

通过动三轴、动单剪室内试验，可以确定土样的液化强度，用对应于不同作用周次的动剪应变比，即 $\frac{\tau_l}{\sigma_0'}$-N_{eq} 曲线表示。对于指定场地及指定土层，在地震中发生的动剪应力，可按下式近似计算，即

$$\tau_{deq} = 0.65r_d\sigma_v\frac{a_{max}}{g} \tag{10-5}$$

式中　σ_v——上覆竖向压力，地下水位上下的土重分别用天然重度和饱和重度计算（kPa）；

a_{max}——地面水平振动加速度时程曲线最大峰值（m/s^2）；

　g——重力加速度，取 $10m/s^2$；

　r_d——对将黏弹性的土体简化为刚体计算得到的地震剪应力进行近似修正的系数，具体数值如图 10-11 所示；

0.65——将随机的地震剪应力波按最大幅值转换成等幅剪应力波的折减系数。

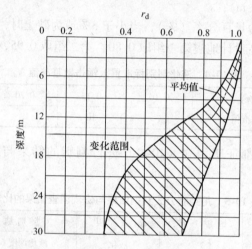

图 10-11　地震剪应力简化计算中的修正系数 r_d

同时，按土层的有效重度计算同一处的上覆竖向有效压力 σ'_v。然后，按下式判别该土层是否可能液化，即

$$\frac{\tau_{deq}}{\sigma'_v} > C_r \frac{\tau_f}{\sigma'_0} \qquad (10\text{-}6)$$

式中　C_r——考虑室内试验条件与现场差别的修正系数，一般取 0.6。

在应用式（10-6）时，还要考虑等效动剪应力的作用周数 N_{eq}。可以根据可能的地震震级 M，按表 10-6 确定 N_{eq} 值。

表 10-6　地震震级 M 与等效动剪应力的作用周数 N_{eq} 的统计关系

震级 M	等效动剪应力的作用周数 N_{eq}
5.5 ~ 6.0	5
6.5	8
7.0	12
7.5	20
8.0	30

3. 场地液化危害性评价

前面介绍的方法是对某一土层的液化可能性进行判别。事实上，震害调查表明，对于某一场地而言，液化导致的危害程度，还应该与可液化土层的厚度、埋藏深度以及液化可能性的大小联系起来。因此，GB 50011—2010《建筑抗震设计规范》规定，对存在液化砂土层、粉土层的地基，应探明各液化土层的深度和厚度，按式（10-7）计算每个钻孔的液化指数，并按表 10-7 综合划分地基的液化等级

$$I_{lE} = \sum_{i=1}^{n} \left(1 - \frac{N_i}{N_{cri}} \right) d_i W_i \tag{10-7}$$

式中　　I_{lE}——液化指数；

　　　　n——在判别深度范围内每一个钻孔标准贯入试验点的总数；

N_i、N_{cri}——i 点标准贯入锤击数的实测值和临界值，当实测值大于临界值时应取临界值，当只需要判别 15m 范围以内的液化时，15m 以下的实测值可按临界值采用；

　　　　d_i——i 点所代表的土层厚度（m），可采用与该标准贯入试验点相邻的上、下两标准贯入试验点深度差的一半，但上界不高于地下水位深度，下界不低于液化深度；

　　　　W_i——i 土层单位土层厚度的层位影响权函数值（m^{-1}）。当该层中点深度不大于 5m 时应采用 10，等于 20m 时应采用零值，5～20m 时应按线性内插法取值。

表 10-7　液化等级与液化指数的对应关系

液 化 等 级	轻微	中等	严重
液化指数 I_{lE}	$0 < I_{lE} \leqslant 6$	$6 < I_{lE} \leqslant 18$	$I_{lE} > 18$

对应于不同的液化等级，应采取不同的抗液化措施。不宜将未经处理的液化土层作为天然地基持力层。

10.2.4　防止砂土液化的工程措施

地震时因砂土地基液化而造成建筑物毁坏的情况十分普遍。所以，当判明建筑物地基中有可液化的砂土层时，必须采取相应的工程措施，以防止震害。砂土液化的处理原则是避开、挖除或加固。如果可能液化的范围不大，可以根据具体情况采取避开或挖除。但如果范围较广较深时，一般只能采取加固的措施。我国目前常用的加固方法有人工加密、围封、桩基以及盖重等。

1）人工加密是增加砂土层密度，如用振浮法、砂桩挤密法以及国内外近年推行的强夯法等。前两者已经实践证明可有效地提高地基抗液化能力。后者经近年实践证明也是可行的。

2）围封是用板桩把有可能液化的范围包围起来。

3）桩基建筑物基础采用桩基础，而桩必须穿过可能液化的砂层，支承在下部不液化的密实土层上。

4）盖重是加大可液化砂层的上覆压力。如在可能液化范围的地面上加载（如堆土）等，这对防止液化也有一定效果。如果在增加上覆压力过程中同时采取排水措施，还可使砂土进一步加密，抗液化效果更好。

习　　题

10-1　某黏性土土样的击实试验结果见表 10-8。该土的颗粒重度 $\gamma_s = 27.0 \text{kN/m}^3$。试绘出击实曲线，确定最佳含水量 ω_{op} 及最大干重度 γ_{dmax}，并求出相应于击实曲线峰值点的饱和度与孔隙比。

表 10-8　习题 10-1 表

含水量（%）	14.7	16.5	18.4	21.8	23.7
干重度/（kN/m³）	15.9	16.3	16.6	16.5	16.2

10-2　将土以不同含水量配制成试样，用标准的夯击能使土样击实，测定其重度见表 10-9。已知土粒重度 $\gamma_s = 26.5 kN/m^3$，试求最佳含水量。

表 10-9　习题 10-2 表

ω（%）	17.2	15.2	12.2	10.0	8.8	7.4
γ/（kN/m³）	20.6	21.0	21.6	21.3	20.3	18.9

思　考　题

10-1　影响土压实性的因素有哪些？

10-2　什么是土体液化，其工程危害有哪些？

10-3　影响砂土液化的因素有哪些？

10-4　如何判别土体液化的可能性？

10-5　防止砂土液化的工程措施有哪些？

参 考 文 献

[1] 南京水利科学研究院. GB/T 50145—2007 土的工程分类标准 [S]. 北京：中国建筑工业出版社，2007.

[2] 中国建筑科学研究院. GB 50007—2011 建筑地基基础设计规范 [S]. 北京：中国建筑工业出版社，2011.

[3] 中华人民共和国建设部. GB 50021—2001 岩土工程勘察规范 [S]. 北京：中国建筑工业出版社，2009.

[4] 交通部公路科学研究院. JTG E40—2007 公路土工试验规程 [S]. 北京：人民交通出版社，2007.

[5] 中交公路规划设计院. JTG D60—2015 公路桥涵设计通用规范 [S]. 北京：人民交通出版社，2015.

[6] 中国建筑科学研究院. GB/T 50941—2014 建筑地基基础术语标准 [S]. 北京：中国建筑工业出版社，2014.

[7] 中交第二公路勘察设计研究院. JTG D30—2015 公路路基设计规范 [S]. 北京：人民交通出版社，2015.

[8] 中交公路规划设计院有限公司. JTG D63—2007 公路桥涵地基与基础设计规范 [S]. 北京：人民交通出版社，2007.

[9] 中国建筑科学研究院. GB 50011—2010 建筑抗震设计规范 [S]. 北京：中国建筑工业出版社，2010.

[10] 中交第一公路工程局有限公司. JTG F10—2006 公路路基施工技术规范 [S]. 北京：人民交通出版社，2006.

[11] 陕西省建筑科学研究设计院. GB 50025—2004 湿陷性黄土地区建筑规范 [S]. 北京：中国建筑工业出版社，2004.

[12] 中国建筑科学研究院. JGJ 79—2012 建筑地基处理技术规范 [S]. 北京：中国建筑工业出版社，2012.

[13] 中交路桥技术有限公司. JTG B02—2013 公路工程抗震规范 [S]. 北京：人民交通出版社，2013.

[14] 陈希哲，叶菁. 土力学地基基础 [M]. 北京：清华大学出版社，2013.

[15] 邵光辉，吴能森. 土力学与地基基础 [M]. 北京：人民交通出版社，2007.

[16] 刘国华. 土质学与土力学 [M]. 北京：化学工业出版社，2009.